U0456525

本书是国家自然科学基金重大项目——"应对老龄社会的基础科学问题研究"（项目号：71490735）的阶段成果。

Traditional Filial Piety and Intergenerational Ethics:
A Survey in the Process of Aging

传统孝道与代际伦理
——老龄化进程中的审视

郭德君　著

中国社会科学出版社

图书在版编目(CIP)数据

传统孝道与代际伦理：老龄化进程中的审视/郭德君著. —北京：
中国社会科学出版社，2018.6
ISBN 978-7-5203-3052-7

Ⅰ.①传… Ⅱ.①郭… Ⅲ.①孝—传统文化—研究—中国
Ⅳ.①B823.1

中国版本图书馆 CIP 数据核字(2018)第 193019 号

出 版 人	赵剑英	
责任编辑	韩国茹	郝玉明
责任校对	李　剑	
责任印制	张雪娇	

出 版 者	中国社会科学出版社
社　　址	北京鼓楼西大街甲 158 号
邮　　编	100720
网　　址	http://www.csspw.cn
发 行 部	010 - 84083685
门 市 部	010 - 84029450
经　　销	新华书店及其他书店

印　　刷	北京君升印刷有限公司
装　　订	廊坊市广阳区广增装订厂
版　　次	2018 年 6 月第 1 版
印　　次	2018 年 6 月第 1 次印刷

开　　本	710×1000　1/16
印　　张	16.5
插　　页	2
字　　数	252 千字
定　　价	68.00 元

凡购买中国社会科学出版社图书,如有质量问题,请与本社营销中心联系调换
电话:010 - 84083683
版权所有　侵权必究

序　言

中国正在进入人口老龄化快速发展的阶段，中国老年人口的数量在总人口中的比重不断提高，成为中国当代和未来很长一段时期内人口发展的基本趋势，将伴随中华民族全面复兴和建设社会主义现代化强国的全过程。中国老年人口数量之大、老龄化速度之快都居世界前列。与此同时，中国是在社会经济尚未充分发展，各项社会保障制度建设还在建立和完善阶段就面临了严峻的老龄化挑战，也就是"未备先老"和"慢备先老"。虽然老龄化已经成为一个全球性的人口发展趋势，但中国从2000年正式进入老龄社会至今不到20年时间。我国政府和学术界近年来在构建养老政策体系和法律法规等方面开展了大量的科学研究和政策法规设计，取得了许多重要进展，形成了一整套有中国特色的涉老法律法规与政策体系，为保障老年人权益和积极应对老龄化所带来的短期压力提供了可靠的依据和保障。但从整体上讲，我们对老龄社会的基本特征还缺乏必要的了解，对应对老龄社会各种挑战还缺乏成熟的制度安排和有效的政策体系，许多有关老龄化的理论研究还未突破传统的年轻型社会的思维定式，政府部门许多涉及老年人口的政策项目都存在碎片化和不可持续的特征。

鉴于此，国家自然科学基金委在2014年12月正式批准了由复旦大学领衔，协同中国人民大学、北京大学、浙江大学和上海社会科学院的专家团队，开展了"应对老龄社会的基础科学问题研究"重大项目（项目编号：71490735），试图深入系统地探讨中国老年人口的动态界定及群体特征、未来中国老龄社会的经济社会形态、中国老龄社会的治理模式及管理机制这三大基础科学问题。总之，本项目力图较为全面地回答如何应对老龄化，实现中国社会持续发展的基础科学问题。在项目研究过程中并未完全秉承技术至上的理念，而是在多学科交叉的研究过程中力图渗透出浓厚的人文关怀，以体现中华民族应对老龄社会的东方智慧和核心价值。本书作者郭德君也正是在这样的背景下加入了此重大项目研究团队，本书也成为此重大项目的一个重要的阶段性成果。

面对不断加剧的老龄化带来的各种压力，中国政府坚持了在发展中保障和改善民生的基本方略，逐步加大在劳动力、医疗卫生资源以及养老金和老年服务等方面的投入力度，尽力完善各种涉及老年人口的社会保障，采取了多种重要举措以尽可能完善应对老龄化的制度体系。但在养老、孝老、敬老的社会环境领域，特别是孝老、敬老的具体措施方面，还有巨大的理论研究和政策完善的空间。

习近平总书记近年来多次强调发扬中华民族传统家庭美德、注重家教家风的重要作用，并从积极应对老龄化的层面阐述了弘扬孝亲敬老的重要意义。孝老敬老首先是一种社会价值观，是人们生活应遵守的道德规范。在中华文化数千年绵延发展的进程中，立足中华本土的孝伦理在理论和实践中不断调适，已经积累了非常丰富的内涵，成为中国传统文化的重要组成部分。但是我们必须承认，我国社会经济发展使得现代家庭模式和社会结构与传统社会相比出现了翻天覆地的变化，传统孝伦理和孝行规范失去了存在和发挥作用的基本社会环境，国家所提倡的尊老孝亲不可能完全以传统孝伦理作为理论基础，而必须在汲取传统孝文化精髓的基础上通过扬弃和重构，赋予时代内涵以使其在新的历史时期发挥积极的文化作用和政策效能。现代孝伦理在孝行规范、传播方式、文化环境等诸多方面必须在传承中华优秀文化传统的同时适应现代社会发展的规律与未来走向，充分利用科学发展所提供的先进的技术手段，这样才能成为应对老龄社会挑战和全面建成小康社会的重要内容和战略举措。

郭德君博士最初的学术训练是在哲学领域，这赋予了他良好的逻辑思辨和理论研究能力。而近年来在社会政策领域的浸润又使他能够运用量化研究方法从实证数据的分析中寻找事物发展的规律和社会现象之间的相互关系，并探索社会政策的设计和运行。在本书中，作者较为系统地回顾了中国老龄化的进程和面临的挑战，基于公共管理生态理论的视域研究了孝伦理和相关价值理念在涉老公共政策制定和运行过程中的地位和作用，利用调查数据分析了传统孝道在当代的存在状况和嬗变，探讨了老龄化进程中以传统孝道为基础的代际伦理体系构建的对策。尽管郭德君博士在哲学思辨和基于数据的实证两种研究思路和方法的整合上还需要进一步历练，相关研究还有较大的空间，但我相信读者可以从阅读中感受到作者的不懈努力，体会其学术探索的艰辛，更能够从本书的论述中获益良多，开启思路。我也希望本书的出版能够引发更多专家学者对构建新时代中国孝伦理问题的关注，为中国涉老公共政策的制定和实施提供更坚实的理论基础，共同为传承中华优秀文化传统、应对中国老龄社会的挑战做出学术界应有的贡献。

彭希哲

摘　要

　　中国的老龄化有着其他国家或地区不可比拟的复杂性，快速发展的老龄化进程与社会转型过程中各种矛盾交织在一起，使中国的老龄化应对承受着很大压力，而其中一些问题能够得以解决，是因为公共管理与公共政策发挥了其不可或缺的作用。但在此过程中，工具主义思维模式日渐呈现出主导性影响力，老年人的社会主体地位没有得到应有的体现。另外，社会生活中的一系列变化使得传统孝道日渐式微，家庭养老功能在不断弱化，亲情淡化、终极关怀缺失不仅与快速发展的社会形成了强烈的反差，更现实的一个结果是在一定程度上加大了社会养老成本。基于这些现实问题，并结合相应研究领域所存在的空间，本文主要以公共管理和公共政策为视角，同时根据研究需要适度融入其他学科知识，对以传统孝道为基础的代际伦理体系的构建进行研究。之所以要以传统孝道为基础，主要是因为传统孝道有着厚重的理论积淀，在不同历史时期从官方到民间还通过多种途径形成了网状的孝道实践体系，从而成为传统社会的主导性生活理念。不仅如此，通过刻意引导，传统孝道更是超越了家庭界限，对整个社会发展都产生了广泛而深刻的影响，从而成为一个标志性的文化符号。尽管在近代以来，传统孝文化经历了各种前所未有的危机，出现了严重的停滞和倒退，但其影响却无法从根底上消除，乃至在相应调查中受访者仍用"孝"来涵盖当前的代际伦理关系。事实上，我们也无法用一种全新的代际伦理体系来取代传统孝道，因而构建以传统孝道为基础的代际伦理体系就成为一种现实的选择。但是，当前家庭与社会在观念、结构等多个方面出现的巨大变化使得传统孝道的一些要求与当下生活出现了冲突，因此，需要立足现实对传统孝道进行发展，将创新机制融入其中，以更丰富的内容来弥补传统孝道的不足。从理论研究层面审视，对传统孝道在应对老龄化中的意义和价值目前已有了一些研究成果。但必须要注意的是不能以实用主义思维生硬地将二者放置到一起，因为将传统孝道完全作为一种工具极有可能使相应政策措施呈现出明显的碎片化状态和较强的补缺性特征，而是要将传承文化的理念渗透到整个政策体系的构建过程中，对其在理论发展层面的停滞状态积极进行超越，当其作为一种整体性社会理念存在时，相应的社会功能自然会得以发挥。老龄化进程中的代际伦理关系与社会价值体系密切关联的特征要求对之进行研究时要进行视域超越，要对与老龄化相关的生态系统进行研究，以为代际伦理关系全面而深入的研究找出一个较为精准的切入点。为了构建适应老龄化社会的代际伦理体系还需实现思维转向，这也是一项基础性工作，就是在灵活运用分析、整体思维的同时还要上升到哲学高度，以从认识论、本体论角度对与涉老公共政策密切关联的代际伦理体系进行深入研究。

之后主要基于半结构访谈法对当下社会孝道存在状况进行了考察，在访谈过程中围绕核心议题进行适度扩散，发现了一些在对孝道认知及实施过程中需要注意的问题：经济因素或其他付出与代际关系的维系高度关联；对"孝"的认知和实施不存在统一的模式；从整体上看，孝观念较之以前不断在弱化；在传统孝道延续过程中尽孝方式出现了一些新变化；个人和社会因素对孝观念及孝行均有不同程度的影响；农村孝观念的变迁及养老困境更需引起关注。在质性访谈阶段对青年人给予重点关注的基础上还做了一项针对"90后"大学生的调查。研究结果表明：传统孝道一些重要理念在多数学生身上得到一定延续，但传统孝道所倡导的一些与当下社会不相融的理念出现了根本性改变，而且学生的孝观念和孝行在发展过程中还存在诸多不确定性。总之，延续、交融以及碰撞生动地体现了"90后"大学生孝道观念和部分孝行的最主要特征。虽然"90后"大学生仅仅是社会中的一个群体，但在他们身上所呈现出的一些与孝道密切相关的问题需要引起我们的注意，因为其后又牵扯出众多复杂的社会问题，这些问题在进行相关政策设计时必须适度进行考虑，传统孝道在当代社会的发展才能获得供坚实的政策支撑。在此基础上，还通过 CGSS2006 中直接与孝道相关的问题和背景性资料对传统孝道观念的嬗变进行了分析。通过研究发现，即使一些有明显保守色彩的孝道观念在当下依然受到不同程度的推崇，显示出传统孝道根深蒂固的影响力，但通过分析发现，嬗变的因素亦潜伏其中。虽然通过定量研究的方法其实并不能对所有影响孝道观念形成和发展的因素进行准确测量，因为问卷所提供的有限信息中并未涵盖所有影响孝道观念的因素，另一方面原因是对孝道观念的定量研究本身是非常复杂的一件事，要想通过科学主义的方式对其进行精确测量本来就存在诸多障碍，因此，这是一项尝试性的工作。虽然如此，通过定量研究还能发现其中一些非常重要的影响因素，以此为基础，根据现实情况进行合理发展使传统孝道的张力在现代社会重新得以发挥重要的现实影响，也有非同寻常的历史意义。

在理论分析和相应调查研究的基础上，提出了老龄化进程中以传统孝道为基础的代际伦理体系构建的对策。首先，在构建过程中应遵循几个基本原则：基本理念应从单维度要求向代际平等过渡；基本原则应从泛孝主义向家庭伦理回归；基本路径应从工具主义向道德本性靠近；思维模式应从保守主义向开放思维转化。其次，探讨了具体的构建对策。主要内容包括：①传统孝道的基础理论需要超越和发展；②需要对与代际伦理体系构建直接相关的问题进行回应；③构建覆盖整个社会的基本规范是其中一项基础性工作；④要尽可能保证各方权益的平衡；⑤整个体系要有元伦理学的支撑；⑥在学术性和可普及性适度平衡的基础上要凸显创新性；⑦要成立专门机构对诸多基础性问题进行研究。最后，探讨了以传统孝道为基础的代际伦理体系与生活世界如何接轨的问题。主要措施有：构建整体性、连续性的教育体系；制度、政策层面要给予有力保障；还应有文化层面的支撑。总之，适应老龄化社会需求的代际伦理体系在多种措施交错作用下才有可能融入社会生活中并产生积极效能。

关键词：老龄化；代际伦理；体系；传统孝道；构建

目　录

绪　论

一　研究目的

　　对传统孝道及代际伦理体系的关注在很大程度上源于老龄化快速发展的社会现实，这种现实构成了本研究全面展开的整体研究背景。席卷世界的老龄化浪潮和具体的国情结合起来，使中国老龄化无论在其所带来的压力还是在应对策略的制定和实施过程中都有着其他国家难以比拟的复杂性和不确定性。在这种境况下，一方面要根据实际情况因地制宜地选择和运用科学、合理的应对方式，与此同时，相应职能部门、不同区域间的互动协作亦有着非同寻常的意义。虽然老龄化带来了压力，但整体看来却并没有使人们产生彻底的悲观主义，因为人类社会的快速发展同时也带来了更多的应对手段。在基础理论积累，应用方法以及衔接手段创新不断加速的今天，无论是微观层面具体应对方式的深化，还是宏观层面应对途径的多样化都将许多想法变成了现实，在压力和希望博弈的进程中，新的问题不时出现，新旧矛盾进一步交织的同时，许多问题也在不断地得以解决。但是，应对老龄化仅仅依靠工具、方法的创新是不够的，还需在既针对当下又着眼未来的多元视角中不断协调不同利益、着力解决各种矛盾以尽可能促进社会的公平和有序发展，而要做到这一点必须要借助公共管理和公共政策的力量。需要注意的是，在老龄化应对过程中，公共管理和公共政策本身无论是在理论还是在实践方面都需不断创新，否则就难以满足不断发展的现实需求。更为重要的是，在此过程中还需及时关注公共管理的生态环境，只有在公共管理与其生态环境密切互动并较为适应的状况下，其效能才能得到最大限度的发挥。

　　在应对老龄化的公共管理生态系统中，同样有不同的构成部分，正是在各种构成系统全面互动过程中，其整体性功能才能发挥出来。这种整体功能的发挥正是建立在一个个具体的构成部分基础之上，离开了具体的构成部分，所谓的整体功能将失去可靠的基础，从这个角度而言，每个具体构成都是整体不可或缺的组成部分，都有其独特的存在价值和意义。① 在众多构成因素中，笔者主要对应对老龄化过程中的公共管理文化生态系统进行研究，因为无论是着眼于应对老龄化的具体方法，还是立足于与老龄化相关的公共管理及其生态系统，其最终目的都是让老年人过得更好，老年人与相关人群或其他系统的联结，这又关乎整个社会的发展。因此，如何对待老年人，事实上从多个角度体现了一个社会所秉承的核心价值理念，这当然具有深刻的文化方面的含义。但是，从系统的角度来看，应对老龄化的公共管理和公共政策生态文化系统同样也有多个不同的构成因素，笔者将研究领域中存在的缺失和现实生活的需求结合起来，同时也充分考虑了笔者研究问题的偏好和实际能力，最后选择了老龄化进程中代际伦理体系构建这个研究命题。本研究研究目的形成如绪论图 1 所示。

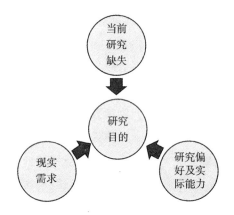

绪论图 1　本研究中研究目的形成

　　由于传统孝文化在中国所产生的持久而深远的影响力，即使在现今，在汉语语境中，"孝"完全可以成为代际伦理的代名词，不过就实际情况而言，其影响力和历史状况相比却不可同日而语。因此，笔者以公共管理和公共政策为主要研究视角，同时根据研究需要适度融入了其他学科知

---

① ［奥］L. 贝塔兰菲：《一般系统论》，秋同、袁嘉新译，社会科学文献出版社 1987 年版，第 55—62 页。

识，在此过程中还对传统孝道在当下的存在状态以及孝观念嬗变状况进行了考察，以期为老龄化进程中以传统孝道为基础的代际伦理体系的构建提出合理的建议。

二　研究意义

（一）研究的理论意义

在老龄化发展过程中，其与社会诸多构成系统的密切交融要求在研究过程中不能只针对老龄化本身进行研究，而是在理论研究层面必须进行视域超越，要对与老龄化密切相关的各种生态系统进行全面的研究。在此过程中，结合一些公共管理的基础理论并从相关理论发展的角度对老龄化应对过程中公共管理生态的内涵进行了界定，即在多元主体进行的管理和政策制定过程中与之相关的生态系统。这些生态系统也由不同部分构成，本研究选择了文化生态系统中的代际伦理关系进行研究，而要实现这种研究目标，还需进行相应的思维模式转换，不仅要利用分析的方法对老龄化所带来的诸多具体问题进行深入研究，还需在分析的基础上用整体性思维对一些问题进行更为全面的分析研究。更重要的是还要从终极视域入手，从本体论、认识论角度对老年人生存状况以及老龄化社会的本质等相关问题进行研究。

当然，理论层面的分析在一定程度上必须要以对现实的客观认识为基础，在对代际伦理关系的考察过程中，不同认知主体对传统孝道的认识和评价几乎成了难以避开的环节，因为即使在当下，绝大多数人仍习惯用孝与不孝来评价子女与父母和家中其他老人的关系，这再次映衬出传统孝道根深蒂固的影响。因此，对传统孝道在当下存在状况及孝观念嬗变情况进行调查分析不仅是后续工作展开的一个重要基础，也对传统孝道在理论层面的传承和发展具有一定的借鉴意义。为了进行深入分析，在占有可靠数据的基础上合理引进一些定量分析方法确实能增强分析的深度，但也有一定探索和尝试的目的。在对传统孝道及相关问题进行分析的过程中，在理论层面对传统孝道的内涵要有较为精准的把握，对其外延要有合理的界定，对其社会影响要有较为客观的分析和评价。总之，其中一些重要过程都需要从理论分析层面展开。本书在此基础上，汲取了一些历史经验并有机结合了当下现实，主要从公共政策角度提出了相应的建议，指出了在以传统孝道为基础的代际伦理体系构建过程中需要解决的几个主要问题：对传统孝道的基础理论进行超越和发展；对与代际伦理体系构建直接相关的问题进行积极回应；还对构建过程中其他一些具体问题进行了探讨；最后讨论了相关理论体系如何与生活世界实现有效接轨等问题。

如果从历史视角审视，其中与传统孝道相关的一些理论研讨不仅是老龄化进程中构建以传统孝道为基础的代际伦理体系的需要，而且在传统孝文化传承方面同样也具有非常重要的意义。在以传统孝道为基础的代际伦理体系构建过程中，无论是对传统孝文化在形式和内容上不断进行革新，还是在传播方式上进行积极探讨，理论层面的研究都是一个基础性的工作，这项工作的一些研究成果和传统孝文化的理论体系衔接后将呈现出一种整体的、连续性的存在状态，从而体现了深刻的文化传承方面的含义。因此，在整个研究的展开过程中，必须要以传承文化的使命感来引领整个工作，如果仅仅从功利主义角度入手，相应的代际伦理体系即使构建起来也会呈现出非常明显的补缺性特征，极有可能在现实生活中不会得到持续性的发展。将此项工作上升到传统文化传承的角度，只有对近代以来孝文化所出现的停滞和倒退现象进行积极的超越，传统孝文化才能在整体上得以延续，当其作为一种整体性社会理念存在时，自然会产生积极的文化功能。本研究的理论意义进行简单概括后如绪论图 2 所示。

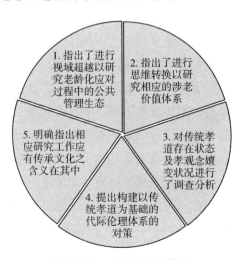

绪论图 2　本研究理论意义

（二）研究的实践意义

经过长足发展后，中国在全球政治、经济等多个领域产生了巨大影响，但在文化方面的影响仍不能和往昔相比。从国内情况看，在经济发展取得举世瞩目的成就的同时，社会价值体系的缺位也不断显现出来，如果没有较为恒定的、能真正与现代化进程相适应的文化体系作为支撑，整个社会的发展缺乏明晰的价值理念引领，就必然会出现许多严重的社会问题，不仅经济发展在很大程度上会遇到许多阻力，整个社会发展同时也会受到很大影响。因此，构建与社会发展需求相适应的价值体系具有非常重要的现实意义。具体到代际伦理关系领域，在老龄化快速发展的时代，老年人口大量增加，一方面要求我们要从公共管理、公共政策角度着手构建相应的社会保障体系，同时也要从社会价值体系入手构建与老龄化时代相适应的代际伦理体系。从非常现实的角度来分析，有较为完整的代际伦理体系作为支撑，家庭养老的地位就有可能得到进一步巩固，老龄化时代所面临的巨大养老压力则能得到一定程度的缓解。与此同时，相应代际伦理体系的构建也有助于社会形成一种具有较强人文关怀的文化氛围，在这种社会环境中，相关涉老政策与生活世界的接轨才能更为通畅，老年人的社会地位才能真正得到尊重，其社会权益也才能得到切实保障。老龄化进程中代际伦理体系的构建固然复杂，但也有比较有利的条件，因为对代际伦理关系的研究和实践并不是一个新课题，中国有悠久的历史和丰厚的积淀，由此形成了内容丰富并具有鲜明特征和强大文化功能的孝文化体系，对中华本土乃至周边地区都产生了深远的影响，一些影响甚至延续至今。孝文化能产生如此深远的影响，其中一个重要原因是其核心的理论构成具有相当的合理性，而且这些合理性在经历了各种历史变迁后仍能基本保持稳定，充分说明了孝文化经得起历史的严峻考验，这就为当下代际伦理体系的构建提供了丰富的文化资源。因此，通过各种途径使传统孝文化中的合理构成部分在当代重新成为一种有广泛影响的整体性理念，这不仅有利于建立比较和谐的代际伦理关系，也可为相关涉老政策提供伦理支持，而且在文化传承方面也具有非常重要的意义。本研究的实践意义简单如绪论图 3 所示。

整体看来，在这个实践过程中必然涉及传统孝道体系的合理发展，同

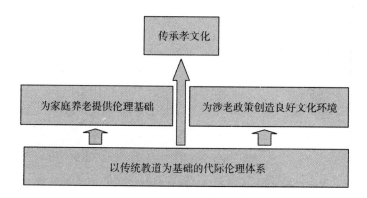

绪论图3　本研究实践意义

注：绪论图3可进行高度概括：以传统孝道为基础的代际伦理体系不仅为家庭养老提供了重要的伦理基础，也是整个社会价值体系的有机构成部分，自然会为相关涉老政策体系的实施创造良好的文化环境；与此同时，相关实践过程必然也包含了传承文化的内涵。

时也要为之融入和时代精神相统一的内容。因此，从核心内容上来看，这是传统孝道体系的发展过程；从整个体系构成并从整体发展趋势来看，也可将其视为以传统孝道为基础的一种新型代际伦理体系的构建过程。

三　需要厘清的问题

（一）对孝文化、孝伦理、"孝"与孝道几个概念的阐释

在本文的论述过程中，关于"孝"并没有统一的称谓，而是在不同部分有不同的表达形式，其中并无刻意进行区分的目的，而是为了行文需要在不同语境下选择了不同称谓。主要有这几种指称：①孝文化。这种表述相对比较泛化，主要是以文化视角进行审视或以历史视角进行回溯时使用，用孝文化对相关事物进行涵盖，因而模糊化特征相对明显。②孝伦理。由于传统孝文化具有鲜明的伦理色彩，从主要特征和功能的角度着眼亦可将其称为孝伦理。但是，从现代伦理学角度分析，传统孝文化比较缺乏元伦理学的支撑，主要由一些道德规范构成，非常有趣的现象是这些规范能在现实生活中产生巨大的文化功能，这是一个值得深思的文化现象。③"孝"。这也是一个指称对象，在不同语境下有不同含义，包含了哲学、伦理、政治等各种内涵，因而是一个集合概念，在行文中为了显示这

种含义特为其加了引号。但是，如果"孝"与其他字或词结合后构成一个新的词组，有了新的含义，则不加引号，如孝内涵、孝理念、孝行等。④孝道。这亦是从伦理道德角度出发的一个称谓，孝伦理主要是为了调节家庭代际关系而存在，同时也广泛渗入社会生活中而具有明显的泛化特征，但它的主要构成仍是一些重要的理念和规范，所以用孝道对之进行称谓也较为适宜。另外，将孝道视为一个整体时，亦可将其作为定语，如孝道观念、孝道伦理等。因此，这几个词或词组只是在行文过程中、在不同语境下为了具体表述需要而用的不同称谓，虽然基于行文通畅的考虑，在一些地方这些词组不能轻易进行互换（引用或文献综述性质的内容中则尽可能尊重原有表述方式），但从本质含义分析，这几个词和词组主要是形式的区别，并无巨大的本质差异。

（二）当下代际伦理体系与传统孝文化的关系

孝文化是中华传统文化的一个重要组成部分，它的发展和存在状态与整个传统文化息息相关。以历史眼光进行审视后可发现孝文化在较长的历史时期内不仅保持了持续性发展，也产生了深远的历史影响，但近代以来这种持续性的发展状态被打破。从外在原因来看，传统社会自给自足的发展模式在列强不断侵略下逐渐解体，中国社会的发展被迫纳入世界轨道中。虽然历史上中国并未一味闭关锁国，在不同历史时段和其他国家还是保持了一些交往，但从整体来看，和外界的这些交往并不是持续的，而且也是有限的。在近代国门被打开以后，在一系列惨痛的事实面前，如何使民族自立、自强，如何使国家真正强大起来不再被欺凌，在如此深沉的历史命题前，近代中国所经历的变革之巨之烈为数千年所罕见。在经历了诸多曲折和前所未有的变革后，社会结构发生了根本性改变，原有的一些社会价值体系几乎完全被摧毁。这一方面源于传统的一些价值体系和变化中的社会现实不相适应，自然被淘汰出去；另一方面也与人为去除有关，在一些时期传统孝文化一度成为众矢之的，被视为阻碍社会发展的重要因素。对孝文化的批评和批判其实在一定程度上也源于对发展的渴求，这其中当然有一个对民族文化进行深刻反思的过程。但在经历了诸多波折后中华民族对传统孝文化逐渐有了更为理性的认识：在前行过程中，需要剔除孝文化中的一些负面因素，但不是整个孝文化。因为在数千年中华文明发展过程中，孝文化中的一些价值体系已超越了具体历史阶段而呈现出明显的普适性特征，所产生的深远历史影响也一直延续到现在，其中的一些理念和措施在当下仍能发挥价值。至少在笔者所接触的不同地域、背景各异的人群中，人们在谈及代际伦理关系时仍以"孝"进行涵盖，再次深刻说明了传统孝文化对民族心理结构以及社会生活的广泛影响，基于这样的原因，老龄化进程中代际伦理体系的构建仍要以传统孝文化为重要基础。

（三）需要用动态的、发展的眼光审视传统孝文化

立足于现实情况进行分析，自近代以来一波接一波的去传统化浪潮的冲击下，传统文化并未完全根除，因为根植于民族心理深层的一些文化因素非人力可完全去除。但还有一种倾向需要注意，就是在经历一些曲折后，在研究领域一度弥漫出一股浓厚的回归主义思绪，这种意识的出现和东亚、东南亚一些国家的经济腾飞是有密切关系的。不可否认的事实是无论多么一厢情愿，在维系一些核心内容的前提下，社会生活的巨大变迁要求传统文化在形式和内容方面必须要做出相应的革新，否则所谓的回归只能成为空谈。还有一个重要的问题必须要厘清，传统文化至上论将会导致我们对其中和现代化进程以及社会进步相悖的内容认识不清，过高的、充满主观情绪的评价首先在理论方面会带来一些误导。从孝文化来看，在强烈农本意识促生下，传统孝文化中有着明显的等级思想，这些理念和社会生活尤其是和政治结合后出现了明显的权威主义特征，它在产生积极文化功能的同时也带来一些负面效应，而且其负面效应并不仅仅体现在这一个方面。包括孝文化在内的传统文化，其功能都是结合特定历史条件出现的，脱离了具体历史条件谈文化功能必将陷入文化决定论的泥潭中，没有任何一种文化能在任何历史条件下发挥作用，世界上没有不发展的文化。

（四）理论研究仅仅是一个前提工作，广泛和生活世界相融是一个重要环节

中华传统孝文化是在农耕社会背景下出现的，在数千年的时间里，中国虽然经历了诸多王朝更替，但主导性的经济模式并没有发生实质性变化，而且长时间保持了稳定和发展。传统社会对家庭、家族的重视超越了

对个人的关注，因为在生产力低下的农耕社会，唯有依赖比较稳定的组织、团体，个人的生存和生活才能得到有效的保障。在这种社会背景下，家庭及宗族的作用便充分显现出来，成为社会发展过程中不能忽视的重要力量。在农耕社会基础上产生了相应的农耕文化，反过来又极大地促进了农耕社会自身的稳定和发展，在与农耕社会不断适应的过程中，孝文化体系得到了发展，进而不断得以固化，而且家庭和社会结构的相似性使得孝伦理往往超越了边界而走向了更为广阔的社会领域，这种超越固然有客观基础，但更多时候却是多种因素综合所导致的必然结果。因为在中国传统社会非常强调道德的约束力量，长期以来以德治国是一种重要的治国理念和施政纲领，在这种道德泛化的文化氛围中，渗透着鲜明道德特征的孝伦理之张力得到了极大程度的发挥。

孝文化能产生持续性历史影响与各种主体有意识的推广也是有很大关系的。在传统社会，虽然孝文化的传播已经有了较好的氛围，但是，从官方到民间还是通过政治、法律、乡规乡约、家训等多种途径对孝文化向社会进行全方位的普及和推广，或曰：这种良好的文化氛围很大程度上正是在人的刻意营造下才得以持续。教育在此过程中起到了异乎寻常的作用，传统社会在孩子牙牙学语时就不断对其进行有关"孝"的启蒙，仅有一千余字的传统经典启蒙教材《三字经》中就三次讲到了孝："孝于亲，所当执""首孝悌，次见闻""孝经通，四书熟"。《弟子规》中亦多次讲到了孝：开篇就讲到了"首孝悌，次谨信"，之后则比较详细地讲到孝悌的具体要求。总之，在有明确指向和各种合力作用下，整个社会形成了一整套错综复杂的孝道构成体系，这种网状的工程对整个社会实现了全覆盖，推广形式的多样化使得更多人能接受到孝道思想的熏陶，从而才有可能使相应观念转化成切实的行为。传统孝道体系成功发挥作用是因为它始终深入地融入到了生活世界，此点笔者在研究过程中亦有一些体会，然而在研究过程中不时受到知识储备不足、方法欠缺等因素困扰，各种条件限制和生活世界的接轨有限，从而在一定程度上影响了相关研究的深入进行。因此，从公共管理、公共政策角度对传统孝道、当下代际伦理体系所进行的研究，研究人员与生活世界接触的多少在很大程度上决定了其成果的质量，而研究成果与生活世界可接轨的程度在相当程度上也是评价其质量的一个重要依据。从这个角度而言，笔者所进行的研究更多是一种初步探索，其中诸多问题还需在和生活世界广泛接触、接轨的过程中不断得以改进。

四　研究方法

（一）文献法

首先，无论是针对老龄化还是关于传统孝道的研究，到目前为止都有非常丰富的文献积累，对相关文献掌握和理解的状况在很大程度上决定着研究质量的高低，如果不了解一些基础性或前沿性的研究而盲目展开研究工作，很有可能体现不出研究工作的贡献。其次，与本研究相关的一些数据除纸质文献外，越来越多的重要数据是通过网络等形式公布，这些数据为本研究的进一步展开提供了非常重要的数据支撑，通过尽可能多的途径掌握这些数据并借助相应方法可深化相关分析。再次，虽然本研究主要是在公共管理及公共政策为视角下进行，但根据内容需要还适度融入了哲学、伦理学、社会学等不同学科的知识，要比较准确地理解与这些学科相关的内容并要将其引入本研究中必须要查阅大量文献。最后，要比较深入地了解传统孝文化的内涵、存在形式、动态演化进程以及不同历史阶段与其社会化相关的政策、措施，每一个环节都需查阅大量的历史文献。总之，通过传统方式并及时利用信息化社会所出现的各种新途径尽可能掌握相关文献是本项研究得以全面展开的重要基础。

（二）质性访谈法

质性访谈法主要应用于对传统孝道的认知及当下孝道存在状况的考察中，因为质性访谈比较适用于诸如孝道这样具有丰厚历史积累，同时也与日常生活密切相关的研究目标的考察，一些关于孝道被遮蔽的本真状态正是在访谈过程中徐徐得以呈现的。对于孝道存在状况及相关问题的认知，则极有可能在对多个对象的访谈中获得，并且可进行多个不同角度的解读。不仅如此，在访谈过程中可获知不同个体、人群对孝道认识出现偏差的深层原因，对认知方面深层原因的剖析必然有助于实践领域相应问题的解决。更为重要的是，在传统社会中孝道的演绎和社会整体演化状况一直相互密切交织，如果再联系到各种具体以及特殊的文化心理、地域背景等因素，一个与孝道相关的巨大研究空间将不断在我们眼前展现，而要洞悉其中的丰富内涵，还需从多种途径入手。基于这种情况，从访谈法入手，以获得研究中所需关键信息为主导原则，笔者结合多种因素进行综合考虑后选择了多个受访者，获得了一些有助于本研究进一步展开的有价值的信息。

（三）定量分析方法

在当前对老龄化的研究中，定量研究已成为不可或缺的研究方法。在对孝道的研究中，以前的研究更多的是从哲学、伦理学、社会学等角度进行的基础理论研究，虽然也有一些调查研究，但基本是一些数据的再现，缺乏深入的定量分析。尽管如此，近些年，国内在孝道研究方面也出现了一些定量研究成果，虽然数量比较少，但却是一种重要的尝试。这些工作之所以能得以展开，一方面是有一些比较有影响的全国性调查数据作支撑；另一方面，定量研究方法现在已大范围渗入社会科学研究领域，从而不可避免地会对其产生一定程度的影响。客观而言，在本研究进行过程中笔者当然要受到这些研究模式的影响，但从根本上来讲是因研究需要而适度采用了一些定量研究方法，主要是在关于孝道存在状况的调查分析和对当下孝观念的分析过程中运用了定序 logit 回归等分析方法。

（四）系统的研究方法

在本研究中，虽然有主导学科作引领，但还是根据内容需要适度融入了其他学科的知识，多学科综合的特征因而比较明显。从整体来分析，本研究有两条研究脉络：一是关于当下老龄化的发展及应对；二是对传统孝道的考察和以此为基础的代际伦理体系构建的探索，其中第二条是主线。这两条脉络时而保持一定距离，时而交错，如果针对其中某一内容进行深入分析，又会发现更为复杂的构成。在这种错综复杂的研究体系中，如果没有系统的方法作引领，研究内容可能会因为过于分散而导致整个系统的解体。因此，重视每一具体构成要素，同时也不忽略要素之间的互动和整体性作用，系统分析方法的重要性由此得以显现，从而成为本研究中一项重要的应用方法。

五　研究框架

绪论图 4 对本研究的基本框架予以展示：

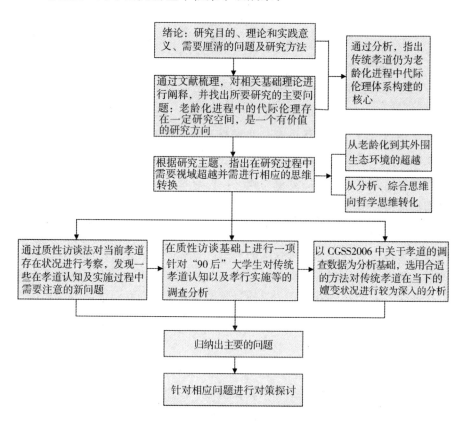

绪论图 4　本研究的基本框架

第一章　相关基础理论及文献综述

本研究中，老龄化进程中代际伦理体系的构建主要以传统孝道为构成基础。鉴于传统孝道深远的历史影响，以及在惯性作用下对民族文化心理潜移默化的影响在一定程度上还在持续，因此，至少在当前，完全脱离传统孝道去构建一套全新的代际伦理体系是不现实的，第四章关于孝道存在状况的质性访谈及第五、第六章关于孝道定量研究中的相关内容还要对此结合现实进行更为深入的说明。简而言之，即使完全从创新性角度入手构建相应的代际伦理体系，也不可能从零开始去展开工作。再从承接性角度审视，老龄化进程中的代际伦理体系构建依然和传统孝道有千丝万缕的联系，因为在传统社会中代际伦理关系完全是用孝伦理来进行规范的，在长期积淀和不断淘汰的过程中，孝伦理一些构成体系的普适性特征更趋明显，其中一些核心构成在当下依然发挥着作用。正是因为这样的原因，本章首先要在梳理相关文献的基础上，从历史视角对传统孝道的演化脉络、主要内涵以及基本构成予以简要阐述。

一　传统孝道的演化脉络、主要内涵及基本构成体系

(一) 传统孝道的演化脉络概述

如果从现代学科划分角度可将传统孝道归入哲学或伦理学等学科范畴，但和西方哲学和伦理学相比，生活世界是中国哲学、伦理学的主要关注点，因而其中缺乏缜密的理论论证。从存在形态看，可专门围绕传统孝道，将相关内容归纳成一个系统，但事实上传统孝道依附于儒学等不同思想派别的特征较为明显。虽然传统孝道也有一些比较复杂的理论基础和体系化的构成，但更多的内涵是通过一些清晰、简洁的规范来阐释的，且其

核心内容确立后相对比较稳定，孝道的发展主要是在此基础上产生一些起伏并不巨大的演化，或是在传承、推广措施方面进行一些渐进式改进。

　　传统孝道理论发展过程中确有一些专门性的论著，但更多散见于各种典籍、家训、村规民约等文本中，不同历史时期对孝道传承、推广的措施无论内容还是形式之丰富更是不逊于孝道理论体系的构建，用一张图显然无法展现其全貌，故图1-1只是以一些重要文本资料和其中所展示的历史过程为依据，将传统孝道最主要的演化脉络予以呈现，仅供参考。此图在制作过程中参考了一些中国哲学史方面的著作①；《论语》②《孟子》③《曾子·子思子》④《礼记·孝经》⑤《尚书》⑥ 等重要典籍；以及有关传统孝道的资料汇编。⑦ 图1-1是以历史的视角对传统孝道演化过程的一个简要概括。

（二）传统孝道主要内涵的简要概括

　　之所以对传统孝道主要内涵进行简要概括，是因为到目前为止，已有从具体内涵、构成体系以及相应功能等不同角度出发对孝道进行的研究数量较多，已无很大开拓空间，故笔者没有专门对此进行系统解释，如果要进行此项研究，只能是一般的重复性研究。但是，由于孝道内涵及其相关内容是本研究的一个重要基础，因此，笔者采取的方式是在相关章节根据行文需要对其进行阐释，阐释的基本原则是既不做牵强附会的引申，也不断章取义以免造成曲解，而是用高度简练的语言对其本质进行概括，因此，这主要是一种归纳的方法。之所以用这种方法，还有一个重要原因是本研究虽然争取做到多学科融合，但主要是从公共管理、公共政策角度进行研究，因而，与"孝"相关的具有鲜明哲学、伦理学特征的内容只是根据内

---

① 参见冯友兰《中国哲学简史》，赵复三译，新世界出版社2004年版；王晓兴、李晓春《宋明理学》，上海古籍出版社1999版。
② 参见《论语》，张燕婴译注，中华书局2006年版。
③ 参见《孟子》，万丽华、蓝旭译注，中华书局2006年版。
④ 参见《曾子·子思子》，陈桐生译注，中华书局2009年版。
⑤ 参见《礼记·孝经》，胡平生、陈美兰译注，中华书局2007年版。
⑥ 参见《尚书》，慕平译注，中华书局2009年版。
⑦ 参见谢宝耿《中国孝道精华》，上海社会科学院出版社2000年版；骆承烈《中国古代孝道资料选编》，山东大学出版社2003年版。

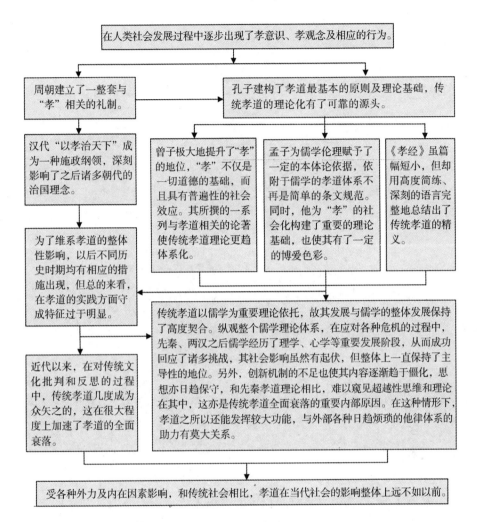

图 1-1　纵向视角下的传统孝道演化脉络

容需要进行适度引入。尽管如此，对传统孝道主要内涵和基本构成体系还是要给予简单交代，因为这是本研究相关内容全面展开的一个重要基础，在综合相关文献的基础上，图 1-2 对传统孝道的主要内涵进行了简要概括。

（三）传统孝道的基本构成体系、互动关系及对其全面、准确认识的意义

1. 传统孝道的基本构成体系及互动关系

如果再从一个静态构成体系来看，传统孝道基本构成及相互之间的关

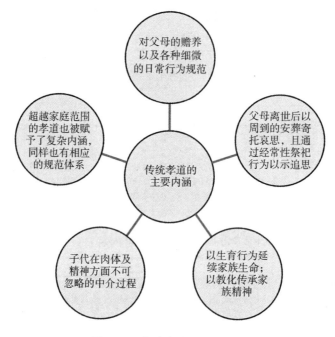

图 1 - 2　传统孝道的主要内涵

注：因为本研究与传统孝道的相关内容主要着眼于当下代际伦理关系而展开，故图 1 - 2 呈现的基本是家庭范围内的孝道内涵，事实上，在家庭之外同样存在一个复杂的孝道体系，因为和本研究关联度不高故未详细展开，图 1 - 2 所参考文献与绘制图 1 - 1 时所参考文献相同。

系简单如图 1 - 3 所示。

从图 1 - 3 可看出，长时间积聚的孝道理论体系，亦即具有高度学理性的孝道体系是其中一个核心构成，这决定了其必然要对其他孝道体系产生重要的影响。但是，传统孝道的社会功能之所以能得以持续发展，与其他孝道体系所形成的补充作用有莫大关系，而且这些补充体系的出现和作用的发挥在很大程度上也巩固了核心构成部分的主轴地位。此处的补充体系是相对核心构成而言的，从整个构成体系和互动机制的角度而言，如果没有这些补充体系，传统孝道的影响极有可能不能覆盖一些领域，从而很难成为一种整体社会理念，其整体功能的发挥因此会被削弱，这就在某种程度上显示出孝道补充体系不可或缺的存在价值。在此构成系统中，各个系统固然有自己较为清晰的边界，但它们之间又有密切互动，这很好地维系了和有力地促进了传统孝道的延续和发展。

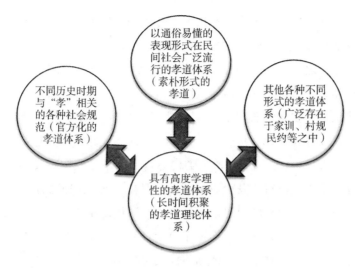

图 1 – 3　传统孝道的基本构成体系及互动关系

注：图 1 – 3 只是从宏观角度对传统孝道体系进行划分，如果再深入进行剖析，每个系统又有更小系统的支撑，从而形成了一个更为庞大和复杂的传统孝道体系。

2. 全面、准确地认识传统孝道的基本构成体系的重要意义

从孝文化传承角度而言，全面、准确地把握其构成部分有着非常重要的意义，我们不能用其中任何一个部分，包括核心构成部分来涵盖整个传统孝文化，因为这将使传统孝文化的外延出现不同程度的缩小，同时用部分代替整体也会出现一系列对传统孝文化的曲解。同样道理，我们也不能用每个系统所属的小系统对其进行替换，如若如此，同样的问题会再次出现。从这个角度而言，用传统孝文化中一些具体构成部分代替形式及内容都异常丰富的中华传统孝文化显然很不适宜，因为这会直接影响当代社会对传统孝文化的认识和评价，一些出现于现代社会的对传统孝文化的排斥甚至猛烈批判与此是不无关系的。①

传统孝文化有比较复杂的构成，非只言片语可以简单概括，将外延的广阔性与内涵的丰富性结合起来看，绝不能将部分孝文化同中华传统孝文化简单等同。以其中的"二十四孝"为例，在孝文化发展过程中，经过长期演化后出现了以各种通俗易懂的形式展现孝文化的"二十四孝"，由于其在传统民间社会影响甚广，一些人甚至将传统孝文化与"二十四孝"

---

① 彭希哲、郭德君：《孝伦理重构与老龄化的应对》，《国家行政学院学报》2016 年第 5 期。

相等同，这其实极大地缩小了传统孝文化更为宽广的外延和非常丰富的内涵。相对学理性较强、较为学术化的孝道体系以及有层层比较完善制度保障的官方化孝道规范，将"二十四孝"视为一种较为素朴的、民间化的、以道德教化为主要目的孝道体系或孝道普及方式也许更准确些。还有一些问题在此也有必要简单提及，即"二十四孝"的具体作者、准确出现时间、复杂演绎过程等，直接引发了许多论者从不同角度对其进行研究。结合一些文献来分析，"二十四孝"的内容构成并不是固定不变的，从唐至元一直有诸多版本流行，其中影响较大的是出现于元朝的郭氏版本①，其实此版本中的一些故事隋唐之前也已存在。② 由此可见，广为流传的元代郭氏版是在较长一段时期内、在逐步演化过程中才出现的，不能简单将之归为郭氏之独创，将其归于集体创作成果可能更妥当些。因此，"二十四孝"仅为传统孝文化一些具体的构成部分，同时也是一种孝文化传播模式，但和整个丰富的传统孝文化相比，"二十四孝"还是远不能涵盖传统孝文化的外延及内涵。

总之，无论从纵向的历史视角来看，还是从横向的构成系统来审视，都不能简单将部分孝文化等同于整个中华传统孝文化，如果将它们简单等同，中华传统孝文化的外延不仅在很大程度上被缩减，其丰富内涵也将极大被削弱。这其实也从另外一个角度给了我们深刻的预示：传统孝文化有与现代文明接轨的契机，将有更丰富的孝文化资源向我们展现。

二　相关研究文献综述

在此必须要进行说明的是，本文对传统孝道及以此为基础的代际伦理体系研究并不是完全从哲学、伦理学角度出发所进行的单纯理论的研究，而是在对老龄化进程中相关问题的研究中牵扯出来的。整个来看，在当下的老龄化研究中③，对老龄化的研究视野不仅要进一步拓展，在具体研究内容方面也有较大开拓空间，这不仅因为与老龄化相关的许多问题在当下

---

① 赵文坦：《关于郭居敬"二十四孝"的几个问题》，《齐鲁文化研究》2008 年第 00 期。
② 叶涛：《二十四孝初探》，《山东大学学报》（哲学社会科学版）1996 年第 1 期。
③ 可参考第三章第二部分相关内容。

并没获得实质性解决，而且在老龄化发展进程中新的问题还在不断涌现，因此，老龄化研究方面所存在的空间在很大程度上是由其发展的动态性决定的。到目前为止，老龄化并无任何停止的迹象，而且在未来较长的一段时间里，不断发展仍是其基本的存在特征。结合目前相关研究来看，以老龄化为核心研究目标，其背后其实牵扯出千头万绪的研究对象：有着眼于老龄化本身进行的各种宏大的或细致入微的研究；也有立足经济生活就老龄化与其之间广泛而深刻的互动影响进行的研究；还有从如何构建或改善相应制度体系以切实有效地为老年人提供公共产品方面所进行的研究；等等。在研究过程中，一些研究者逐渐认识到需要对老龄化社会的相关价值体系进行深入研究，从传统孝文化切入探讨老龄化的应对由此衍生成一个研究方向。

（一）传统孝道在老龄化应对中的意义和价值

1. 孝道不仅是一种道德体系，在客观上确实促进了传统社会养老问题的妥善解决

在具体研究过程中，出于各种研究需要固然可将传统孝道列入不同领域，但从孝道理论最初制定目的和相应调节功能角度来看，传统孝道更多属于道德的范畴。在传统孝道理论体系中，有很多充满浓厚道德色彩的论证，《孝经》中就认为"孝"是道德的本源："夫孝，德之本也，教之所由生也。"（《开宗明义章第一》）"人之行，莫大于孝。"（《圣治章第九》）从而将"孝"置于至高的位置。在此逻辑框架中，"孝"被视为天之经、地之义、民之行（《三才章第七》），其合理性和必要性在全面分析过程中得到了深化。在民间社会广为流传的"二十四孝"中，一些可歌可泣的故事对此也进行了很好的解读：为了孝敬父母，即使付出生命也在所不惜，何况其他！总之，孝敬父母不含任何附加条件，是纯粹的道德行为，是做人的基本道德底线，这可通过康德对道德行为的阐释进行解读，他认为道德行为就是以纯粹义务为动力，而非功利性目的。[①]

对传统孝道的核心构成进行审视，它并非在明显功利主义目的的驱动

---

① ［德］康德：《道德形而上学原理》，苗力田译，上海人民出版社 2002 年版，第 116 页；［德］康德：《实践理性批判》，邓晓芒译，杨祖陶校，人民出版社 2003 年版，第 98—121 页。

下构建出来的，并非仅仅为了养老而构建相应的孝道体系，如果完全基于这样的目的，就不可能在生活中得到持续发展。但是，这主要是从道德角度做出的理解，不可否认的一个事实是：在传统孝道规范中，其直接所指向的对象是父母和家中的老人，善待他们并为其养老送终是传统孝道的一个重要内容。在孝意识推动下，在相关孝行实施过程中，家中的老人养老问题得到了较为妥善的解决。总之，传统孝道不仅是社会普遍遵循的道德规范，而且能带来积极的社会效应，因而在传统社会从官方至民间受到了普遍推崇，除专门的孝道理论体系外，还有官方及民间各种形式的孝道体系在相互作用，构成一个复杂的孝道网络。

2. 对传统孝道与养老的研究

通过上边的分析可以看出，孝道与养老确实有密切的相关性，孝道在传统社会养老功能的实现方面所发挥出的重要作用毋庸赘言，但它在现代社会尤其是老龄化飞速发展的社会阶段究竟有何价值？一些研究人员明确提出了这个命题并对之进行了较为深入的研究，将孝道与老龄化直接联系起来并将之作为一个学术问题进行探讨，其实更多源于对现实的考虑，因为结合一些研究来看，这既非单纯的道德问题，也非完全意义上的理论研究。陈功围绕当下孝观念针对养老问题开展了研究。在出现巨大变迁的社会背景下，作者在一些调查资料的基础上从多个维度对不同人群的孝观念进行了较为全面的考察，对孝文化在当前应对老龄化过程中的地位、作用有了一个初步的整体性分析，并在此基础上进行了一些展望。① 此项成果为孝道与老龄化的研究提供了富有价值的参考，同时也对未来从何入手提升整个社会的孝意识给予了诸多启发。梁盼对孝道和古代养老进行了系统研究，涉及古代的养老战略、救济机构、家庭养老以及相关法律保障等诸多内容，诸多看似零散的内容在"孝"的联结下构成了一个严密的体系，使读者对孝道所产生的养老功能有了较为全面的认识。② 对孝道和养老之间的关联不仅有宏观的分析，还有比较细微深入的研究。例如，卢明霞在养老视域下对孝德教育的意义、面临困境以及继承和创新途径进行了研

---

① 参见陈功《社会变迁中的养老和孝观念研究》，中国社会出版社 2009 年版。
② 参见梁盼《以孝侍亲——孝与古代养老》，中国国际广播出版社 2014 年版。

究。① 在中国知网搜索，可发现从养老视角出发对传统孝道进行的研究论文数量并不少，总的来看，在对传统孝道和养老的研究中，既有对历史经验的总结②，也有对传统孝道在当下养老过程中功能发挥的探索。③ 在这种视域下，一些论者也看到了对传统孝道进行现代性转化的必要性。④ 由于传统孝道在中华传统文化中的重要地位以及较为广泛的地区性影响，也鉴于中国和东亚地区老龄化快速发展的事实，一些国外学者对此也进行了关注。⑤ 但是，其中所面临的共同问题是：如果将养老和传统孝道倒置起来进行相应的探索研究，即以养老为主要目的来研究传统孝道体系，在其实现机制的长效性方面将有许多难题要克服。

（二）多元视角下的孝道研究

在相关研究中，其中一些研究看似以传统孝道为单一研究对象，事实上孝道就是针对代际伦理关系而提出来的，故在研究过程中还是直接显现出若干与代际关系相关的丰富信息。在对传统孝道的研究中，出现了一些比较重要的著作，这为我们比较全面地了解传统孝道提供了诸多便利，其中的研究视角亦较为多元化。

1. 文化视角下对传统孝道的系统研究

宁业高等从本体论角度对孝意识进行了深入分析，并对其以家庭为核心向不同维度的拓展以及政治性、社会性拓展进行了考察（见图1-4）。⑥ 在此过程中，作者还整理出了丰富的与传统孝道相关的文本资料，

---

① 参见卢明霞《养老视阈下中国孝德教育传统研究》，中国社会科学出版社2016年版。

② 参见曹立前、高山秀《中国传统文化中的孝与养老思想探究》，《山东师范大学学报》（人文社会科学版）2008年第5期。

③ 参见康颖蕾、陈嘉旭《试论中国孝文化与养老保障制度》，《西北人口》2007年第1期；张云英、黄金华、王禹《论孝文化缺失对农村家庭养老的影响》，《安徽农业大学学报》（社会科学版）2010年第1期。

④ 参见屈群苹、许佃兵《论现代孝文化视域下机构养老的构建》，《南京社会科学》2016年第2期。

⑤ 参见Sung K. T.，"Elder Respect Exploration of Ideals and Forms in East Asia"，*Journal of Aging Studies*，Vol. 15，No. 1，2001，pp. 13 – 26；Ng A. C. Y.，Phillips D R and Lee W. K.，"Persistence and Challenges to Filial Piety and Informal Support of Older Persons in a Modern Chinese Society：A Case Study in Tuen Mun，Hong Kong"，*Journal of Aging Studies*，Vol. 16，No. 2，2002，pp. 135 – 153。

⑥ 参见宁业高、宁业泉、宁业龙《中国孝文化漫谈》，中央民族大学出版社1995年版。

并融入了一定的比较视角在其中。在一般理解中，传统孝道以调整家庭内部纵向伦理关系为主，其指向主要朝向双亲，但在作者视域逐渐放宽的过程中可发现：不能仅仅将传统孝道局限在家庭范围之内，它其实延伸至与家族相关联的亲族，乃至完全超越了家庭范围而指向了其他老人、师、君等不同对象，总之，在不断发展的过程中，传统孝道的纵向指向和横向范围都在扩大。整体来看，在文化视角下，有的学者将传统孝道视为一种文化进行整体性研究，涵盖了与孝道相关的诸多重要内容。①

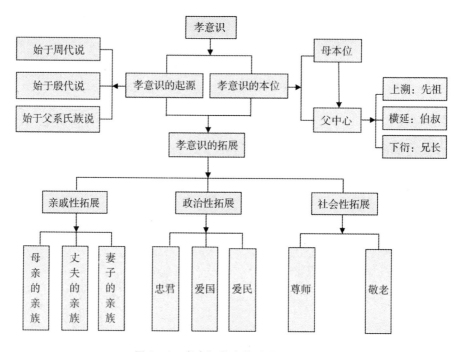

图 1-4　孝意识的本体论认识及拓展

魏英敏对传统孝道的系统研究并非完全从学术层面展开，而是希望通过对传统孝道通俗化的解读使之能更好地面向大众，同时也希望传统孝道在新时期家庭伦理建设中提供合理的文化资源。② 期望传统孝道在当下仍能发挥相应功能的研究倾向并不是个案，而是有一定的普遍性，或隐或现地渗透到许多与孝道相关的研究中，虽然不能完全排除其中强烈的主观倾

---

① 参见肖群忠《孝与中国文化》，人民出版社 2001 年版。
② 参见魏英敏《孝与家庭伦理》，张岱年审定，大象出版社 1997 年版。

向和感情色彩，但是，一些学者通过深入的理论研究也确实证实了传统孝道在当下社会仍有发挥价值的余地。

2. 比较视角下的传统孝道研究

从比较视角对传统孝道进行研究也是一条重要的途径，相比较而言，高望之的研究视野更为开阔，他超越了一般意义上儒家文化圈的比较范畴，而是立足国际视野，将比较分析的方法贯穿其中对儒家传统孝道进行了研究。和诸多主要对传统孝道进行文献梳理和内涵释义的研究相比较，此项研究在思路和方法上都有一定的开拓意义。高望之撰写这部著作的目的是希望为西方读者介绍中国的孝道，但正如序言中楼宇烈所言：这绝不是以介绍为目的的通俗著作，而是颇有学术功底的专著，尤其是比较研究部分，填补了相应的研究空间，在传统孝道的研究方面具有重要的意义。①

在这部著作中，作者不仅积累了丰富的孝道文献，而且对诸多重要典籍和相关文献有非常精当的把握，因此，在撰写过程中远远超越了简单陈述的方式，而是将自己的一些深刻认识渗透其中，但这些认识并非充满主观性的论述，而是始终将严谨和透彻的分析渗入其中。作者在对与《孝经》相关问题进行阐述的基础上对孝道产生的思想基础进行了深刻的剖析；并对孝道产生的社会背景给予了整体性的简洁阐述，尤其对其中"士"阶层与孝道的关系进行了独到的分析；还在对传统孝道所经历挑战叙述的过程中指出了其在应对外在压力方面所具有的厚实理论基础和现实根基；之后对传统孝道深入和有效的传播方式、对周边国家的影响等进行了系统性的介绍；最后在比较视角下得出了一些重要结论。该部著作整体研究框架如图 1 - 5 所示。②

3. 其他一些研究视角

也有从历史视角对孝道自身演化过程所进行的整体性考察③，一般而言，在孝道研究中无论选择何种切入点，对孝道自身理论演化及历史实践的研究是其中一个重要环节，这主要是孝道基础理论在长期发展及不断积

① 参见高望之《儒家孝道》，高亮之、高翼之译，江苏人民出版社 2010 年版。
② 同上。
③ 参见朱岚《中国传统孝道思想发展史》，国家行政学院出版社 2011 版。

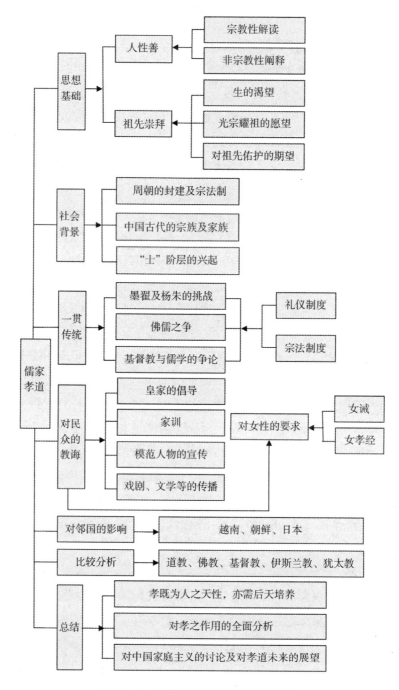

图 1 - 5　比较视角下的儒家孝道分析

淀过程中所体现出的难以超越性所致。此处还选取了 2000 年以来的一些论文从几个主要的研究视角进行简要分析。首先是对"孝"原初含义的追溯和解读。[①] 其次是对"孝"文化功能的解析。大多数论者基本将孝文化置于具体的历史背景下进行分析，因而结论相对客观和中肯，例如，李锦全认为孝文化同时所带来的正负效应使其具有了明显的双重属性。[②] 除众多专门性论著外，还有针对不同历史阶段孝道影响的研究散见于诸多论著，此处不再一一细述。孝文化的影响不止社会生活，还有人的人格，刘超、郭永玉从心理学角度对此进行了研究。[③] 最后，一些研究者对"孝"与当下社会的关联也比较感兴趣。这种视角主要想在历史和现实之间搭建联结孝文化的桥梁[④]，这其实意味着此条路径一直有可延伸的空间，因为现实永远是变动不居的，正因为如此，相关研究在近些年一直未曾中断过。

（三）定量研究的方法已渗透到孝道及相关研究中

从研究方法上看，虽然许多社会科学领域现在广泛引入了各种定量研究方法，但在孝道及其相关研究方面所用方法仍然以定性为主，定量研究相对欠缺。尽管如此，还是有一些成果根据学科特征和研究需要恰当引入了一些定量研究方法，不仅在形式上使相关研究增色不少，也增强了分析的力度和深度，这当然包括一些国外学者的研究。[⑤] 中国学者在孝道研究方面也取得了一些引人瞩目的成果，台湾学者叶光辉、杨国枢从 20 世纪

---

① 参见伍晓明《重读"孝悌为仁之本"》，《清华大学学报》（哲学社会科学版）2001 年第 5 期；李翔海《"孝"：中国人的安身立命之道》，《学术月刊》2010 年第 4 期；焦国成、赵艳霞《"孝"的历史命运及其原始意蕴》，《齐鲁学刊》2012 年第 1 期；温海明《孔子"孝"非反思先行性之哲学分析》，《社会科学》2012 年第 7 期。

② 李锦全：《中国古代"孝"文化的两重性》，《孔子研究》2004 年第 4 期。

③ 刘超、郭永玉：《孝文化与中国人人格形成的深层机制》，《心理学探新》2009 年第 5 期。

④ 参见刘炳范《论儒家"孝道"原则与现代"人人共享社会"》，《孔子研究》2003 年第 5 期；魏英敏《孝道的原本含义及现代价值》，《道德与文明》2009 年第 3 期；蔡志栋《孝道的现代命运及其转化——对中国现代思想史的简略考察》，《青海社会科学》2014 年第 3 期。

⑤ Zhan H. J. and Montgomery R., "Gender and Elder Care in China: The Influence of Filial Piety and Structural Constraints", *Gender&Society*, Vol. 17, No. 2, 2003, pp. 209 – 229; Cheng S. and Chan A. C. M., "Filial Piety and Psychological Well – Being in Well Older Chinese", *Journal of Gerontology: Psychological Sciences*, Vol. 61B, No. 5, 2006, pp. 262 – 269.

80 年代开始就分别以"社会态度"与"认知发展"作为两个主导性研究取向对传统孝道进行深入研究。在"社会态度"取向中，孝道被局限于家庭伦理范畴内，然后对与之密切相关的心理及行为进行了拓展研究。而在"认知发展"框架中，作者的关注点主要集中于概念或观念，对个体的孝道认知历程进行了探讨，意欲探寻出在人生复杂演进过程中孝道理念是否也呈现出一些普遍性的规律。在这两种主线清晰地引导下，在传统与现代相互交织的研究背景中，华人之心理结构及行为模式在作者对孝道的深入研究过程中得到一定程度的揭示，其中一些认识和结论也许会成为未来孝道研究中的重要基石。从研究方法上看，杨国枢等人通过多维度量表从知、感、意、行等层面对孝道进行了测量，并对其间复杂的关联以及孝道对其他行为过程的影响进行了分析研究，在此过程中，传统孝道内涵的演化、延续在更为广阔的社会变迁过程中得到了呈现。因为是在二十多年的时间里进行的持续性研究，加之研究范围仅限于台湾地区，此项研究的样本在地域方面由北到南对台湾地区实现了全覆盖；在调查对象方面涵盖了初中、高中以及大学生，而且还包括了不同类型的成人样本，从而在年龄序列方面出现了一个较为连续的分布。在研究过程中，科学方法的恰当应用、相关理论的准确切入使得一些问题得到了较为深入的阐述。① 总的来看，该项研究中的定量分析在孝道研究中堪称经典之作。但是，杨国枢研究团队都是由台湾学者组成，在研究过程中针对当代华人孝道心理及行为所进行的访谈及其他调查分析都是在台湾地区展开的，虽然调查样本所覆盖的范围比较全面，研究过程中论证严密，结论可靠，但其中一些研究结论的代表性仍值得商榷。

近年来，在人文社会科学领域，定量研究方法也不断得以扩展，其中一些学科甚至存在对定量研究的严重偏好。在这种背景下，一些对孝道的研究逐渐融入了定量研究的方法，出现了一些比较瞩目的研究成果。刘汶蓉立足于相关调查数据，通过研究指出，并不是孝道衰微导致了城乡的代际失衡，主要原因是社会压力不断转嫁到家庭，承受了很大压力的年轻人

---

① 参见叶光辉、杨国枢《中国人的孝道：心理学的分析》，重庆大学出版社 2009 年版。

又将压力转嫁给了父母。① 在孝道研究方面，还有从比较视角进行的实证研究。在传统社会，中华孝文化产生了广泛的地区性影响，直至现代，在工业化浪强势袭来的大背景下，传统孝道在周围一些国家仍有一定程度影响。杨菊华、李路路依据以家庭为主题的东亚社会调查数据，从家庭凝聚力入手对中国大陆、中国台湾地区、韩国以及日本相关情况进行了较为深入的研究。研究结果表明，尽管这四个国家和地区的家庭凝聚力不尽相同，但传统文化塑造的具有东亚特色的家庭凝聚力在汹涌而来的现代化浪潮前仍有强大的抗逆性和普适性，家庭凝聚力和一些代际行为并不能完全通过现代化理论进行解释。② 在进行相关研究中，比较全面、科学的数据来源是进行量化分析的重要基础，而在 CGSS2006 调查中直接设置了与孝道相关的六个问题，一些研究人员围绕相关问题并结合此次调查中其他背景性数据进行实证分析。③ 这些实证研究在一定程度上丰富了对传统孝道在当代社会存在状况的认知，但相关研究仍需拓展，因为无论传统和现代的对抗抑或交织都是在社会快速发展的进程中进行的，再严谨的关于孝道的定量研究也是基于一定时段调查数据展开的，这些数据不可能涵盖当时所有的情况，因而也不可能完全依靠它们对未来进行非常准确的预测。不仅如此，在研究过程中还必然要受制于研究人员的认知水平以及所应用方法等多种因素的综合影响。

三　老龄化进程中的传统孝道及代际伦理研究

但是，在此类研究中还有一些问题需要注意：首先，不能因为应对老龄化就生硬地牵出孝文化，这种实用主义的思维极有可能导致一些零碎

---

① 刘汶蓉：《孝道衰落？成年子女支持父母的观念、行为及其影响因素》，《青年研究》2012 年第 2 期。

② 杨菊华、李路路：《代际互动与家庭凝聚力——东亚国家和地区比较研究》，《社会学研究》2009 年第 3 期。

③ 参见师帅田《孝道观念对成年子女支持父母的影响——基于 CGSS2006 数据的实证分析》，硕士学位论文，华中科技大学，2013 年；狄金华、韦宏耀、钟涨宝《农村子女的家庭禀赋与赡养行为研究——基于 CGSS2006 数据资料的分析》，《南京农业大学学报》（社会科学版）2014 年第 2 期；韦宏耀、钟涨宝《双元孝道、家庭价值观与子女赡养行为——基于中国综合社会调查数据的实证分析》，《南方人口》2015 年第 5 期。

的、不成系统的应对措施出现，在内部缺乏高度关联的体系中，孝文化将很难维系持续性的存在和发展状态，应对老龄化的功能必将大打折扣。因此，必须要有文化传承的潜意识贯穿其中，既要有历史的视野，更要立足现实，以传统孝文化中的合理内核与现代伦理理念以及公共管理机制为衔接主线，以长时间序列为宏阔阐述背景进行研究。从这个角度审视，相关研究还有深入的余地。其次，传统孝文化有比较丰富的内涵、多种表现及传播形式，这些内容在不同历史时段进行积累后在我们眼前将会展现出一副极其丰富的孝文化图卷。而老龄化也并不是一个静态的现象，在发展过程中必然会出现很多新问题，因而在两者结合过程中，将有更多的研究空间不断向我们显现。再次，传统孝文化因认知主体不同，对其认知也不尽一致，同时也因地域差异又有不同的存在状态，这些状况远非一两篇文章可涵盖，而是需要系列研究不断对其进行较为全面的分析，或需要有足够容纳空间的研究对某一问题进行深入剖析，这些方面都需要许多工作来填补。最后，在研究过程中，还需要理性主义思维的指导，要尽可能摒弃浓厚的回归主义情结而应直面当下出现的新情况。总之，传统孝文化在当下需要发展，更需针对当下老龄化进程中代际伦理关系方面出现的问题提出新的应对措施。

在回溯性视域下进行审视可发现，在传统社会，养老并不是一个非常突出的社会问题，这是因为家庭养老功能的稳定发挥在很大程度上消解了社会的养老压力，虽然每个家庭的作用有限，但无数家庭凝结在一起导致了聚合功能的出现，从而在整体上释放出了巨大的能量。在诸多王朝更替、无数不可测之自然灾害以及大规模毁灭性战争等各种破坏因素交互作用的境况下，传统社会的家庭依然保持了比较稳定的结构，这固然可从其所依赖的以小农经济为基础的传统社会结构角度进行解释，但还有一个重要原因是传统孝道从伦理层面又使其结构得以固化，由此产生了强大的内塑力，即使面临各种外力侵袭依然难以被实质性解构。但在当下，无论是经济发展还是一些主导性思想的产生，再也不可能在一个和外界几乎隔绝的环境下进行，中国和世界的发展已经高度接轨，社会结构和思想层面出现的变化之快、之巨超过了历史上任何一个时期。在这种背景下，家庭结构的稳定性不断被削弱、传统孝道主导性地位的丧失与快速发展的老龄化相互交织，养老已不再是一个家庭范围内的问题，而是日益上升为一个较为严峻的社会问题。由于这并不是一个孤立的问题，所以需要不同主体、诸多领域的合力才有可能得以解决。但是，笔者认为无论反观历史经验，还是正视现实，我们对老龄化进程中代际伦理体系构建的重视程度仍不及其他应对措施，加之在相关研究领域还存在一定的空间，基于这些考虑，笔者将以传统孝道为重要基础构建适应时代需要的代际伦理体系。

　　所要研究的主要问题包括：①以公共管理和公共政策思维模式和基础理论为主导，同时适度融入哲学、伦理学等其他学科的思维模式和知识，对老龄化进程中的代际伦理关系以及与其相关的主流意识、价值观念等进行有针对性的调查分析，并借助其他有代表性的调查成果，在此基础上再对相关问题进行深入的思考和研究。②老龄化进程中的许多代际伦理问题是在社会变迁的大背景下出现的，这既是一个社会问题，也是一个家庭问题，因为社会变迁所带来的影响必然通过各种途径渗入家庭，因而当下家庭功能的不断削弱其实受到了多种因素的综合影响。而本研究主要从代际伦理关系的角度对此进行考察，以期通过以传统孝道为基础的代际伦理体系的构建使一些家庭功能尤其是养老功能在当下尽可能得到较大程度的发挥。③由于传统孝道在代际伦理关系中无法忽略的重要地位和作用，因而其间还要立足传统孝道在当下的存在状态和传统孝观念的嬗变状况，使传统孝道中的普适性内容在现代社会通过多种途径得以充分发展，同时要将发展的思维和传承传统文化的理念贯穿其中，在传统和现代的充分衔接过程中才能出现相应的文化功能。④最重要的是要针对当下代际伦理关系出现的新变化，从公共政策角度提出如何构建新的与老龄化社会发展相适应的代际伦理体系，这个体系固然以传统孝道为重要基础，但同时要有新的时代精神和内容在其中。⑤从研究视角上来看，在研究过程中，本研究虽然有主导学科作引领，但根据研究需要将适度地进行学科融合。就现有公开发表的文献来看，尽管对老龄化进程中的代际伦理有诸多研究视角，但许多研究基本上是从单一学科出发进行研究，以主导学科为引领，将不同学科适度融合起来围绕核心议题进行的研究相对较少，正是基于这种研究上的缺失，本研究的必要性因此得以显现。

第二章 老龄化进程中代际伦理
体系构建的重要前提

——基于公共管理生态理论的视域超越

老龄化进程中的代际伦理关系既与老龄化直接相关，又超越了老龄化本身，因为它与一个社会的价值体系密切关联。因此，要深入研究老龄化进程中的代际伦理关系并构建适应时代发展要求的代际伦理体系必须要进行视域超越，即要超越老龄化本身，对与其密切相关的生态系统尤其是文化生态系统进行研究，为全面而深入地研究相关问题找出一个比较精准的切入点，在此基础上才有可能提出合理的对策。而要做到这一点，首先要从理论变迁的角度廓清公共管理生态的概念，深入把握其内涵，然后才能对应对老龄化的生态系统进行透视。

一 公共管理生态概念的形成过程
——基于历史文献的分析

（一）行政生态概念的提出及发展

从哲学高度来看，人与世界的关系一直是众多哲学流派不能回避的一个重要研究话题，这种关系在其他学科中也得到了不同形式的解读。从生活世界来看，人必须生活于一定的环境之中，人的行为不可能在一个与世隔绝的封闭系统中孤立进行，必然在相应的环境中展开，人就直接或间接地与周围具体环境乃至自然、社会等大环境产生了密切关联，行政行为更是不能例外。约翰·M. 高斯（John M. Gaus）首次较为系统地对行政生态进行了研究，因而被视为行政生态研究的理论先驱。① 约翰·M. 高斯的理论一开始并没有产生较大影响，在当时特定时空背景下其理论也没有得到足够关注，但从一个较长的历史阶段用回溯性思维来观察，其重要价值才有可能被深入地理解，这一点同样也适用于行政生态学理论。现在看来，高斯关于行政生态的开山之作开辟了一个新的研究领域，在一些研究过程中行政生态成为研究行政现象的一个必要条件，其重要意义自不待言。行政生态学出现的意义是研究行政现象时不能孤立地从行政本身去做专门研究，而是要把它放到一个整体的关系中综合分析其与所处环境之间的互动影响，在这种境域下，对行政现象的认识才有可能更深刻。更为重要的是，它将行政生态理论延伸到社会生活领域，同样能给我们深刻的启示：在一种互适性较强的协调关系中，行政系统才能更好地发挥效能。

"二战"后，行政生态学较之以前有了更大发展。这个时期行政生态学的代表人物为弗雷德·W. 里格斯（Fred W. Riggs），他对人类社会发展过程中与不同社会发展阶段相适应的行政模式进行了研究，在此过程中，他从不同维度出发全面考察了经济、社会及政治等要素在相互作用过程中对行政生态的综合影响，并对与过渡社会发展阶段相适应的棱柱型行政模式进行了重点关注，归纳出了其基本特征。② 相对于高斯的研究，里格斯不仅在研究内容上有诸多突破，而且在研究方法上也有创新，在研究过程中，里格斯超越了学科界限尽可能对研究对象进行深入分析，这种超越并不是向相近学科的有限靠拢，而是一种较大尺度的跨越。首先，根据研究需要他不断超越行政学研究范畴，甚至超越社会科学范畴，在多学科高度融合以至学科间边界趋于消失的状态中力争对相应问题的分析更为透彻。里格斯在研究行政生态学时充分运用了系统的思维，在一种整体性构成关系中对行政生态学进行了研究，在比较开阔的视野中赋予了行政生态学更为丰富的内涵。其次，在许多学科边界越来越不清晰，各种研究方法日趋融合的背景下，里格斯更是将多学科的理论及认识方法积极融入到了行政生态学研究中，从不同维度出发，对社会结构动态演化过程中不同行

---

① 参见 Gaus J. M. , White L. D. and Dimock M. E. , *The Frontiers of Public Administration*, University of Chicago Press, 1936。

② 唐兴霖：《里格斯的行政生态理论述评》，《上海行政学院学报》2000 年第 3 期。

政模式的特征给予了更为深刻的解析。最后，里格斯对行政生态的研究为
人们在实践过程中建立更为高效的行政运作机制提供了一定的理论参考。
总之，里格斯的研究进一步推动了公共行政生态学的发展，而且在学科、
方法融合方面为以后公共行政生态学的研究提供了诸多有益的启示。不仅
如此，里格斯的研究所产生的社会影响使公共行政生态学受到了更多关
注，从而直接推动了公共行政生态学的发展。

（二）国内研究——从行政生态到公共管理生态

国外对行政、公共行政生态的研究也激发了国内学者对相关问题的研
究。但在 20 世纪 80 年代之前，在我国还鲜有对行政、公共行政以及公共
管理生态方面的研究，因此，需要相关研究去填补空白。更为重要的是，
在发展过程中，我国在相关领域也出现了相似的一些亟须解决的问题，这
也是推动行政、公共行政生态发展的重要现实动因。金耀基的主要贡献是
翻译了里（雷）格斯的《行政生态学》，并对其进行了很高的评价。[①] 王
沪宁的《行政生态分析》在大陆学界行政生态学研究中同样具有开拓性
意义：他在大陆第一次从生态学路径出发比较完整地研究了行政系统与其
所处环境间的互动关系。[②] 之后国内对行政、公共行政生态的研究逐渐多
元化，相比较而言，运用生态学方法研究特定行政现象的论著相对较多，
例如，一些研究人员利用行政生态学原理对电子政务进行了研究[③]，这些
研究在一定程度上开启了行政生态新的研究方向。因此，国内关于行政生
态的研究整体上经历了一个“翻译、评析经典—本土化研究—多元化发
展”的演化过程，总体来看，后边的过程显然以前边的积淀为发展基础，
每个过程之间都环环相扣，这大致反映出了我国在行政生态研究方面的一
种基本发展历程。

在学术论文方面，笔者在知网分别用主题、关键词及篇名等不同途
径进行检索[④]，经过综合比较后所能发现的最早的文章可能出现于 20 世

---

① 参见［美］雷格斯《行政生态学》，金耀基译，台湾商务印书馆股份有限公司 1982 版。
② 参见王沪宁《行政生态分析》，复旦大学出版社 1989 年版。
③ 参见汪向东、姜奇平《电子政务行政生态学》，清华大学出版社 2007 年版。
④ 这一部分最初进行相应文献检索的时间为 2015 年 9—10 月，之后亦有数次比较系统的
检索，最后检索时间为 2016 年 6 月 22 日。

纪 80 年代末。① 经过二十多年的发展，到目前为止也积累了数量较多的研究成果，呈现出多元化研究趋势且学科交叉特征比较明显。但是，在研究过程中仍然存在一定问题。一是关于行政生态的基础性理论研究基本未超越国外相关理论，主要运用翻译、述评、嵌套等不同途径对相关理论进行反复诠释，自主创新严重不足。二是在研究过程中，存在对定性方法的偏好，这在一定程度上引起了定量和定性方法间的失衡。如果以公共行政生态为主题检索，目前还暂未发现直接对公共行政生态进行研究的文章，但从许多文章论述内容来看，目前相关研究其实是将行政生态作为一个更为宽泛的概念来理解的，也就是说，行政生态事实上涵盖了公共行政生态的内涵。除个别述评文章外，多数文章主要是用行政生态理论分析较为具体的问题。② 在知网上搜索以公共管理生态为主题的文章，发现在 2005 年之前没有相关文献，直接对公共管理生态进行研究的文章到目前为止只有两篇③，虽然这两篇文章中一些基本思想和行政生态、公共行政生态不无相似之处，但其重要意义在于明确提出了公共管理生态的概念。白锐所撰一文目前在中国知网被下载共计 202 次，被引用 1 次；徐刚的文章到目前为止共被下载 149 次，还未被引用过。这一方面说明公共管理生态确实是比较新颖的概念，暂未引起一些学者的关注；另一方面，说明包括基本概念阐释等许多方面相关研究还需继续深入。总之，这两篇文章虽未对公共管理生态的概念进行比较准确的界定，对其内容也未进行非常深入的分析，但至少从概念提出的角度而言，还是有非常重要的意义。

---

① 参见刘进才《试论行政环境与行政管理的关系》，《苏州大学学报》（哲学社会科学版）1989 年第 Z1 期。

② 参见王悦荣《优化我国行政生态系统浅论》，《广东行政学院学报》2007 年第 1 期；王勇、陈家刚《大学生村官计划行政生态环境的问题与再造》，《广东行政学院学报》2009 年第 4 期；张斌斌《地方政府绩效管理的困境与突破研究——以行政生态理论为视角分析》，硕士学位论文，南京大学，2013 年；胡穗、梁庆《中美两国地方政府治理的行政生态环境比较分析》，《湖南商学院学报》2015 年第 2 期。

③ 参见白锐《公共管理的生态分析》，《理论探讨》2005 年第 3 期；徐刚《公共管理生态：困境与出路》，《未来与发展》2006 年第 5 期。

二　公共管理生态的研究视角

（一）公共管理生态内涵的界定

1. 公共管理生态与行政、公共行政生态之简要区分

公共管理生态的研究，事实上是有一定基础的，这种基础就是行政、公共行政生态的发展。Administration 和 Management 的形式当然明显不同，二者确有不同的拉丁词源，从词义上分析二者也有不同内涵。Administration 在拉丁词源基础上经过了演化，核心词义为进行服务等；Management 的主要含义除了一些结果的取得之外，还包括了管理者的责任等内容。如果仅仅从两个单词核心的含义来看，Administration 包含于 Management 之中。① 从两个词的实际应用来看，Administration 一般更偏重于行政组织之管理，但如果两个词语前边加上 public，对 Public Administration 与 Public Management 的区分则会变得异常复杂，不仅涉及二者概念之区分，还牵扯出关于公共行政与公共管理不同的发展脉络，以及不同学者对两者内容剖析及外延界定所导致的各种分歧和争议。但是，可以肯定的是，将内涵和外延结合起来分析，Public Administration 与 Public Management 不可能完全同义，而且再结合以后出现的 New Public Administration 以及 New Public Management，二者也有分别存在的理由。从中文语境来看，如果简单将 Public Administration 翻译为公共行政，而将 Public Management 翻译为公共管理，二者确有明显的语义区别，但在英文背景下，二者在有区别的同时也有一定关联。因此，要对 Public Administration 与 Public Management 做严格区分确实比较复杂，其中涉及诸多内容：对相关词汇词源含义的准确追溯；不同学科发展历程的整体回顾；相异文化背景各个角度的比较；文化通约性或不可通约性的综合分析；不同论者思路的全面梳理；不同语境下语言使用习惯的全方位分析等诸多方面。而这显然超出了本文研究范畴。

---

① Hughes O. E., *Public Management and Administration：An Introduction*, Palgrave Macmillan, 2003, pp. 6 - 7.

虽然如此，实施行政行为的主体是国家权力执行机关[1]，一些学者也将公共行政的行为主体主要限制在政府方面[2]，由此来看，与它们分别处于水乳交融状态的生态系统必然也呈现出不同的特质。因此，公共管理生态虽然在诸多方面与行政生态有千丝万缕的联系，但由于其中的管理活动涉及多元主体参与而导致了不同生态系统与其产生关联。这仅仅是从管理主体角度所进行的区分。事实上，从行政、公共行政以及公共管理与它们相对应生态系统的互动机制、与三者相关涉生态系统范围的界定以及各自生态系统的具体构成等角度详细划分，行政生态、公共行政生态以及公共管理生态系统之间的区别会更加明显。如果仅从出现的时间序列而言，它们之间的关系简单如图 2 - 1 所示：

图 2 - 1　行政生态、公共行政生态、公共管理生态产生的时间序列

总之，结合三者出现的时间先后以及内涵的丰富性等多种因素，我们亦可将公共管理生态视为是对行政生态、公共行政生态的一种超越和发展。

2. 公共管理生态与公共政策生态

公共政策生态顾名思义就是公共政策在制定和实施过程中所要面对的环境总和，这也不是一个新的概念，严荣就在政策生态视域中论述了政策创新。[3] 如果要区分公共管理生态与公共政策生态，首先就要对公共管理和公共政策进行区分，但要清楚地区分这两个概念并不容易，由于对两个概念进行明确区分不是本研究的重点，故在此可从两者所包含的最基本内涵的角度进行简单区分。公共政策一般被理解为以解决公共问题

①　徐晓林、田穗生：《行政学原理》（第二版），华中科技大学出版社 2004 年版，第 4 页。

②　Nigro F. A. and Nigro L. G.，*Modern Public Administration*，Harper&Row，1989，p. 11.

③　严荣：《公共政策创新与政策生态》，《上海行政学院学报》2005 年第 4 期。

为主要目的，以不同形式存在的规则、方案等的综合①，而公共管理可将之理解为针对公共事务所进行的各类管理活动②，二者当然有非常密切的关联，但区别也是比较明显的。在本章研究中，无论从理论演化角度的推论分析，还是从相应老龄化应对的社会实践来看，公共管理有着更为宽泛的外延，很浅显的道理是一些养老措施并不是在公共政策指引下实施的，如家庭养老已有了漫长的历史进程。另外，也是为了避免行文的烦琐，故在研究相应生态系统时，本研究只用了公共管理生态一词，事实上，必须要明白的是相应涉老政策在制定和实施过程中也要面对这些生态环境。

3. 以治理理论为例的公共管理内涵分析——理解公共管理生态的一个重要基础

如前所述，对公共管理、公共行政等概念的区分非常复杂，但如果简单从管理主体的角度进行区分，与公共管理生态直接关联的公共管理主体显然超越了政府，而是更多呈现出了多元化的特征。从公共管理理论的发展历程来看，它自身也经历了理论的被提出、被整合以及有比较明晰概念界定的过程，在这个过程中，公共管理理论逐渐形成了坚实的理论基础，其研究范式也未和现实严重脱节，在很大程度上契合了公共部门对管理活动所提出的更高要求。对于公共管理的主要内涵，也可从综合的角度对其进行理解，波兹曼就在此视角下总结出了公共管理的关注点、焦点、所需知识体系以及管理的主体构成等内容，从而为其赋予了其更为广泛的含义。③ 因此，公共管理虽然与行政、公共行政确有若干密切关联，但是，在主体多元化以及跨学科等方面显然超越了传统行政和公共行政的研究范畴，公共管理所具有的这些特征和老龄化的应对联系起来，显然比传统行政、公共行政的理论和思维模式更具优势。

公共管理包含了一套非常复杂的体系，而治理理论是公共管理中非常重要的一个理论构成，在很多方面体现出当代公共管理的理念和思维模式。非常现实的一个原因是在应对措施上，仅仅依靠政府力量和程式化方

---

① 张兆本：《新公共政策分析》，人民出版社 2006 年版，第 3 页。

② 陈振明：《公共管理学》，中国人民大学出版社 2005 年版，第 1—39 页。

③ Bozeman B., *Public Management: The State of the Art*, Jossey – Bass Publishers, 1993, pp. 5 – 6.

式来应对老龄化所带来的挑战显然是不现实的，聚合多种力量是一种现实的选择，这显然需要新的思维和运作方式。但目前还存在一些问题：各级政府之间、民间组织和政府机构之间缺乏积极的参与与合作意识，也缺乏切实可行的合作机制。因此，需要根据实际情况尽可能借鉴治理理论的合理内核，才有可能积极指导人口老龄化相关应对措施的科学制定和各项养老政策的高效运作，治理理论的意义和价值才能异乎寻常地显示出来。"治理"一词是世界银行于 1989 年首先使用的①，并从发展的角度对其内涵进行了诠释。② 之后"治理"超越了具体的学科领域而被广泛使用，且被不断赋予了新的内涵。因此，用固定化思维去理解"治理"显然是不合适的，因为"治理"也是在发展过程中其概念本身才不断得以完善的。Rosenau 和 Czempiel 认为和传统服从权威不同，治理强调参与、合作以及互动，而且适用于不同的管理领域，他们正是从这种角度对全球治理问题进行了系统而深入的研究。③ 但总的来讲，可从制度体系、实现方式等层面对治理内涵进行较为深入的解析。格里·斯托克对治理的基本观点进行了总结，对治理主体的转化、合作解决问题过程中的边界限定、所承担责任的模糊化、一些集体行动中权力间的相互依赖、自主性网络体系的形成以及凸显政府责任和能力的方式进行了较为精当的分析。④ 当然，对治理理论的阐释有不同的视角，其理论自身也在不断发展，虽然如此，还是可通过这些最基本的构成特征对其内涵进行解析。

（二）治理视域下的老龄化应对——从老龄化到其外围生态系统的跨越

治理理论中多元主体的参与、协作型的权力关系、网状的运作过程等对公共管理方式的重新界定为应对当下人口老龄化提供了诸多丰富的理论

---

① 俞可平：《治理与善治》，社会科学文献出版社 2000 年版，第 1 页。

② 参见 World Bank, *Governance and Development*, World Bank Publications, 1992。

③ 参见 Rosenau J. N. and Czempiel E. O., *Governance without Government: Order and Change in World Politics*, Cambridge University Press, 1992。

④ ［英］格里·斯托克：《作为理论的治理：五个论点》，华夏风译，《国际社会科学杂志》（中文版）1999 年第 1 期。

支撑。在老龄化应对过程中治理的基本框架及互动机制如图 2 - 2 所示：

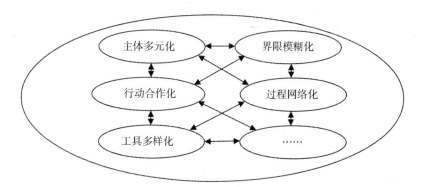

图 2 - 2　老龄化应对过程中治理的基本框架及互动机制

注：此图以斯托克等的观点为基础，对老龄化应对过程中治理模式的基本框架以及各个系统、过程间的互动机制予以简单揭示。其中的界限模糊化阐释了在治理过程中存在相互推卸责任的现象，这其实意味着治理需要进一步发展。不同主体在高度依赖过程中彼此间界限趋于模糊化的同时也要使各自承担的责任更为明晰，从而从一个侧面反映出不同主体间合作的密切程度，也反映出治理结构本身在不断改进。

治理的基本观点和老龄化的应对联系起来，使得老龄化的应对体现出和以往不同的思维模式和新的要求。但联系到中国当下的发展实际，治理思维在应对老龄化的应用过程中还有一些具体问题需要有针对性地进行研究。主要体现在以下几个方面：①在涉老政策制定和运行过程中，虽然各种力量的综合参与是一种整体性发展趋势，但在目前阶段政府主导性作用仍不可或缺，要将服务型政府的理念和工作方式渗透到每个具体环节以更好地保证各项涉老政策的合理制定和科学实施；②在多主体参与过程中，如何尽可能协调不同主体的关系以使其产生实质性合作，并有效发挥系统的合力，最终使老龄化的应对产生更好的效能，这是利用治理理论应对老龄化过程中的一个核心内容，对其要进行重点研究；③老龄化向社会各个系统的渗入使得涉老政策不仅与老年人群直接相关，而且关乎整个社会的持续发展，老龄化问题实际上已超越了其自身范畴，而是和整个社会发展过程中的许多问题密切交织在一起，因此，在相关研究中关注点不能只局限于老龄化自身；④在老龄化应对的具体政策设计中，相关政策体系和价值体系并不存在明显的界限，而是有密切的互动机制，因为通过比较完整的政策体系使老年人的权益得到切实保障，这在相当程度上体现了对老年人的态度，事实上已经在一定程度上彰显了社会发展中所秉承的价值理念。

在老龄化应对过程中，过去一些有效的经验要继续延续，但是，老龄化和社会发展过程中许多问题的接轨使得相关研究必须要超越老龄化本身，即要通过视域超越对与老龄化相关的问题进行研究，而老龄化及与之相关的问题都是依附于一定环境之中的，要深入研究这些问题，视域的超越力度必须要增强，还要对老龄化及与之相关问题外围的生态环境进行研究。总之，相关领域对老龄化应对过程中公共管理生态的研究提出了现实的需求。

三 应对老龄化过程中公共管理生态研究的意义及内涵

(一) 应对老龄化过程中公共管理生态研究的意义

一言以蔽之，在应对老龄化的过程中，不可能只针对老龄化这一具体现象进行专门研究。因为在现实生活中并不存在一个与外界完全隔绝并处于封闭系统的老龄化体系，或者说，我们也不可能把老龄化从整个社会系统中抽出来独立进行研究。老龄化，事实上与社会其他系统处于水乳交融的状态，它对整个社会的影响也是通过与其他社会系统相互渗透，并在与各个系统的交错作用中从而产生的。正是这样的原因，对其社会影响并不能进行简单的价值判断，因为老龄化与不同国家、地区的人口年龄结构、社会发展阶段以及社会制度等密切相关。老龄化的复杂性和不同社会发展阶段中的各种矛盾交织，使得对老龄化的有效应对难度日益变大，在这种情况下，在应对老龄化过程中对思维的前瞻性、方法的创新性、工具的多样性以及效果的有效性都提出了更高要求，而治理等当代公共管理的一些思想恰好为积极应对老龄化提供了必要的理论支撑。如前所述，要有效应对老龄化，视域还必须要进一步超越，因为在人的主体性作用联结下，随着人类改造自然力度的加大以及科技的飞速发展，自然和社会各个系统以及社会生活中各个系统内部之间的相互影响已远远超越了以往，科技的进步使得人们改造自然的力度和利用自然资源的能力进一步增强，以往受制于自然束缚的力度有所减弱。但是，掠夺式的开发同时又带来了诸多深层次的环境及社会问题，这些问题反过来又成为制约社会持续发展的阻碍性因素。因此，只要有人类存在，自然因素是社会发展和公共管理过程中必须要考虑的一个因素。而相对于老龄化而言，经济、政治以及文化生态系统会对公共管理产生更大影响，在这种背景下，在老龄化应对过程中对公共管理生态的关注并非标新立异或基于研究者主观需求而进行的尝试，而是因解决问题需要所做出的必然选择。另外，虽然在许多研究中，各种方法的交叉、融合已远远超越了以往，但还未看到在公共管理生态视角下将公共管理、公共政策、哲学、伦理学以及人口学等结合起来进行研究的成果，而且本研究中公共管理生态因针对特定研究对象（老龄化）而会呈现出自身所具有的一些特质，这同样预示着本研究持续进行有较大的可能。总之，在老龄化应对过程中的公共管理生态研究方面，本研究将尽可能进行一些有益的尝试，当然，其中确实还有很多基础性的工作要做。

（二）应对老龄化过程中公共管理生态内涵的剖析

在相关研究中，常从政治、经济、文化等角度解析相应的生态系统，笔者在对老龄化应对过程中的公共管理生态进行划分时采用了此观点，因为这并不是一个完全的理论创新，更多是对现实情况的客观反映。另外，严荣在研究公共政策生态系统时又将其分为宏观和微观系统①，因为公共管理生态和公共政策生态的高度关联，这个划分也给笔者极大的启示。依据相关研究的观点并主要结合现实情况，对应对老龄化过程中的公共管理生态进行解构后可发现其生态由众多子系统构成，这些子系统构成的生态环境不仅对相应公共管理功能的发挥有重要影响，也会对其内部构成系统的良性运作产生作用。统而观之，应对老龄化过程中的公共管理生态包括了宏观、微观等不同层面。宏观方面的生态包括了自然、政治、经济、文化、处于边缘状态的交融系统等；微观方面的公共管理生态指的是特定时空背景下应对老龄化所要面对的具体环境构成体系的总和。而且这两个构成体系之间存在互动影响的关系：宏观的公共管理生态体系不可避免地要对特定背景下的老龄化应对产生重要影响；应对老龄化过程中宏观的公

---

① 严荣：《公共政策创新与政策生态》，《上海行政学院学报》2005 年第 4 期。

共管理生态体系不可能是空中楼阁，它也是一个综合系统且以各个具体生态体系为构成基础。因此，无论在研究层面还是在实践操作领域，全面研究二者的关系具有非常重要的意义。二者的关系简单如图2-3所示：

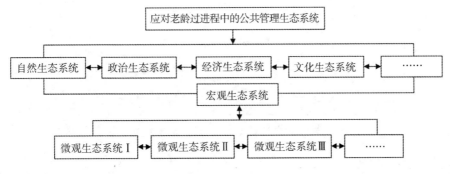

图2-3　应对老龄化过程中的公共管理生态体系互动关系

以上只是对其主要构成所进行的划分，如果继续深入下去，将会牵扯出一个极其庞大的与老龄化应对相关的公共管理生态系统，但限于内容和行文需要，此处不可能一一对其进行详尽分析，结合本文的研究对象，下面只是从宏观层面对其中最主要的、影响最大的三个系统进行简单分析。

1. 经济生态系统

老龄化与其所处的经济生态系统始终处于一种互动的状态。一方面，老龄化对社会经济生活产生了直接的、重要的影响，因而对老龄化应对过程中经济生态系统的关注在很大程度上也是源于快速发展的老龄化给整个社会发展带来的较大的经济压力。从现实情况来看，不独发展中国家，就是发达国家也面临老龄化带来的一系列经济压力。但是，发达国家的老龄化是在长期发展过程中逐渐形成的，在社会财富的积聚、配套政策的形成和完善等诸多方面已经有了相当的基础，而我国的老龄化却是在国家并未变富与社会快速变老的二元对立中使各种矛盾急剧聚集在一起，已耳熟能详的"未富先老"就是对这种情形最简洁的说明。从长时间段来看，老龄化最为直接的影响是社会的经济负担逐步加深，老龄化对经济生活的影响可从多个角度去说明，例如，社会的逐步老龄化使老年人口的抚养比不断增加。图2-4显示的是1953—2014年我国人口抚养比的变化情况。

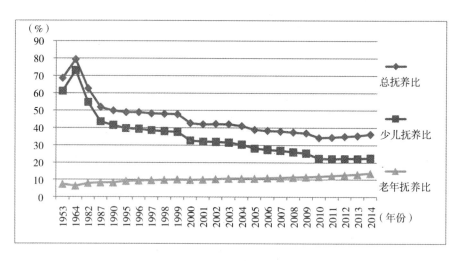

图 2-4　1953—2014 年我国人口抚养比变化

资料来源：国家统计局人口和就业统计司主编：《中国人口和就业统计年鉴——2015》，中国统计出版社 2015 年版，第 5 页。

　　从图 2-4 中可以看出，我国人口的总抚养比一直在下降，主要是少儿抚养比下降所致，目前仍处于劳动力资源丰富而人口负担系数相对较低的"人口红利"时期。[①] 从图中也可看出老年抚养比在逐步上升，从而在未来一段时间里会提升总抚养比。总的来看，从 20 世纪 50 年代初到现在，我国也经历了一个从人口负债到人口红利的现代人口转变过程，但是，在时间推移过程中，人口红利最终又会向人口负债转化。受全面两孩政策调整的影响，少儿抚养比由于少儿人口的增加也将在未来一段时间里上升，预计在 2027 年前后达到 29.2% 的高峰值，之后又会经历下降、回升的发展过程，这当然会对总抚养比会产生不同影响，但总的发展趋势并未出现实质性改变，因为老龄化的持续发展使得老年抚养比一直在升高，

　　① 人口红利不仅指的是一种劳动力充裕的人口年龄结构，而且丰富的劳动力供给还要与相应的经济发展阶段相适应，也就是说，与之相适应的制度环境是收获人口红利的重要条件，在较为充分就业的情形下，这种有利的人口年龄结构才能转化为现实的社会生产力。在阐释人口红利时笔者参照了彭希哲的相关论述，具体参见彭希哲《我国人口红利的实现条件及路径选择》，《中国人口报》2005 年 3 月 14 日第 3 版。

受两者交错影响，到 21 世纪中期总抚养比将接近 95%。① 因此，无论从全球老龄化的发展趋势还是从我们自身在老龄化进程中所面临的巨大压力而言，经济是首先要被关注的一个因素。老龄化对人口年龄结构、劳动力供给、储蓄、投资、消费以及经济增长等多个方面都带来了较大影响。虽然定量研究方法不断在改进，大量新的研究工具使得通过定量方法计算老龄化所带来经济压力的可能性进一步增加，但要精确计算老龄化对经济生活所带来的各种影响依然面临诸多难题。尽管如此，还是有一些学者在现有基础上对此进行了研究，使我们对相关问题有了一个基本的认识和判断。莫龙通过深入研究后认为：由于老龄化快速发展，中国在 21 世纪上半叶将会面临巨大的经济压力，主要体现在有效劳动力供应不足以及养老成本增加所导致的经济发展放缓等方面。②

老龄化对经济生活的诸多影响其实深刻反映出两者之间的密切关系，即最直接和老龄化产生关联的是经济因素。无论从人口老龄化的产生还是应对来看，经济因素对老龄化的影响绝不逊于老龄化对经济生活的影响。老龄化首先在法国出现，之后又蔓延至其他发达国家③，这说明老龄化的产生与经济发展程度直接关联，后来发展中国家也广泛出现了老龄化现象，从整体上来讲也是经济社会发展水平提高的一个必然结果，这意味着要有效应对老龄化，由诸多经济因素构成的生态体系是首先要考虑的重要因素。其中包括：一个国家或地区的经济规模、经济发展水平等各个宏观的经济构成因素，这些因素对整个国家老龄化的应对都会带来不同程度的影响；从微观层面而言，经济支撑的力度在很大程度上决定了不同实体应对老龄化的效果。总而言之，在老龄化的应对过程中，整个经济生态系统是绝不能忽视的一个基础性构成。老龄化应对过程中经济生态系统与老龄化之间的互动关系简单如图 2 - 5 所示。

2. 政治生态系统

只要有人类社会存在，人就不能完全脱离政治生活，离群索居不可能成为人类普遍的生活模式，亚里士多德就从政治角度来定义人的本质

---

①　翟振武、李龙、陈佳鞠：《全面两孩政策对未来中国人口的影响》，《东岳论丛》2016 年第 2 期。

②　莫龙：《中国的人口老龄化经济压力及其调控》，《人口研究》2011 年第 6 期。

③　Sauvy A., *General Theory of Population*, Weidenfeld and Nicolson, 1969, pp. 305 - 307.

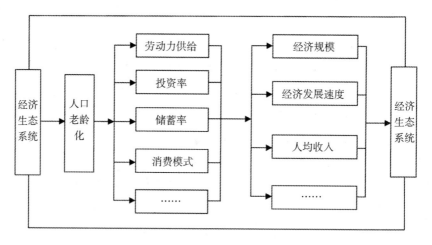

图 2 – 5　人口老龄化与经济生态系统互动关系

属性。① 正是基于这样的原因，政治生活必然成为人类日常生活中一个必要构成部分。在公共管理领域，政治生态系统更是全面影响了公共管理的具体进程及最终效果，虽然公共管理从本质上而言并不完全是一种国家行为，但其所处的政治生态系统对公共管理活动却具有直接的影响。对老龄化应对而言也不例外，这种影响有时并不非常直接或明显，但其重要性却不能由此被忽略，循各种路径进行深入分析，政治生态系统对老龄化的影响依然能被清楚地感受到。在老龄化应对方面，公共政策的制定与实施是目前非常重要的一种解决途径，在此过程中，政治制度、行政体制等构成的各种政治因素会对相应公共政策的制定和实施产生全方位影响。就我国实际情况而言，在不同历史时期和社会背景下出台了一系列相应的政策、法规、指导性意见等，构成了一个蔚为壮观的涉老政策体系。具体划分，又可分解为宏观及区域性制度保障体系等不同构成部分，但无论如何划分，它们都是在相应政治环境下产生的，从而折射出老龄化应对过程中政治生态系统的重要性。图 2 – 6 从老龄化应对过程中政治生态系统和相应制度保障体系关系的视角对政治生态系统的影响进行了简单揭示。

　　与老龄化应对直接相关的一些重要人口政策的调整更是与一个国家的政治生态系统高度关联。如前所述，老龄化往往与各种社会问题交织起

---

① ［古希腊］亚里士多德：《政治学》，吴寿彭译，商务印书馆 1965 年版，第 7 页。

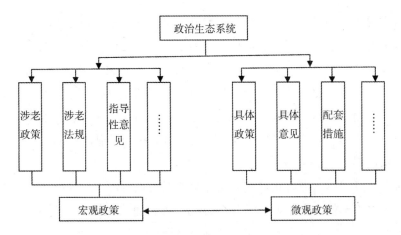

图 2 - 6 老龄化应对过程中政治生态系统与相应制度保障体系关系

来，这成为老龄化发展演化过程中的一种基本形态，这种形态决定了在研究领域我们不能仅仅对老龄化问题进行研究，而是需要全面深入地剖析与老龄化相关的重要问题。不论其他，仅从人口学视角审视，老龄化问题也不是独立存在的，而是和"少子化"相互交织在一起，使涉老政策制定和实施的难度进一步加大，因而在研究老龄化时，"少子化"几乎成了一个绕不开的重要研究命题。事实上，"少子化"问题也比较复杂，Lee 等对低出生率和社会系统之间的互动关系有较为详尽的分析。① 整体来看，少儿及老年人口之合理构成才能维系整个人口结构的稳定和社会的良性发展，从这个角度而言，无论是我国过去实行的世界上最为严格的生育政策，还是现在全面放开二孩的政策，都是基于国情和社会可持续发展所做出的政治方面的全面考虑。就我国的整体发展而言，在较长时期内实行比较严格的计划生育政策很大程度地缓解了人口压力，但同时也要看到，我国的总和生育率一直在下降，这同样会给社会的持续发展带来新的压力。在对涉及社会全面发展的人口政策进行调整的过程中，对我国人口总和生育率的认识是调整人口政策的一个重要基础，但对此却很难达成共识。这是因为在人口统计过程中存在育龄妇女重报以及出生漏报等现象，人口统计数据来源的可靠程度受到了影响，加之数据本身处理的复杂性、不同学

---

① Lee R., Mason A. and Members of the NTA Network, "Is Low Fertility Really a Problem? Population Aging, Dependency, and Consumption", *Science*, Vol. 346, No. 6206, 2014, pp. 229 - 234.

者研究视角的差异性以及非人口因素制约等各种因素交织起来才导致了这样的结果。尽管如此，一个不可否认的事实是：无论结论有多么不同，中国人口的总和生育率下降已是一个不争的事实。因此，从长远发展来看，要有效应对老龄化，其实又涉及与人口发展密切相关的生育等人口政策的调整，当然还包括人口政策以外其他相关政策的调整，这些政策体系以及与其直接相关的政治环境成了应对老龄化进程中公共管理生态系统的一个有机构成部分。

在此过程中，老龄化对相应政治生态系统也会产生一定影响。因为老年人的增多不仅改变了人口的年龄结构，他们也有很多政治诉求；同时，老龄化对经济生活所产生的所有影响最终会作用于政治领域，从而也会引发一些政策的调整；当然，老龄化还可通过其他形式对政治生态系统产生影响。但从当前情况来看，政治生态系统对应对老龄化的影响显然要大于老龄化对政治生态系统的影响，故二者之间并不是一种平衡的互动关系，而是在互动过程中体现出政治生态系统对老龄化应对的主导性影响。老龄化应对过程中的政治生态系统构成简单如图 2 - 7 所示：

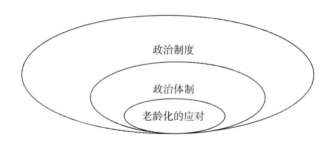

图 2 - 7   老龄化应对过程中的政治生态系统构成

总之，特定的政治生态系统在很大程度上决定了如何应对老龄化的主导性理念、具体路径以及整体效果，涉及对老年人社会地位的可靠保障及其合法利益的有效维护，其中渗透出的人文精神又反映出应对老龄化过程中文化生态系统的重要性。

3. 文化生态系统

（1）文化的内涵

在老龄化应对过程中，经济、政治生态系统虽然有其主要的构成因素和特定的作用范围，但深入分析，其中又离不开文化生态系统的作用的发挥。与经济、政治生态系统相比，对文化生态系统的定义相对缺乏确定性，因为文化本身就是一个非常难界定的概念，这也与定义文化概念时要尽力体现其普遍性特征的思维偏好有关系①，基于这个原因，很难明确文化生态系统的构成。但是，在生活世界中，我们又能切实感受到文化的广泛影响，因为与人类生活息息相关的许多价值理念、行为方式并不是在短期内形成的，而是以文化为载体才得以逐渐形成的。从存在状态看，并不存在一个广义上独立的文化客体，文化总是或隐或现地渗透于社会各个构成系统之中，这在很大程度上加大了对其认识的难度，不具有独立性也许是对其存在状态的最好的说明。尽管如此，它绝非一种可有可无的存在，恰好相反，文化将人和社会生活的本质及内涵进行了充分的展现，通过各种形式的文化活动尽可能地将人的潜质挖掘出来本身就是对人存在价值的一种解读，在某种意义上也是对文化内涵的一种阐释，因此，在文化层面也许能更深刻地诠释生命的内涵并彰显人存在的意义。当然，在一段时间里，许多事物都被贴上文化标签而抬高身价并大行其道，这其实与"文化"一词的外延很难准确界定以及内涵的模糊性有关。在人类不断繁衍和人类文明持续发展的过程中，众多的形态文化不断趋于消亡是不可避免的，这一方面是文化自身淘汰和更新机制的结果，另一方面也有非文化因素作用的影响。在残酷的筛选机制和不可预测的外力共同作用下，也有一部分文化成果仍具有较强的生命力，并有可能在当下和未来更好地促进社会的发展，其重要性便异乎寻常地显现出来，本研究中所涉及的传统孝道便是其中一例。

（2）老龄化应对过程中对文化生态系统关注的重要意义

在老龄化应对的公共管理生态体系中，对文化因素进行关注的原因主要有以下几点。

首先，老龄化社会的主导性理念不仅深刻地体现出了整个社会对老年人的态度，也会在很大程度上影响诸多涉老政策的制定与实施。汹涌而来的老龄化浪潮确实带来了不少现实的压力，使得老龄化的有效应对面临许多实际困难，但还有一个问题必须要正视，即不少人将老年人视为包袱，

---

① 霍桂桓：《论文化定义过程的追求普遍性倾向及其问题》，《华中科技大学学报》（社会科学版）2015 年第 4 期。

较多文献对此种现象进行了研究，虽然并未过度渲染，但此种思维导向在一定程度上加深了人们对老龄化的误解与误读。在这种情况下，各种形式的涉老政策中的人文关怀被极大削弱，各种政策、法规主要成为实施目标的手段，这不仅违背了制度制定、政策设计的初衷，在一定程度上也影响了其效能的全面发挥。因此，整个社会应全力营造敬老、尊老的文化氛围，从理论创新和理论与生活世界接轨两方面入手让传统孝道在现代社会实现超越性延续，并在此基础上构建具有全面影响力的代际伦理体系，这不仅有利于促进新时期的文化建设，同时也是传承中华优秀传统文化过程中的重要一环，进而有可能产生积极的历史影响。

其次，对文化生态系统中一些因素的考量其实可以在一定程度上促进社会发展，并尽可能彰显社会发展过程中的对公平、正义等价值理念的追求。例如，我国现阶段的养老保险采用的是现收现付的模式，这种模式的确存在一些问题，在运行过程中积聚了诸多矛盾，非常现实的一个原因是：在这种模式中，老年人口大量上升与劳动力人口不断下降相互交织，使养老压力进一步增加。但是，使现收现付向完全基金体系转化至少在当前又存在巨大的障碍，因为这又与社会公平问题密切相关①，只能通过其他社会政策的调整来实现。因此，在促进社会发展方面以一些明晰的价值理念为指导，就有可能在一定程度上弱化一些社会矛盾的解决，这可从一个侧面反映出文化生态系统对涉老政策的制定和实施的广泛影响。

再次，对文化生态系统关注还有一个非常现实的原因，即许多涉老政策的有效实施离不开文化因素的有力支撑。例如，和传统社会相比，家庭结构的巨大变化使"养儿防老"等依托家庭的养老模式正在逐步瓦解。根据国家老龄委 2016 年公布的数据，目前我国养老机构有 669.8 万张床位，每 1000 名老年人拥有 30.2 张床位②，和 2014 年全国 493.7 万张的总床位数以及人均 24.4 张的床位数相比③，显然能反映出其快速增长的程度，但从整体来看，供需矛盾依然比较突出。在这种背景下，和传统社会相比，虽然现代家庭的养老功能不断被削弱，但在整个社会面临巨大养老

---

① Blanchard O., *Macroeconomics*（*Fourth Edition*），清华大学出版社 2009 年版，pp. 235 – 236。

② 叶紫：《养老机构床位达 669.8 万张》，《人民日报》（海外版）2016 年 2 月 25 日第 4 版。

③ 黄小希：《目前我国养老机构床位数达 493.7 万》（http://news.xinhuanet.com/fortune/2014 – 07/21/c_ 1111725925.htm）。

压力的情况下，家庭养老在未来较长时间内仍要发挥基础性作用，而要延续家庭养老功能，相应家庭及社会伦理体系的支撑作用不可缺失。正是因为孝道在传统社会成为一种整体性的社会意识，家庭养老才有了可靠的伦理基础，进而在长时期内保持了较为稳定的功能。而在当下，传统孝道的影响整体变弱，而且面临着诸多严峻的挑战。因此，在研究领域，如何以发展后的孝道为基础，建立代际伦理体系并使之与生活世界有效接轨是学者必须正视的一个重要问题。

最后，在老龄化应对过程中，文化生态系统所起的作用是双向的。正视文化生态系统的积极作用并将其纳入老龄化应对的整体过程中来，在包括文化生态系统在内的各个系统合力的作用下，每个系统的作用其实也得到了最大程度的发挥。联系老龄化进程中一系列与文化生态系统相关的事实就可明显感受到，文化生态系统作用的发挥在应对老龄化过程中所产生的积极影响，但是，如果漠视文化生态系统的存在和其社会作用的发挥，必然在实践过程中产生一系列负面效应。诚然，老龄化所带来的诸多压力确实存在，但如果不从人文关怀的高度为涉老政策运行营造良好的文化软环境，各种涉老政策就只能成为具有明显应急特征的阶段性政策，由于整体上缺乏连贯性和协调性，政策合力的作用就不能得到很好的显现。总之，缺乏充满终极关怀和尊老、敬老的社会氛围，相关涉老政策与环境的不适将会阻碍政策效能的全面发挥，更为关键的是对家庭代际伦理关系中出现的各种负面现象不加以控制而一味任其泛滥，伤害的不仅是老年人的利益，整个社会的发展都会受到影响。从这个角度而言，对老龄化应对过程中文化生态系统的关注具有非常重要的现实意义。

四　关注文化生态系统且重点着眼于代际伦理关系

从整体分析，在社会发展过程中，经济、政治、文化等各个生态系统之间存在着广泛的互动关系，其基本互动关系如图 2-8 所示。

虽然如此，文化生态系统却是最容易被忽略的一个构成，正是文化生态系统的某种缺位才造成了三者互动关系的失衡，从而导致社会发展过程中出现了一系列问题。就老龄化的应对而言，相应家庭、社会伦理的缺失不仅制约着家庭养老功能的发挥，而且使尊老、敬老的意识日益淡化，无

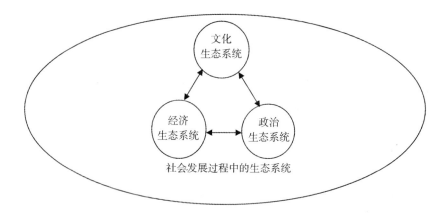

图 2-8　经济、政治、文化生态系统互动关系

　　注：由于本书只是针对经济、政治、文化这三个主要的生态系统进行研究，故此处只列出这三者的互动关系，图中将文化生态系统居于经济、政治生态系统之上，其实也反映出文化生态系统的某些特性，即它们之间并非完全平等的关系，从重要性角度而言，将其居于二者之上也许较为适宜。

疑使老龄化的应对难度加大。因此，本研究针对这一问题进行专门研究具有比较重要的现实意义。但是，即使专门着眼于老龄化应对过程中的文化生态系统，它也有非常复杂的构成，对其进行全方位研究显然超越了本研究的范畴。因此，笔者的思路是着眼于目前研究中的缺失，抓住与老龄化应对密切相关的主要问题进行研究。从目前国内研究来看，对老龄化应对过程中文化生态系统研究的文献不仅数量偏少，而且主要集中于宏观论述层面，针对特定问题，对公共管理文化生态系统具体构成要素进行深入研究以期获得对相关问题合理解决的研究成果更少，正是基于这种研究上的缺失，本研究的意义和价值就凸显出来了。根据目前相关研究所遗留的空间和现实生活中集中显现的一些问题，笔者将关注点主要集中于代际伦理关系方面，针对其中存在的一些问题，希望从公共管理和公共政策方面为老龄化进程中代际伦理体系的构建提供一些思考，为相关研究开启一个较新的研究视角。同时也希望相关研究成果能在现实中得到适当应用，从而使一些涉老政策在运行过程中出现更好的效果。更为重要的是，希望在老龄化时代，通过与之相适应的代际伦理体系发挥作用，在一种充满人文关怀的社会氛围中，老年人的生存状态能得到进一步改善。

五　小结

公共管理生态是一个新概念，虽然它是在行政生态、公共行政生态基础上发展起来的，但着眼于理论研究，无论从外延来界定还是从内涵来剖析，它都和行政、公共行政生态有诸多不同，在多个方面还存在可完善的空间。将公共管理生态与老龄化应对联系起来，主要是因为老龄化的快速发展从应对思维、应对模式、应对工具等多个方面对其有效应对提出了更高要求。与此同时，老龄化与社会各个系统的高度交融迫使我们在应对过程中必须要进行视域超越，即不仅要对与老龄化相关的诸多问题进行研究，还要对与之密切互动的经济、政治以及文化等生态系统进行深入研究，在此基础上再制定合理的应对措施。将目光聚焦于老龄化应对过程中的生态系统就会发现，经济、政治以及文化生态系统本身也有复杂的构成，而且它们之间也存在密切的互动关系。综合考虑了现在的研究偏好及缺失，同时主要着眼于未来的研究价值，本研究以老龄化的应对为整体研究背景，以文化生态系统中的代际伦理关系为重点研究对象，以传承传统孝文化为主导理念，以期为当下的老龄化提供新的研究视角和应对途径。

第三章　老龄化进程中代际伦理体系构建的重要基础

——老龄化研究过程中的思维转向

对老龄化进程中代际伦理体系的研究并不意味着对老龄化应对工作的忽略，恰恰相反，正是中国老龄化的复杂性对老龄化的应对工作提出了更高要求，在进行相关研究时的视域超越过程中，我们发现老龄化社会代际伦理关系是一个重要的研究命题。为了构建适应老龄化社会的代际伦理体系，还有一项基础性工作必须要进行，就是在应对老龄化过程中必须要实现思维转向，其重要性也不容忽略。

一　老龄化研究的复杂性

无论从人口老龄化导致的老人数量大量增加，还是从人口老龄化发展速度以及其所带来的复杂社会影响而言，中国在应对老龄化过程中所遇到的压力都非世界上其他国家所能比拟。以近五年来的情况看，中国的老年人口数量增加也非常明显，为了清楚地展现具体的数据，笔者将 60 周岁及以上、65 周岁及以上老年人口数量和所占总人口数量比值分别予以显现。其中的老年人口数量增长情况如图 3－1、图 3－2 所示。

由于人口基数大，中国 60 周岁及以上、65 周岁及以上老年人口数量甚至超过了许多国家的人口总量，应对老龄化的压力由此可见一斑。再从两者所占人口比重变化来分析，亦可看出我国老年人口的增长趋势。图 3－2 显示的是同一时间段两者所占人口比重的变化情况。

在如此巨大的老年人口数量快速增长的情况下，中国老龄化对经济、

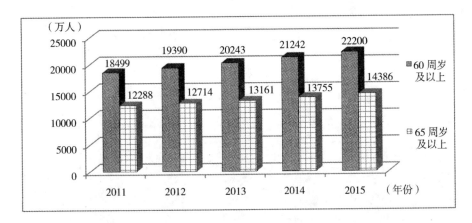

图 3 - 1　2011—2015 年中国 60 周岁及以上、65 周岁及以上老年人口数量增长

资料来源：图中数据分别来自国家统计局 2012—2016 年发布的国民经济和社会发展统计公报。①

社会生活许多方面都产生了较大影响，其影响程度随着老龄化的加速正在不断增强。更为严峻的是，在社会转型时期各种新旧矛盾积聚的背景下，中国的老龄化仍在继续加速，而与此相关的一些制度体系尚未完备，相应的社会资源也并不充裕，加之我国地域广袤，区域间经济发展不平衡，而且从整体上看，许多地方城乡二元对立的矛盾依然凸显，这无疑又加大了应对老龄化的难度。总之，中国社会发展过程中产生的一些特殊问题与社会变迁过程中许多矛盾交织起来，使中国老龄化有了不同于发达国家的特征，也使中国老龄化的应对承受了很大压力。这些情况决定了摆在面前的现实路径：应对中国的老龄化无成熟的经验可借鉴，只能依靠中国自身在现实中不断摸索。因此，及时、科学地对老龄化进程中产生的问题进行研究并给相关部门提供清晰可靠的研究结论具有重要的价值和意义。但是，

---

① 具体数据参见国家统计局《中华人民共和国 2011 年国民经济和社会发展统计公报》（http：//www. stats. gov. cn/tjsj/tjgb/ndtjgb/qgndtjgb/201202/t20120222_ 30026. html）；《中华人民共和国 2012 年国民经济和社会发展统计公报》（http：//www. stats. gov. cn/tjsj/tjgb/ndtjgb/qgndtjgb/201302/t20130221_ 30027. html）；《中华人民共和国 2013 年国民经济和社会发展统计公报》（http：//www. stats. gov. cn/tjsj/zxfb/201402/t20140224_ 514970. html）；《中华人民共和国 2014 年国民经济和社会发展统计公报》（http：//www. stats. gov. cn/tjsj/zxfb/201502/t20150226_ 685799. html）；《中华人民共和国 2015 年国民经济和社会发展统计公报》（http：//www. stats. gov. cn/tjsj/zxfb/201602/t20160229_ 1323991. html）。

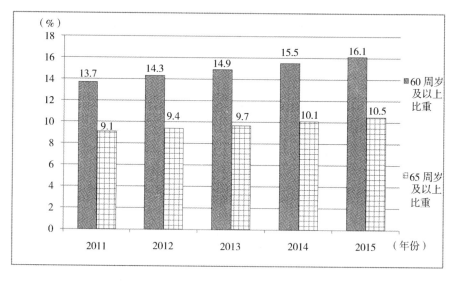

图 3 - 2　2011—2015 年中国 60 岁及以上、65 岁及以上老年
人口所占总人口比重变化

资料来源：与图 3 - 1 相同。

面对接踵而来的巨大压力，中国老龄化研究与其他方面的人文社科研究相比还是有一定差异，对老龄化的研究不仅要充分立足现实，而且还要全面考虑研究的成本和时间等问题，这就对相关研究工作提出了更高要求，简单如图 3 - 3 所示。

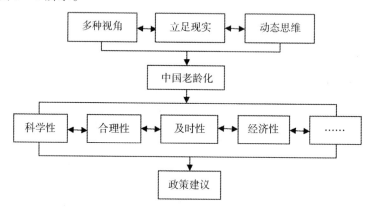

图 3 - 3　中国老龄化研究过程中应遵循的原则

　　在新的历史时期要有效应对老龄化，不仅要对老龄化本身及其所带来的各种问题集中进行研究，而且还要拓展思维，对涉老政策所依附的价值体系进行深入研究。但无论进行何种研究，都需要以动态的、发展的思维为主导，根据现实需求用多种视角开展研究工作，并要及时进行思维方式的转换，这是循公共管理生态前行，对老龄化应对过程中代际伦理体系构建进行研究的一个重要前提。

老龄化本身是一种客观的社会现象，由于人均寿命延长以及生育率下降的共同作用，老龄化开始于发达国家，后来又蔓延至发展中国家，目前已成为一种不可遏制的全球现象，可从多个角度对其进行研究和解析。对老龄化定义常用的是 60 岁或 65 岁人群在整个人口中所占比重，这两个标准也是 20 世纪在动态发展过程中对各种条件进行综合后出现的，随着社会发展和各种条件的变化，有可能会出现新的定义标准，这从另一个侧面反映出对老龄化的认识也是在不断变化的。如果从学科范畴来审视，包括医学、人口学、经济学、管理学、社会学、政治学等多个学科从不同视角出发对老龄化进行了广泛而深入的研究，这固然进一步提高了对老龄化的认识水平，但同时也产生了一些新的认识难题，只就文献梳理而言就有相当难度，不仅仅是因为出现了海量文献，更重要的是要深入理解相关内容需要多个学科的知识。用回溯性视野审视，当老龄化现象刚出现时，只有少数学科对其进行了密切关注，但随着老龄化影响的不断变大、增强，其他一些学科也对老龄化研究产生了兴趣，从而使老龄化研究队伍逐步壮大。从目前研究趋势来看，除一些专业性很强的研究外，从边缘学科角度进行的研究也方兴未艾，而且学科融合的力度还在进一步增强，其实这也反映出了老龄化研究的复杂性，即仅仅依靠单一学科路径对老龄化进行研究是远远不够的，学科的不断交叉和融合也成为老龄化研究过程中的一种必然趋势。

但是，不管学科之间差异或交叉融合的力度有多大，还是可以从思维模式的路径入手对以往研究进行简单的整体性回顾，在此基础上将弥补缺失和提高认识结合起来，同时也可对未来的研究进行一些展望。

二　老龄化研究的文献梳理

老龄化在世界范围内已成为一个普遍现象，对越来越多的国家和地区的社会发展产生了不同程度的影响，因而在研究领域，围绕老龄化也产生了异常丰富的研究成果。研究人员主要对老龄化进行了哪些研究？现在的研究都进行到什么程度？哪些问题还需要探讨或进一步研究？无论从哪个角度对老龄化或与其密切相关的问题进行研究，展开相应的探究是必须要进行的一项基础性工作，因为和其他相对较冷门的研究对象不同，老龄化在近些年一直是研究人员持续关注的话题，研究热度丝毫未减，形成的文献数量之多令人望而生畏，仅文献梳理的过程就复杂而艰难。虽然如此，这又是不得不进行的一项工作，唯有在全面、细致的文献梳理过程中，才能对老龄化的研究状况有一定程度的把握，而且还可扩充自己相关的知识积累，更重要的是，在此基础上才有可能发现有待开拓的研究空间。

（一）国外老龄化研究概述

相对于漫长的人类历史，人口老龄化出现的时间并不长，现在却成为在全球蔓延的现象，可见老龄化的发展速度之快，这在相当程度上推动了相关研究工作的进展，由此形成了一个蔚为壮观的关于老龄化的理论研究体系。Sauvy 对西欧的人口老龄化进行了研究，在研究过程中，他从多个角度论述了老龄化的后果，最后深刻指出了确保知识进步以使人对自己命运的影响得到一些保持。[1] 在丰富积累的基础上，他对老龄化的研究较之以前更为系统和深入，他指出生育率下降是人口老龄化出现的重要原因，并对其社会后果以及如何应对等进行了较为深入的思考。[2] Sauvy 在研究

---

[1]　Sauvy A., "Social and Economic Consequences of the Ageing of Western European Populations", *Population Studies*, Vol. 2, No. 1, 1948, pp. 115 – 124.

[2]　Sauvy A., *General Theory of Population*, Weidenfeld and Nicolson, 1969, pp. 303 – 319.

中的不断超越亦可视为人口学及老龄化研究发展的一个缩影。在研究过程中，关于人口老龄化并没有相对确定的概念，一是由于老龄化在人类社会发展过程中出现的时间较短，对其认识需要一个过程，二是从世界范围来看，老龄化本身就是一个动态演化的过程，这直接影响了对老龄化概念的界定。从现在比较通用的标准来看，对老龄化的界定至少涉及两个层面的因素，一是老年人的年龄起点，二是老年人口在总人口中所占的比重，在判定一国或地区的老龄化状况时，二者是缺一不可的两个重要的构成因素。事实上，目前国际社会通用的两个标准也是对一些地区和全球老龄化状况在动态认识过程中逐渐形成的。随着老龄化的快速发展及其与社会各个系统之间交互力度的增强，加之在新的社会条件下老年人生理和心理出现的一系列变化，极有可能会出现对老龄化概念的重新认识和界定，这是回溯老龄化历史进程并基于经验而做出的一个判断，具体情况还有待未来社会中出现的相应事实进行检验。

国外学者不仅较早注意人口老龄化的社会现象，而且对其中的机制也进行了深入研究。比较有影响的为人口转变理论，该理论由 Adolphe landry、Warren Thompson 以及 Frank Notestein 等人完善并逐渐成为一种比较成熟的理论。[1] 和许多理论一样，人口转变即使在人口学中也并不是一种被一致认可的理论，但它确实能很好地解释许多人口现象，例如，它对人口老龄化的产生机制就能进行比较合理的解释。因此，之后许多对老龄化人口学机制的阐释基本上没有超出人口转变的整体框架，人口转变理论已经成为解释人口老龄化一个非常重要的基础性理论。在运用人口转变理论的过程中，生育率与死亡率是必然要涉及的两个重要因素。一些研究指出，不同历史时期，不同国家或地区的生育率和死亡率变化不尽一致[2]，但这些变化和由此带来的结果对一些社会构成系统乃至整个社会的发展都产生了不同程度的影响，这些变化和影响可在更为具体或更为广阔的时空背景

---

① 陈卫、黄小燕：《人口转变理论述评》，《中国人口科学》1999 年第 5 期。

② Hashimoto K. and Tabata K., "Health Infrastructure, Demographic Transition and Growth", *Review of Development Economics*, Vol. 9, No. 4, 2005, pp. 549 – 562.

下得到更为深入的阐释。① 无论研究的切入点差异有多大，在研究过程中只要涉及与人口老龄化产生机制相关的内容，各种解释在整体上并没有超越对出生率、死亡率动态演化的考察。当然，也有不是完全从学术研究视角对之进行的相对浅显的揭示。② 总体看来，在人口老龄化产生机制的研究方面，虽然研究视角不尽相同，研究路径各有差异，但在核心阐释部分，人口转变理论依然是一个基础的、很难超越的理论。

Barro 和 Sala‐i‐Martin 集中研究了经济增长。③ 事实上，在对经济增长研究过程中，老龄化是一个不能回避的因素，也是其中非常重要的一个影响因素，由此拓展开来，着眼社会发展过程中的一些普遍性问题，几乎都能看到老龄化挥之不去的广泛影响。因此，老龄化并不是专业学者研究的专利，即使非学术领域对老龄化的影响也进行了密切关注。④ 就老龄化研究而言，其所带来的影响几乎成了一个研究焦点，正是因为这样的原因，在以往研究的基础上，近年来对老龄化影响研究的视角更趋多元化，涉及一些比较具体的领域。⑤ 总的来看，国外很多文献对老龄化影响的研

---

① 参见 de la Croix D. and Licandro O., "Life Expectancy and Endogenous Growth", *Economics Letters*, Vol. 65, No. 2, 1999, pp. 255–263; Kalemli‐Ozcan S., Ryder H. E. and Weil D. N., "Mortality Decline, Human Capital Investment, and Economic Growth", *Journal of Development Economics*, Vol. 62, No. 1, 2000, pp. 1–23; Blackburn K. and Cipriani G. P., "A Model of Longevity, Fertility and Growth", *Journal of Economic Dynamics & Control*, Vol. 26, No. 2, 2002, pp. 187–204; Kalemli‐Ozcan S., "A Stochastic Model of Mortality, Fertility and Human Capital Investment", *Journal of Development Economics*, Vol. 70, No. 1, 2003, pp. 103–118; Chakraborty S., "Endogenous Lifetime and Economic Growth", *Journal of Economic Theory*, Vol. 116, No. 1, 2004, pp. 119–137; Lee R. and Mason A., "Fertility, Human Capital, and Economic Growth over the Demographic Transition", *European Journal of Population*, Vol. 26, No. 2, 2010, pp. 159–182。

② 例如，Magnus 撰写的相关著作就有这样的特征，参见 Magnus G, *The Age of Aging: How Demographics are Changing the Global Economy and Our World*, John Wiley & Sons, 2008。

③ 参见 Barro R. J. and Sala‐i‐Martin X., *Economic Growth*, The MIT Press, 2003。

④ 参见 Fishman T. C., *Shock of Gray: The Aging of the World's Population and How it Pits Young Against Old, Child Against Parent, Worker Against Boss, Company Against Rival, and Nation Against Nation*, Scribner, 2010。

⑤ 参见 Dalton M. O., Neill B., Prskawetz A., Jiang L. and Pitkin J., "Population Aging and Future Carbon Emissions in the United States", *Energy Economics*, Vol. 30, No. 2, 2008, pp. 642–675; Ehrlich I. and Yin Y., "Equilibrium Health Spending and Population Aging in a Model of Endogenous Growth: Will the GDP Share of Health Spending Keep Rising?" *Journal of Human Capital*, Vol. 7, No. 4, 2013, pp. 411–447。

究相对集中于经济及社会发展领域，Dobbs 等指出，人口增长变缓导致的劳动力短缺将会制约全球经济的发展。[①] 和一些纯理论研究不同，老龄化对经济生活及其他社会领域的影响是人们不得不关注的话题，由此带动了一大批研究者对相应的问题进行了研究。但是，和一些对老龄化影响所进行的非此即彼的简单判定不同，现实生活的复杂性使得更多研究将老龄化放到比较具体的背景下进行分析。van Groezen 等研究了人口老龄化对经济生产结构和经济增长的影响，但他们着眼的并不是其普遍性的影响，而是限定了研究范围并有一些假定，之后发现寿命增加对增长的影响是有条件的，在这种背景下，才明确阐释了老龄化对小型开放经济体长期增长的影响。[②] Bloom 等认为老年人口的增加会引起人们对经济增长变慢的担忧，但是不同经济体无论是在政策还是在人口结构方面都存在能够适度减缓老年人口增加所导致的经济后果的可能，因此，人口老龄化在阻碍经济发展方面可能表现的不是非常剧烈和显著。[③] 由于在研究老龄化影响时考虑到了不同经济体的具体情况，同时也看到了一些经济体面对老龄化压力时所采取的积极措施以及现实中存在的一些有利因素对老龄化所带来压力的部分抵消，因此所得到的结论相对比较客观。而一些观点更为积极，指出了老龄化有促进经济发展的可能[④]，当然，这是有条件的。[⑤]

不能用单一思维简单对老龄化的社会影响进行评价，还有一个重要原因是不同国家和地区的人口年龄结构不同，在长期研究过程中，研究者越发认识到人口年龄结构是研判老龄化影响的一个不可忽略的重要因素。Lindh 和 Malmberg 以 OECD 国家相关数据为依据，通过实证研究后指出年

---

① Dobbs R., Manyika J. and Woetzel J., *Global Growth: Can Productivity Save the Day in an Aging World?* McKinsey &Company, 2015, pp. 49 – 51.

② van Groezen B., Meijdam L. and Verbon H., "Serving the Old: Ageing and Economic Growth", *Oxford Economic Papers*, Vol. 57, No. 4, 2005, pp. 647 – 663.

③ Bloom D. E., Canning D. and Fink G., "Implications of Population Ageing for Economic Growth", *Oxford Review of Economic Policy*, Vol. 26, No. 4, 2010, pp. 583 – 612.

④ Aisa R. and Pueyo F., "Population Aging, Health Care, and Growth: a Comment on the Effects of Capital Accumulation", *Journal of Population Economics*, Vol. 26, No. 4, 2013, pp. 1285 – 1301.

⑤ Prettner K., "Population Aging and Endogenous Economic Growth", *Journal of Population Economics*, Vol. 26, No. 2, 2013, pp. 811 – 834.

龄结构的变化可在很大程度上解释 OECD 国家劳动生产率的增长，但其中的一些作用机制仍需深入研究。① Bloom 等指出在关于人口增长对经济发展影响的争论中忽略了人口年龄结构这个关键性变量，因而对此进行了重点关注。② 当这种忽略被研究者意识到时，其实意味着更大的研究空间逐渐展现出来，诸如人口年龄结构与诸多具体经济现象的互动影响，不同地区人口年龄结构与经济发展的内在关联等问题不断涌现出来，由此出现了一系列研究成果。③ 人口年龄结构出现变化的一个重要原因是因为预期寿命增加所致，而且老龄化进程的加快也意味着年轻劳动力的减少，总之，尽管这些研究路径各异，但如果从老龄化入手，它们之间又显现出了不同程度的相关性，这其实从一个侧面反映出老龄化与经济生活的密切关联。鉴于中国老龄化的快速发展，一些国际机构和国内相关机构展开合作也对中国人口老龄化问题进行了关注。④

（二）国内老龄化研究概述

和一些研究有所不同，我国老龄化研究的驱动力在很大程度上源自现实生活中老龄化的快速发展，这从相关研究成果的增长趋势上可明显地反映出来。当老龄化还不是一个普遍的社会问题时，并未引起多少学者的关注，在我国全面进入老龄化社会而老龄化增长势头丝毫未减的情况下，

① Lindh T. and Malmberg B. , "Age Structure Effects and Growth in the OECD, 1950 – 1990", *Journal of Population Economics*, Vol. 12, No. 3, 1999, pp. 431 – 449.

② Bloom D. E. , Canning D. and Sevilla J. , "The Demographic Divided: A New Perspective on the Economic Consequences of Population Change", RAND, 2003, pp. 1 – 107.

③ 参见 Bloom D. E. , Canning D. and Graham B. , "Longevity and Life – cycle Saving", *The Scandinavian Journal of Economics*, Vol. 105, No. 3, 2003, pp. 319 – 338; Sheshinski E. , "Note on Longevity and Aggregate Savings", *The Scandinavian Journal of Economics*, Vol. 108, No. 2, 2006, pp. 353 – 356; Jaimovich N. and Siu H. E. , "The Young, the Old, and the Restless: Demographics and Business Cycle Volatility", *American Economic Review*, Vol. 99, No. 3, 2009, pp. 804 – 826; Jaimovich N. , Pruitt S. and Siu H. E. , "The Demand for Youth: Implications for the Hours Volatility Puzzle", *FRB International Finance Discussion Papers No. 964*, 2009, pp. 1 – 39; Lugauer S. , "Estimating the Effect of the Age Distribution on Cyclical Output Volatility across the United States", *The Review of Economics and Statistics*, Vol. 94, No. 4, 2012, pp. 896 – 902。

④ 参见 UNDP China and IUES, CASS, *China National Human Development Report 2013: Sustainable and Liveable Cities: Toward Ecological Civilization*, China Publishing Group Corporation, China Translation & Publishing Corporation, 2013。

老龄化所带来的一系列社会矛盾迫使相关研究领域必须要深入、全面地认识与其相关的诸多问题，相应研究数量增长因此非常明显，此处仅以知网查阅到的相关文献为例对此进行说明。① 在对 20 世纪 80 年代的相关文献进行检索时，笔者采用了"主题"检索的方式。② 在"主题"检索过程中，笔者将此类文献予以剔除：第一，相关度较低的文献，即内容虽涉及了老龄化，但研究重点并未围绕老龄化展开；第二，学科范围非社会科学领域的文献，如一些研究属于医学等自然科学领域，主要针对老年疾病等问题进行研究，但是，一些研究在关注老年健康等问题时渗透出浓厚的人文关怀，故这些文章最后并未剔除；第三，主题较难明确界定的文献，一些文献仅从题目上看，看似在关注老年人群或老龄化，但研究主题其实并非我们常言的老龄化。在确立这些原则后笔者进行了统计，由于个别文献主题很难准确界定的问题依然存在，在此有一个笔者的主观判定过程，因而最后数据并非绝对准确，但这并不影响整体的统计结果，因为绝大多数文献还是很好认定。依据笔者确立的标准，通过"主题"检索所能发现的相关文献最早出现于 1980 年，数量仅有 1 篇，之后有增加趋势，但增幅并不明显。1980—1990 年的整体变化趋势见图 3 - 4。

由于 1990 年以后关于老龄化的研究文献数量逐渐增多，如果以主题进行检索，整个 20 世纪 90 年代的老龄化研究文献数量呈快速增加趋势，但其中也夹杂着大量相关度低乃至不相关的文献，鉴于统计上的困难，基于统计上连贯性的考虑，从 1991 年开始只是对直接以老龄化为题的论文进行统计。其间整体变化趋势如图 3 - 5 所示。

从中可以看出，对老龄化问题的关注度之高，老龄化已经成为比较集

---

① 在此过程中，相关著作也不断出现，但著作在撰写、出版过程中时间周期较长，相对于一般论文而言，不能准确反映研究领域的成果变化趋势。更为重要的是，受制于各种因素，笔者目前尚无法全面、系统地掌握这些著作的具体信息，故分析相关研究变化趋势时还是选择了论文进行分析。

② 笔者在 2015 年 9 月—2016 年 6 月前进行了多次检索，其中，2015 年 12 月有数次比较系统的检索，2016 年 4 月亦有数次较为系统的检索，进行多次检索一方面是数据库本身存在一个数据更新过程，另外，用"主题"进行检索也有一个仔细甄别的过程，多次检索是为了将误判或遗漏等错误尽可能降低。此处是 2016 年 6 月 11 日进行检索后所得的数据，图 3 - 5 中最后获得数据时间与此相同，之前也与"主题"检索同期进行了多次检索。

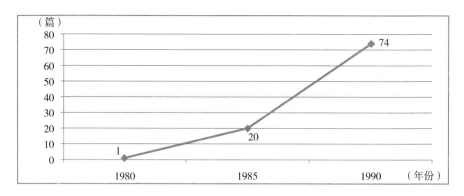

图 3-4   1980—1990 年以"老龄化"为主题的论文数量变化趋势

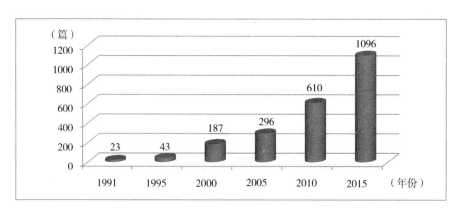

图 3-5   1991—2015 年直接以"老龄化"为题的论文数量变化趋势

中的研究话题之一，同时也可看出老龄化的严峻性，已引起了各方面的广泛关注，由此积累了相当丰富的文献。在老龄化研究方面，中国学者也比较关注老龄化的成因。[①] 在相关研究中，贯穿着各种纵向、横向的比较，也有将范围限定在不同时间段及区域的研究，但总的来看，中国老龄化之成因既可从人口转变角度进行分析，也有经济方面的原因，大规模的人口流动也是其中不能忽略的一个重要因素。中国的具体国情决定了中国的老

---

①   参见罗淳《人口转变进程中的人口老龄化——兼以中国为例》，《人口与经济》2002 年第 2 期；原新、刘士杰《1982—2007 年我国人口老龄化原因的人口学因素分解》，《学海》2009 年第 4 期；袁蓓、刘琪《我国老龄化区域差异成因分析——来自 20 世纪 90 年代后期省际面板数据的经验研究》，《经济研究参考》2014 年第 70 期。

龄化必然呈现出自身的一些特征，而且在不同发展阶段也有明显的变化。① 过多情绪化看法和缺乏科学依据的臆断都无助于老龄化的有效应对，过高渲染和有意弱化其负面效应同样是不适宜的，而是需要理性主义的思维、科学的方法对其进行分析，在此基础上才能形成真正有效的应对策略。就目前研究来看，将老龄化影响限定在一定领域进行分析依然是一种较为普遍的研究模式。② 在一些具体领域中，老龄化其实是在一种多维关系网中存在的，深入分析其中的互动机制几乎成了判定其影响不可或缺的过程。③ 当然，中国老龄化的影响不只集中于当前，对未来社会发展也会产生长期性影响。④ 关于老龄化的研究最后几乎都要归结到应对方面，涵盖了应对老龄化的态度、思维模式、基本路径等多个方面的内容⑤，还有对应对战略和策略等进行的研究⑥，这类研究一般着眼于整体，既有比较全面的分析，亦有较为透彻的论断。在具体应对措施方面，有对相关理

---

① 参见曾毅《中国人口老龄化的"二高三大"特征及对策探讨》，《人口与经济》2001 年第 5 期；郑伟、林山君、陈凯《中国人口老龄化的特征趋势及对经济增长的潜在影响》，《数量经济技术经济研究》2014 年第 8 期；王志刚、张汝飞、王君《人口老龄化描述指标体系的构建》，《统计与决策》2015 年第 16 期。

② 参见黄成礼《人口老龄化对卫生费用增长的影响》，《中国人口科学》2004 年第 4 期；钟若愚《人口老龄化影响产业结构调整的传导机制研究：综述及借鉴》，《中国人口科学》2005 年第 S1 期；何平平《经济增长、人口老龄化与医疗费用增长——中国数据的计量分析》，《财经理论与实践》2006 年第 2 期；林宝《人口老龄化对企业职工基本养老保险制度的影响》，《中国人口科学》2010 年第 1 期。

③ 参见胡鞍钢、刘生龙、马振国《人口老龄化、人口增长与经济增长——来自中国省际面板数据的实证证据》，《人口研究》2012 年第 3 期；李军《人口老龄化影响经济增长的作用机制分析》，《老龄科学研究》2013 年第 1 期；李芳、李志宏《人口老龄化对城乡统筹发展的影响与对策探析》，《西北人口》2014 年第 2 期。

④ Peng X. , "China's Demographic History and Future Challenges", Science, Vol. 333, No. 6042, 2011, pp. 581 – 587.

⑤ 参见张昌彩《人口老龄化：影响、特点与对策》，《开放导报》2008 年第 3 期；邬沧萍、谢楠《关于中国人口老龄化的理论思考》，《北京社会科学》2011 年第 1 期；彭希哲、胡湛《公共政策视角下的中国人口老龄化》，《中国社会科学》2011 年第 3 期。

⑥ 参见孙蕾、常天骄、郭全毓《中国人口老龄化空间分布特征及与经济发展的同步性研究》，《华东师范大学学报》（哲学社会科学版）2014 年第 3 期；王诺、张占军《机遇还是挑战：中国积极老龄化道路》，经济科学出版社 2014 年版；穆光宗《成功老龄化：中国老龄治理的战略构想》，《国家行政学院学报》2015 年第 3 期。

论基础进行的研究①，也有对养老模式、长期照护、异地养老等多个具体应对措施的探讨。② 另外，有一些针对区域老龄化的研究③，这不仅在研究地区老龄化方面具有重要意义，也为其他地区乃至全国老龄化的应对提供了一定参考。从学科范围角度来看，有从老龄经济学等具体学科入手进行的研究④，也有应用多学科方法进行的研究⑤，单一学科和交叉学科齐头并进，形成了优势互补。总之，中国的老龄化已渗入社会生活的各个方面，在一些方面与现有社会系统产生了诸多冲突，这在很大程度上促进了相关研究的发展。

三　老龄化研究过程中的分析思维和整体思维

在梳理了相关研究文献的基础上，笔者发现，在老龄化研究过程中虽然也有动态的、整体的思维贯穿其中，但更多文献是将老龄化分割为不同的具体对象进行研究，这种研究主要依赖的其实是分析思维。分析思维以及整体思维都是重要的思维模式，却代表了两种迥然不同的认识路径，并充分展示了认知结构、文化背景等多个方面的深层内涵。⑥ 分析思维其实是将复杂的认识对象片段化并设置了相应界限，然后主要对这个范围内的对象进行研究，在这种思维主导下可以深入地进行研究工作，但认识对象内涵的丰富性却在一定程度上被削弱了。犹如西医将人体分为八大系统分别进行深入研究，而且越要深化认识程度越要缩小研究对象外延，或曰：

① 党俊武：《关于我国应对人口老龄化理论基础的探讨》，《人口研究》2012 年第 3 期。

② 参见穆光宗《我国机构养老发展的困境与对策》，《华中师范大学学报》（人文社会科学版）2012 年第 2 期；陶裕春《失能老年人长期照护研究》，江西人民出版社 2013 年版；李珊《移居与适应——我国老年人的异地养老问题》，知识产权出版社 2014 年版。

③ 参见秦谱德、谭克俭、王进龙、丁润萍《应对人口老龄化战略研究》，社会科学文献出版社 2012 年版。

④ 参见熊必俊《老龄经济学》，中国社会出版社 2009 年版。

⑤ 参见陈勃《对"老龄化是问题"说不：老年人社会适应的现状与对策》，北京师范大学出版集团、北京师范大学出版社 2010 年版。

⑥ 参见范明生《东西方思维模式初探》，《上海社会科学院学术季刊》1993 年第 2 期；牛宝义《整体思维与分析思维——谈中美两国人的思维模式差异》，《四川外语学院学报》1997 年第 2 期；Nisbett R. E. and Masuda T., "Culture and Point of View", *Proceedings of the National Academy of Sciences of the United States of America*, Vol. 100, No. 19, 2003, pp. 11163 – 11170。

认识的深化是以认识对象的缩小为代价的。囿于这种人为界限的划分，甚至在同一学科内也常常存在跨界后难以认识另一对象的现象，譬如为了需要甚至成立了专业性极强的口腔医院对相关患者进行专门诊治，整个业务流程完全围绕口腔展开，有各种细微的科室划分，其中的庞大队伍分工明确、各司其职，但确实不存在涵盖整个业务的科室和精通各种技术的专业人员。由此可见，分析思维通过逐步还原方式使整体的生命现象走向了极为微观的领域，不可否认，这种认识有助于深化对某一对象的认识，但同时却破坏了事物之间的固有联系。一个浅显的道理是人体中每一个具体构成都是在一种整体互动关系中才发挥功能的，相对而言，中医的整体思维体现了一些优势，但在对生命现象认识的深刻性、准确性以及可靠性方面中医同样存在诸多缺憾。这给我们的深刻启示是：分析思维和整体思维都存在不可比拟的优势和难以克服的缺点，偏执任何一方而不兼顾其他将不可避免地的对认识结果带来负面影响。

因此，在认识过程中将分析思维和整体思维予以有效联结就成了比较合理的选择，这其实是系统思维模式的体现。[①] 在老龄化研究领域，虽然分析思维和整体思维都得到了不同程度的应用，但就整体研究趋势来看，目前在研究过程中对分析思维的倚重还是明显要大于整体思维。尤其是研究老龄化的社会影响及应对策略时，不同学科将老龄化主要限制于自己的学科领域进行片段式研究，老龄化发展过程中的整体性以及与社会其他系统之间的高度关联从而被人为割裂。不仅如此，这种去整体化一直在不断演进，老龄化进入某一学科领域后又被更为细微地划分，其在研究领域的存在状态更趋碎片化。而在一些边缘学科中学科交叉力度不够，整体思维优势也没真正体现出来。虽然分析思维和整体思维有各自存在的理由，但现实生活中飞速发展的老龄化和其他社会系统的高度融合要求研究领域必须要对分析思维的局限性进行超越，也就是说，要以老龄化为核心研究目标将不同构成要素、构成系统及其背景之间的关联找出来，尤其是要在看似相反的关系中寻找衔接点，在一种整体性构成关系中才有可能对老龄化的本真存在状态及发展演化规律有深刻认识。正是基于此种原因，整体思

---

① 苗东升：《论系统思维（三）：整体思维与分析思维相结合》，《系统辩证学学报》2005年第 1 期。

维在老龄化研究过中也受到了重视，一些学者用整体思维对中国的老龄化以及涉老公共政策设计等进行了较为系统的研究。① 当然，利用整体思维对老龄化进行的研究绝不是指空泛的、缺乏分析深度的研究，而是指在宏阔视域和较为全面的思维引领下，深入分析老龄化进程中各种复杂联系并将创新性思维融入其中的高水平成果，从这个角度而言，整体思维在老龄化研究中还有相当的开拓空间。

（一）老龄化研究过程中分析思维的特征

在当前中国老龄化研究过程中，对分析思维的倚重当然有一定的合理性。但是，老龄化是在社会诸多系统的相互渗透中所形成的网状系统中进行的，这些系统构成了老龄化发展演化的整体性社会背景，这种存在状态决定了即使要高屋建瓴地把握老龄化整体发展趋势并提出合理应对策略也要以精确的数据分析和严谨的逻辑推论为基础，因此，正是当前老龄化的复杂程度使得分析思维的价值和优势由此清楚地显现出来了。老龄化对社会各个领域的影响究竟如何实现并产生了多大程度的影响？相应的应对策略应如何被科学地制定并有效地实施？……在对这些问题分析和解决的过程中，分析思维几乎成了难以超越的一种思维模式。诚然，在当前也有一些立足整体联系对老龄化进行的高水平研究，但这些研究绝不是在黑箱状态中进行的，而是以对许多具体问题的认识或解决为研究基础的。尽管如此，在老龄化研究过程中分析思维还是不可避免地存在一些局限性，主要体现在：①为了深入进行研究，在分析思维框架下需要对老龄化的存在状态进行分割并将其局限在一定范围之内，在此基础上才能进行比较深入的剖析。在此境况下，老龄化被分别置于人口、经济、管理、政治等不同学科领域中，而在这些学科中认识对象又被进行了更为细微的划分，由此导致的结果是在某些方面对老龄化的研究已达到比较深入的地步，但学科间存在的固有界限却束缚了对老龄化的一些整体性认识，而且使理论和现实的衔接出现了一些新的障碍。②在老龄化研究过程中，大量实证主义方法的引入使老龄化研究渗透出了浓厚的科学主义气息。科学主义赋予科学尤

---

① 参见彭希哲、胡湛《公共政策视角下的中国人口老龄化》，《中国社会科学》2011 年第 3 期；穆光宗、张团《我国人口老龄化的发展趋势及其战略应对》，《华中师范大学学报》（人文社会科学版）2011 年第 5 期。

其是自然科学至高的地位。① 不可否认，大量自然科学方法的引入使得对老龄化进程中诸多问题的分析更为透彻、清晰、准确，分析思维的深化从而有了可靠的认识基础。但在此过程中，分析思维和科学主义的相互渗透又引发了另外一些极端走势：即将自然科学范式泛化并在科学和人文之间人为设置鸿沟等问题，这样在思维深处则会出现对人文科学的拒斥，老龄化及其相关问题越来越被当成一种类似自然科学的研究，其中的人文关怀日渐失落。③分析思维对老龄化的多层次分割使老龄化以碎片化状态存在于不同系统之中，这种分割相当程度地破坏了老龄化自身的整体性存在状态，必然导致在整体上对老龄化的认识产生一定偏差。虽然对老龄化的局部认识确实取得了一些重要成果，但在认识进行过程中认识对象并没有处在一种混整状态中，因此，研究老龄化所带来的一些问题时通过逐步还原很难呈现在各种要素交错作用下形成的非加和性作用机制。② 分析思维模式下所进行的还原只能是一种有限还原，而老龄化本质上是一种动态演化过程，不断变化是其存在的根本特性，因此，在老龄化研究过程中主要依靠分析思维肯定是不够的。④分析思维专注于老龄化本身和过于具体的研究对象容易造成对老龄化应对过程中相应生态系统的忽略，因为与老龄化应对相关的一些生态系统并非实体性存在，尤其是文化生态系统中的许多价值理念和伦理体系等。再联系到科学主义和分析思维高度融合的走向，其特征是以比较具体的可量化目标为研究对象且力求以客观反映事实为主要研究目标，人文向度的思考从而被排除在外，工具理性的狂飙由此充斥于整个研究过程。很明显，如若不将价值理性有机融入其中，应对老龄化的所有政策体系最终将缺乏明晰的理念引导，其实施效力将会被极大地削弱，更违背了涉老政策构建的初衷。③ 老龄化研究过程中分析思维的机制及特征简单如图 3 - 6 所示：

---

① Sorell T., *Scientism: Philosophy and the Infatuation with Science*, Routledge, 1991, p. 1.

② 贝塔兰菲认为非加和性强调了系统产生相应功能源自其整体性相互作用，而非部分功能之简单相加。系统其他一些基本特征也来自贝塔兰菲的系统论思想，一些常识性内容不再做专门阐释。相关内容参见 [奥] L. 贝塔兰菲《一般系统论》，秋同、袁嘉新译，社会科学文献出版社 1987 年版。

③ 工具理性主要着眼于行为的目的、手段及其附带的后果等；而价值理性则偏重于行为的终极价值和意义，行为的后果往往被忽略。具体参见马克斯·韦伯《经济与社会》（上卷），林荣远译，商务印书馆 1997 年版，第 56—57 页。

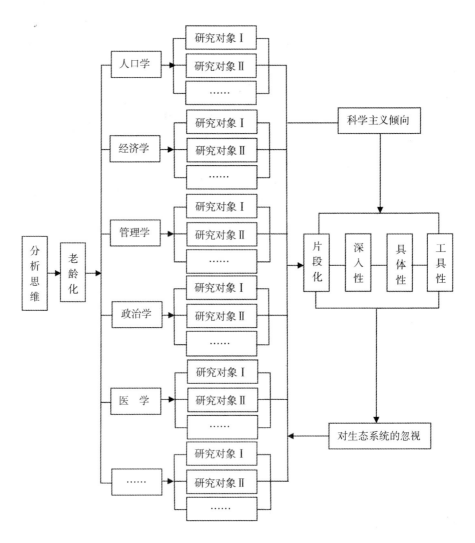

图 3-6　老龄化研究过程中分析思维的机制及特征

　　由此可见，在老龄化研究过程中，分析思维（在研究过程中有与科学主义不断融合的鲜明倾向）成为不可或缺的研究范式，但是，其局限性也是比较明显的，因此，必须要对其进行超越并实现多种思维的融合，对老龄化的研究才能更为全面、深入。

（二）老龄化研究过程中整体思维的特征

　　在对老龄化进行研究过程中，将研究对象分解为不同部分并将其置于相应学科领域成为老龄化研究过程中的一条重要路径，但在此过程中也需要从整体上对老龄化进行认识并探寻其与社会各个系统之间复杂的、多层次的互动关系，因为要有效应对老龄化，对老龄化进行全方位研究也是其中一个必要环节。首先，在老龄化研究过程中，利用分析思维确实积累了相当数量有价值的研究成果，但也需要围绕核心议题和主线将不同领域的研究成果综合起来，深入研究其中普遍的、一般的规律，并在此基础上找出应对策略。其次，从多种视角出发、将多学科知识有机结合起来，在不同学科不断交叉过程中充分发挥边缘学科优势以对老龄化研究中的一些难题进行突破，这同样离不开整体思维作用的发挥。最后，在老龄化研究过程中，整体思维的应用不应仅仅局限于某一方面，而是应该包括不同学科的有机融合、各种研究方法的高度综合、多种研究资源及力量的大力统筹以及诸多应对策略的有效整合等多方面内容。

当然，从目前研究状况来看，整体思维同样也存在一些局限。主要体现如下几个方面：①一些研究用整体思维对老龄化进行研究时往往缺乏可靠的分析基础，没有新颖理论及科学定量分析作支撑，这导致一些研究不仅学理性较弱，更无法有效地和现实衔接。因此，整体思维要将动态性及全面性等原则贯穿于研究始终，在认识过程中结成一张缜密的认知之网，这样才能比较全面地认识对象，联系到老龄化这样比较复杂的研究对象，定量分析和严谨预测等形成的较为可靠的认知基础是其中不可或缺的过程。②整体思维的本质在一些研究过程中并没有真正体现出来。一些老龄化研究也在不断进行学科、方法的融合，但学科间界限依然清晰可见，不同方法仍分属于各自研究领域，从整体上来看，人为组合痕迹依旧比较明显，本质上并不属于整体思维模式的体现。鉴于目前学科分化及融合力度日趋加剧，作为个人很难全面、深入地掌握不同领域的专业知识，诸如老龄化这样与社会诸多系统高度交融的研究对象，仅凭个人力量很难对其中一些复杂问题进行较为深入的分析，集体智慧、团队力量的发挥显得尤为必要，这从一个侧面反映出整体思维在当前的应用也需要很多外在条件的满足。但是，在当下老龄化研究中，与国家政策导向密切相关的重大研究议题在人力资源整合、研究经费统筹、研究团队分工协作以及整体研究方向指引等诸多方面还受到一系列因素的制约，整体思维效用的发挥由此也会在一定程度上受到影响。③在老龄化研究中整体思维的应用及其效用的实现绝非一个一蹴而就的简单过程，而具有阶段性。在此点上可从系统层次性的角度进行解读，一些学者在研究系统涌现性时反衬出了层次性存在的意义：在从部分到整体以及较低层次向较高层次的上升过程中，要素及功能会出现量的累积与质的飞跃，正是在这种过程中，系统的整体性才不断得以维护。① 从这个角度而言，对老龄化研究中的一些复杂问题可分层逐步进行认识，然后再从整体上进行归纳总结，这种分层认识并不是对系统整体性的破坏，而是符合认识规律的一种合理选择。但是，面对老龄化如此复杂的研究命题，在一些研究过程中很可能对研究对象的分层在整体上失去明晰把握，研究过程中分散化的特征则有可能会重新出现，从而并没有真正达到综合的目的。老龄化研究过程中整体思维的运作机制、特征及应注意的问题简单如图 3－7 所示。

对整体思维不应拘泥于对寻常概念定义的束缚之中，更不应遵循程式化过程而僵化地加以应用，而应根据研究需要灵活运用，在这个过程中也不能忽略分析思维的重要作用。贝塔兰菲在阐释系统本质时研究了分析方法，他认为分析方法在应用过程中有两个先决条件：一是相互作用在研究对象的"部分"之间不存在或极其微弱以至于在研究过程中可以忽略；二是对部分行为描述的是线性关系式，唯有如此才能产生累加性条件。② 对这些条件的准确把握和清楚认识固然需要直觉等非理性因素，但更多时候却需要经验的积累。如果不能对这些约束条件恰当把握而随意滥用整体思维，必然导致分析结果出现一系列误差，其实这也反映出虽然在老龄化研究中分析思维和整体思维都有其存在的必要价值，但同时也存在难以克服的缺点。基于这样的原因，图 3－7 中多次指出分析思维和整体思维应有机结合，但在研究过程中，分析思维和整体思维的应用并不完全遵循一个简单的时间序列，即不存在一个严格的先后次序，适时、恰当地应用才是合理的选择。

总之，分析思维及整体思维在老龄化研究过程是相辅相成的两种重要

① 孙东川、林福永：《谈谈系统的层次性与涌现性》，载 *Well - off Society Strategies and Systems Engineering—Proceedings of the 13th Annual Conference of System Engineering Society of China*，2004。

② ［奥］L. 贝塔兰菲：《一般系统论》，秋同、袁嘉新译，社会科学文献出版社 1987 年版，第 15—16 页。

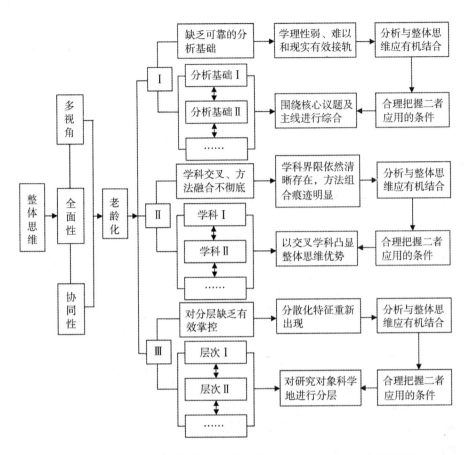

图 3 - 7　老龄化研究过程中整体思维的运作机制、特征及应注意的问题

思维，在研究过程中将二者密切结合具有非常重要的意义和价值。但是，老龄化并不是一个静态存在的对象可以对之随意进行分割或组合，而且老龄化快速发展带来的诸多难题要求我们还需不断进行思维模式的转换和更新，因此，主要依靠这两种思维对老龄化进行研究还远远不够，必须要根据研究和现实需求不断融入新的思维模式才能出现更多真正有价值的成果。

四　终极视域的审视——认识老龄化新视角的开启

（一）对老龄化研究的认识视野需进行拓展

从现有老龄化的研究成果来看，三十多年里发表在国内期刊的相关论文不仅数量大，而且几乎每年都在递增，近些年增幅尤为明显，与此同时，相关著作也时有出现。大量研究文献的出现不仅有助于我们在理论层面深化对老龄化的认识，也在实践层面为我们积极应对老龄化提供了诸多有价值的参考。但是，必须要看到的一个事实是在理论研究方面重复研究的现象比较明显，具有重大创新性的成果严重缺失，因此，一个悖论是研究领域相关文献的数量在突飞猛进，但老龄化进程中的问题同时也在大量增加。虽然老龄化自身确实在飞速发展，其中一些问题积累到一定阶段后才会凸显，但这也足以让我们警醒，现实情况的复杂要求我们不能完全将老龄化局限于某一个学科领域内进行研究，而是需要根据社会发展不断对认识视野进行拓展，需要超越具体学科限制以更为宏阔的视野对老龄化进行更全面的审视，最后还要上升到哲学高度对人的衰老以及人口老龄化进行更为理性的认识。从终极视域透视，生命形态的多样性、动态性以及对未来之不可知性在很大程度上彰显了生命存在的意义和价值，人之衰老只不过是在悄然实现并记录了其中一段具体的历程而已，人根本无法一厢情愿地抗拒这段进程。无论以莫名的悲伤体验衰老之不可避免，还是以超然的心态任其自然出现，在生命不可逆之演化过程中，衰老是所有人都要面对且不能超越的事实，因此，要正视衰老，善待老年人，这其实就是对生命本身的尊重。另外，仅从中国哲学来看，鲜明的入世态度、发自内心深处的生命敬畏感、浓厚的家庭观念和情结使得其从未和生活世界脱节，尤其是有丰厚理论积累并有数千年生活实践和经验总结的传统孝文化更是为解决当下人口老龄化所带来的一些难题提供了诸多有益启示。基于这样的理由，在对老龄化的研究中引入哲学、伦理学视角以及相关的思维模式和理论知识绝非标新立异，而是现实需求的必然结果。

（二）哲学对生命、人生及生活世界有深刻认识

亚里士多德将"求知"定义为人的本性。① 如亚氏所言，在求知之途中，人各种潜能在不同方法和路径指引下得以充分展现。从根本上讲，这也深刻地揭示了哲学的本真含义——对智慧之爱，在温和而理性之爱的推动下，在保持心灵高度开放的状态和终身性生命试炼过程中，将好奇心培

---

① ［古希腊］亚里士多德：《形而上学》，吴寿彭译，商务印书馆 1959 年版，第 1 页。

养成一种基本习惯，并在经常性理性反省过程中人就必然走向智慧之途。① 当然，在浩瀚的宇宙中，在人的视野不断拓展以及认识能力逐步提高的过程中，人虽然在某种程度上更为深切地感受到了自己的渺小，但对人生、宇宙以及与此相关问题的深沉思考和不断反思使人在一路前行过程中也积聚了大量知识，遮蔽人双眼的尘埃逐渐散去，人从而不断获取了赢得更大生存空间的坚韧力量以及进一步完善自己的可能。

在终极性思考过程中，不同历史时期和地域空间哲学家们的关注点并不相同，但用长视角反观，生命现象总是时断时续地进入到一些哲学家的视域之中，从而成为哲学不可回避的研究话题之一。立足哲学史来分析，受各种因素影响，在西方早期哲学研究中，古希腊智者将目光投向了神秘的自然界，但面对接踵而来的研究困境，一些哲人又将目光返回到了人自身，无论是普罗泰格拉的"人是万物的尺度"，还是苏格拉底一系列振聋发聩的对与人息息相关问题的论断，都是以一种发人深省的力量对人的存在状态和本质进行的深层次阐释。② 即使受柏拉图将世界二元分割思想的严重影响，西方传统哲学的关注点主要集中于彼岸世界，但所有对超验目标的深刻思考其实都以人为基点展开的，从这个意义上讲，传统形而上学的研究在一定程度上其实提供了一个审视人自身的独特视角：人究竟能在多大程度上超越自己？人的思想到底能走多远？西方传统形而上学一度将许多学科纳入它的研究范围中，但相对以前思想家的自信，康德则深刻地指出了在终极性面前人认识能力的有限性。③ 在对人认识能力不断反思以及人认识水平逐步提高的过程中，形而上学思维模式占主导地位的格局被打破，哲学研究主题的分化因而成了一种必然趋势，西方传统哲学由此迎来新的发展格局。在此背景下，一些哲学流派对唯理论和经验论进行了超越，转向对生命个体及其独特生命体验等的研究，如以狄尔泰、柏格森等为代表的生命哲学以生命为研究主题，涌现出了强烈的非理性主义色彩。④ 除生命哲学外，在现代西方哲学中，存在主义等还从本体论角度对

---

① 傅佩荣：《哲学与人生》，东方出版社 2006 年版，第 2—7 页。

② Thilly F., *A History of Philosophy*, Henry Holt and Company, 1914, pp. 1 – 58.

③ 参见 Kant I., *Critique of Pure Reason*, Translated and Edited by Paul Guyer and Allen W., CambridgeUniversity Press, 1998。

④ 刘放桐等编著：《现代西方哲学》（修订本），人民出版社 1990 年版，第 195—226 页。

人进行了高度关注，一些哲学著作对人的存在及人类整体命运的思考无论在力度上还是在广度上都达到了一个新的高度。总之，生命现象在西方哲学中是一个重要研究主题，虽然其中对生命的理解有不同视角，并对其赋予了不同的内涵，但还是为我们研究当代社会人的生存状态提供了一些重要启迪。

胡适认为哲学从根本上就是对人生切要问题进行研究。[①]其实从这个角度定义中国哲学可能更为合适些，在中国传统哲学中，强烈的入世精神使儒家等哲学流派对生命保持了高度的敬畏，并由此形成了一整套与生活世界密切相关的思想体系。冯友兰认为：在中国传统哲学世界里，增进正面知识（与客观事物相关）并不能体现哲学的功能，而是主要表现在提高人的心灵修养、对现实世界的超越以及对超道德价值的体验等方面。[②]这个概念确实深刻地揭示了中国哲学的主要特征，从整体来看，和西方传统哲学以严密逻辑推理为主导的知识论倾向不同，在认知过程中，中国传统哲学并不倚重逻辑体系，而是主要依靠深刻的内心体验，这种思维模式深刻地影响了中国诸多传统学科的发展。总之，在中国传统哲学中，对人生及生活世界的关注远远超过对其他问题的关注，而且在中国哲学中，形成了一整套和社会现实密切结合的价值规范体系，其中一些理念和实践在反复调整过程中逐渐恒定化，具有了超越不同社会发展阶段的普适性特征，在当代社会如能加以合理利用，不仅在形式上能使传统文化超越一些时期形成的断层而出现连续性发展特征，而且也极有可能产生一些积极的社会效应。

（三）中国传统哲学中的"孝"为当下应对老龄化提供了丰富的文化资源

中国传统哲学是比较复杂的构成体系，在理论体系和现实生活互动作用的过程中，其中一些核心理论构成逐步恒定化，成为传统文化的重要表征符号，对中华文明产生了深远影响。例如，在对中华传统文化影响深远的儒学体系中，孝文化是其中一个重要构成，并且使传统儒学保持了鲜明

---

① 胡适：《中国哲学史大纲》，上海古籍出版社1997年版，第1页。
② 冯友兰：《中国哲学简史》，赵复三译，新世界出版社2004年版，第1页。

特征。延边大学学者运用比较视角研究韩国、日本文化机制时指出：儒学乃东亚儒家文化圈文化生成和传播之源，传入韩、日等国之后又形成诸多细流，故将源与流结合，呈现于我们眼前的是一副完整的、具有浓郁东方色彩的普世主义文化体系。^① 在儒学不断传入周边一些国家的过程中，孝文化也产生了超越国界的影响。更为重要的是，在长期发展过程中积聚的丰富内涵使孝文化为当下应对老龄化提供了丰富的文化资源。养老之所以在传统社会不存在很大问题，是因为"孝"几乎渗透于整个社会的各个方面，已成为一种整体性的社会理念和行为。以此为依托，整个社会形成了浓厚的敬老、爱老意识并促生了相应的行为，这种社会意识、行为和比较稳定的家庭结构密切结合起来，使家庭养老发挥出了强大的功能，并且保持了长期的连贯性，在长达数千年的传统社会，家庭养老的绝对主导地位几乎未曾被撼动，老有所养目标的基本实现也是整个社会稳定发展的一个重要原动力。从根本上来讲，取得如此重要成就的一个重要原因是传统社会养老模式与农耕社会的基本结构相互适应，在长期发展的过程中，传统社会形成了比较成熟且适合社会发展需求的一整套孝伦理体系，官方、民间以及精英集团等不断为其注入新的内涵，并采取了灵活多样的形式进行广泛传播，从而形成了一个蔚为壮观的孝文化体系。

在不断发展过程中，孝文化远远超越了以血缘为纽带的形成基础，因为看到这种情感有维护家庭及社会稳定的重要作用，在不同历史阶段，一些思想家立足现实从理论层面进行了积极的构建，统治者也通过不同手段使孝意识不断扩展并对其加以固化，这直接促进了传统孝文化的发展。各种力量交错后形成了巨大合力，颇为壮观的传统孝文化也就有了不断得以前进的持续动力，中华民族从而拥有了异常丰富的孝文化遗产。与此同时，也留下了许多争论不休的话题，尤其是近代以来，在对传统文化反思和批判的过程中，孝文化几度处于风口浪尖。用现代视野来审视，传统孝文化必然带有其所处社会发展阶段的深刻烙印，这当然会与现代社会中的一些理念产生碰撞。但是，即使在传统社会，"孝"所产生的社会效应也比较复杂：它确实有效保障了老年人的诸多利益，极大地促进了家庭、社会的和谐与稳定，但在极端孝意识促生下又导致了一些悲剧性事件的发

---

① 潘畅和：《论日本与韩国文化机制的不同特色》，《日本学刊》2006 年第 5 期。

生，在阅读相关历史文献时仿佛每个字都如此让人心情沉重，不忍卒读。基于这样的历史事实，用理性思维对其进行全面、科学的评价是传统孝文化在当代社会重新焕发功能的一个重要前提，因此，结合当代社会的需求发展传统孝道体系，其中还有很多工作要做。

（四）主体间性在老龄化进程中代际伦理关系研究方面的意义

哲学在老龄化的研究和应对中的重要性还在于哲学思维的应用，将哲学思维融入老龄化认识和应对领域不仅可以获得更为广阔的认识视域，而且在相同认识对象上有可能得到更为丰富的信息乃至全新的认识，这在当下具有非同寻常的现实意义。从表面来看，在目前老龄化研究领域中，虽然研究视角并不单一，也有一些论者看到了老龄化的积极效应，如老年人力资源的再开发①，老年产业对经济的拉动作用②，等等。但从整体来看，主要还是聚焦于老龄化所带来的社会矛盾方面，研究领域过多专注于老龄化所带来的社会矛盾虽然并未让人达到谈老色变的程度，但还是使人从不同程度感受到老龄化犹如一个巨大包袱，其所带来的各种沉重压力似乎让社会越来越不堪重负，而且这种感觉随着老龄化的快速发展还在不断加强。其实，从哲学视角透视，一切价值判断都是以人的存在为前提的，受认知主体认识能力以及其他主客观因素的综合影响，绝对意义上的价值判断是不存在的。就当下老龄化研究而言，虽然许多研究确实以理性主义为指导原则，在此基础上也提出了一系列具有实用价值的政策建议，但在此过程中，专注于老龄化所带来的一系列社会矛盾或在研究过程中附带性地呈现老龄化诸多负面效应似乎成了必不可少的环节。

不独在研究领域，在生活世界中，老年人被当成包袱，无子女者晚年孤苦无依，有子女者亲情极度淡化，这些现象虽然并非普遍存在，但也不

---

①　参见原新《21世纪我国老年人口规模与老年人力资源开发》，《南方人口》2000年第1期；王树新、杨彦《老年人力资源开发的策略构想》，《人口研究》2005年第3期；金易《人口老龄化背景下中国老年人力资源开发研究》，博士学位论文，吉林大学，2012年。

②　参见谢建华《中国老龄产业发展的理论与政策问题研究》，博士学位论文，中国社会科学院研究生院，2003年；李齐云、崔德英《老龄产业发展现状、问题与对策研究》，《山东经济》2008年第1期；陆杰华、王伟进、薛伟玲《中国老龄产业发展的现状、前景与政策支持体系》，《城市观察》2013年第4期。

是个案。不仅如此，歧视老人的现象也经常出现，媒体甚至不时爆料出一些触目惊心的虐老事件，这竟然发生于有着丰富孝文化和悠久尊老敬老传统的国度，不能不让人汗颜。其中的深层原因值得我们从各个角度分析，之所以发生这一切，在很大程度上固然与社会变迁过程中各种巨大变化所带来的多种冲击有密切关系，但从哲学角度分析，也有认识方面的原因：无论在研究领域还是在现实生活中，更多是用主客二分的思维审视老龄化和老年人。主客二分即将主客体在认识过程中对立起来的思维模式，西方哲学对主客体进行明确区分并建立代表性的认识体系是从近代以来开始的。① 无论是在哲学史上还是在人的实践过程中，主客二分思维模式都有一个历史的形成过程，而在实践过程中，随着人的主体意识及改造自然能力的增强，人与自然界也越来越被置于一种对象性的关系体系中，因此，立足于人之生存，主客二分模式的出现不仅有阶段性，也有一定的必然性和合理性。② 在这种思维框架之中，对主客关系的严格区分在潜意识中无疑提升了认知主体的地位，在对象性审视下老年人的主体性地位无形中被弱化。而在生活世界中，过分彰显关怀主体的优势只能使老年人不断蜕变为被怜悯的对象，人文精神的缺失使得老年人无法真切感受到人之真情，一些老年人的生存状态令人担忧。

因此，无论是在研究领域还是在生活世界，用主体间性消解传统主客关系中的主体性意识有比较重要的意义。和许多重要理论一样，主体间性的形成也有阶段性，胡塞尔主要是从认识论角度提出了这一概念，在其现象学中，从先验主体意向性出发到具有普遍性认识的过程中必然出现主体间性理论。③ 尽管如此，在其理论体系中自我色彩依然存在。在概念和理论演绎过程中，海德格尔在揭示此在与世界关系时使主体间性有了存在论方面的深层含义，使其实现了从认识论向本体论的过渡。④ 在主体间性理论发展过程中，主体间性从多种视角得到了不同解读，被赋予了更为丰富

①　张世英：《"天人合一"与"主客二分"的结合——论精神发展的阶段》，《学术月刊》1993 年第 4 期。

②　高连福：《关于主客二分模式的思考》，《哲学研究》2011 年第 5 期。

③　参见 ［德］胡塞尔《笛卡尔式的沉思》，张廷国译，中国城市出版社 2002 年版。

④　参见 ［德］海德格尔《存在与时间》，陈嘉映、王庆节合译，生活·读书·新知三联书店 1999 年版。

的含义。简而言之，主体间性超越了以往主客二分的思维框架，在一种主体间共在的构成关系中，以往主客体之间的二元对立得到相当程度的克服，真正意义上的交流才有可能在这种境域中发生。主体间性的提出和发展不单单是充满单纯思辨气息的哲学王国中的理论建构，因而它不仅存在于形而上世界中，同时也给了我们一种全新的视域，借此可重新审视以前由于主客体对立所出现的各种复杂关系。从这个角度而言，在老龄化研究和应对过程中引入主体间性理论绝不是为了在形式上融入哲学色彩以表明分析深度的增强，通过深度视域转换重新审视老龄化进程中的一些矛盾其实有更为深刻的生活方面的含义。

　　不可否认，在各种矛盾冲突中，不仅社会养老面临着巨大压力，就是在传统社会中一直发挥主导作用的家庭养老也面临不少问题。和传统家庭相比，现代家庭在结构和功能方面出现了许多变化，而且由于各种原因导致家庭子女数量减少，独生子女家庭大量存在，尽管如此，许多家庭还是有子女的，但在家庭养老方面，一些老人在精神慰藉、物质保障等方面还是出现了不同程度的缺失。即使有子女关怀，更多是缺乏温情的被迫式给予；即使有孝行，在实施过程中却乏恒定性，而是存在明显阶段性特征；还有以子女为中心的选择性特征，也就是说，在实施时间、给予对象等多个方面都缺乏较为周全的考虑，随意性特征较为明显。从现象深入本质就可发现，这一系列问题的出现是有深层原因的，归根结底，子女和父母之间并没有站在同等地位上进行平等的交流、对话，这种非交互式精神沟通其实造成了亲情之间的隔膜。这一切说明，在老龄化社会，在和老年人交往过程中主体间性应用的必要性，就是要回归到人本身重新将老年人升格到主体地位并真正考虑他们的需求。在主体间性视域中没有绝对的、唯一的主体，在此境域中，其他主体降格为客体的现象因而会被尽可能地避免，在网状的共生关系中，主体间相互依靠、彼此依存。因此，从根本而言，主体间性在生存意义上呈现出了一种深层的整体性关系，在这种整体的网状格局中，每个生命个体都得到了尊重，深刻的生命体验通过真切的、平等的交往得以真正实现，在深度心灵沟通以及视界融合过程中存在明晰界限的孤立关系被打破，从而在本质上呈现出了一种高度依赖的共生关系，不同主体在面对各种分歧时才有可能达成共识。总之，主体间性在老龄化社会有着非常重要的现实意义，立足于人与人之间的高度关联，主体间性充分强调对话和理解，人与人之间的对立从而出现了消融，在各自本真状态都得到清晰呈现的过程中，我们才能清楚地明白老年人的需要，也才能真正了解他们的社会价值。在融洽的心灵对话中，在不同主体间的理念及行为不断互适过程中，一种和谐共荣、充满健康气息和生机勃勃的老龄化社会才会真正出现。

（五）哲学之思使老龄化进程中代际伦理研究有了终极关怀方面的重要含义

发扬人生之道是终极关怀的一个重要构成内容，道德由此被置于至高地位。① 在老龄化社会，仅仅依靠孝道等传统道德对老年人进行关怀肯定是不够的，虽然在一些时候可以借助普遍的生活经验，但在社会生活日趋复杂的今天，以道德为研究对象的伦理学自身确实需要发展。正是因为这样的原因，随着社会飞速发展和学科分化、组合趋势的加快，与生活息息相关的伦理学一直在不断发展。例如，经历了一定发展之后在 20 世纪 70年代明确出现了生命伦理学的概念。生命伦理学在跨学科及跨文化背景下，根据道德哲学的一般原则以及伦理学方法对生命科学研究以及实践过程中人的行为进行了系统研究，涉及现代社会快速发展过程中出现的与生命现象高度关联的诸多具体的伦理学问题。② 因此，将认识的深刻性与生命研究的密切性结合起来，从哲学、伦理学角度审视人的衰老和老龄化进程中的代际伦理关系可能会得到一些更为理性的认识，不可否认，当代伦理学的发展为此提供了重要的理论依托，问题的关键是我们要有意识地利用这些理论去解决与老年人密切相关的一些伦理问题。另外，我们还应将相关哲学思维融入老龄化研究之中，这一方面是为了增强研究的全面性和深刻性，更重要的是要为老龄化进程中的代际伦理研究注入人文气息，有较强人文关怀的涉老政策不仅能够使相关政策效能得到全面发挥，更能体现政策制定和实施的原初目的：为了让老年人得到真正的关怀，能更好地生活，在此基础上，整个社会和其他人群也才能得到更好的发展，因为人类社会是一个息息相关的利益整体，偏失任何一方都会使整体利益受损。

① 张岱年：《中国哲学关于终极关怀的思考》，《社会科学战线》1993 年第 1 期。
② 丘祥兴、王明旭：《医学伦理学》，人民卫生出版社 2003 年版，第 10—12 页。

从生命个体整体生命活动周期来看，除少数意外及特殊情况，健康的生命在正常情况下都不能抗拒衰老，更无法逃避死亡。海德格尔指出：在最广义上审视死亡，它也是生命现象之一种，从存在论角度来透视，死亡充分展现了其不可逾越之特性。① 哲学家对死亡的深刻认识是有生活基础的，从完整的生命历程来看，死亡确为生命的终点；或者说，正是出于对死的本能恐惧，宗教才为它赋予了新的含义，但哲学却试图用冷静的理性去透视它的本质，在哲学层面或许能深切领会到生命更为全面的构成和更为丰富的内涵，循此前行，对生命历程和本质才能有更为深刻的认识。人都要不可避免地走向衰老并最终归于死亡，但更多的人却立足当下，忙于具体事务而忽略了我们都要衰老并归为虚无的相同终点。从这个角度而言，善待老年人、尊重老年人，其实是用前瞻性思维在领略我们未来的生命和生活。提前领略生命老化的思维可使更多人从漠视老年人的状态中警醒并行动起来，和海德格式所言的向死而在有高度的相似性。② 人们由此会切身地明白一个浅显的道理：每个家庭在代际伦理关系方面能真正地尊重、关爱老年人，整个社会由此形成了良好的关怀老年人的氛围，这其实在很大程度上也是为了让我们的未来过得更好，是人类社会不断走向成熟和更高文明阶段的重要标志。

五　小结

在本章中，笔者分析了老龄化研究过程中的主要思维路径，对当下中国老龄化研究过程中的主要思维模式进行了简单考察，最后提出应根据研究需要并在能力所及范围内将多种思维模式恰当、及时地应用到研究过程中。再联系到笔者的研究主题，将思维予以充分拓展进而对与老龄化相关的公共管理生态进行研究，同样需要实现多学科及多种思维有机结合才有可能实现预期的研究目标。在分析过程中，针对目前老龄化研究过程中的偏好，笔者指出，首先要进行相应的思维模式转化，在此基础上，才能真正实现多种思维相互融合以全面而深入地研究老龄化进程中不断涌现出的

---

① ［德］海德格尔：《存在与时间》，陈嘉映、王庆节合译，生活·读书·新知三联书店1999年版，第283—290页。

② 同上书，第290—306页。

各种难题，进而才有可能提出比较合理的政策建议。

和许多发达国家老龄化的进程不同，从多个指标分析，目前我国仍是一个发展中大国，在不断发展的过程中，许多问题逐步得以解决，与此同时，一些旧的问题仍在不断积聚，新的问题也在大量涌现，由此引发了一系列社会矛盾，相应制度体系却有待进一步完善。在此背景下，老龄化仍在继续加速。在老龄化带来的各种压力和新旧社会矛盾密切交织的情况下，在研究领域要厘清思路，需将许多具体问题从复杂状态中剥离出来以分别进行深入研究，分析思维的必要性和重要性由此得以充分显现。在对许多具体问题进行深入分析的过程中，有一定研究积累后，从整体上着眼去把握老龄化发展趋势并探寻其中一些重要发展规律同样有重要的理论和现实意义。当然，分析思维和整体思维并不遵循严格的时间序列，加之分析思维和整体思维都存在不可避免的局限性，因此，任何程式化的应用都应该避免，根据需要适时加以应用才是合理的选择。但是，有一点非常重要，就是在灵活运用分析、整体思维的同时仍需不断超越，还需用哲学思维从认识论、本体论角度对老龄化及其相关事物进行集中研究，尤其是要对与涉老公共政策密切关联的伦理价值体系进行深入研究，一方面是为了弥补有关研究空缺，同时也是为了提升应对老龄化的效果，更有传承传统孝文化的目的。其过程简单如图 3 - 8 所示：

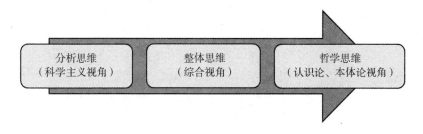

图 3 - 8　老龄化研究中的思维转化

注：在分析思维和整体思维应用过程中，并不存在一个严格的先后次序，图 3 -8 主要是针对目前老龄化研究过程中的思维倾向以及未来的研究任务而绘制。另外，分析思维并非完全运用科学主义视角，但在目前老龄化研究过程中确实存在这种比较明显的倾向。

从世界范围看，老龄化是一种客观存在的社会现象，在研究领域可用不同视角及不同方法对其进行分析和研究，因此，相同对象在不同研究领域展现出了不同图景。在老龄化研究过程中，尽管在我们眼前呈现出纷繁复杂的现象，运用哲学思维进行剖析依然可获得一些重要信息，总之，一切研究空白都需尽力填补，所有认识潜力都要尽可能发挥。反观目前的老龄化研究和应对，在公共管理和公共政策领域可谓多管齐下，各种方法更趋于精准化，各种体系不断在完善，但应对效果仍不理想，这与缺乏较为理想的公共管理生态不无关系。就其中的伦理价值体系而言，到目前为止，我们确实还未构建出一整套与老龄化社会发展阶段相适应的代际伦理及相应的价值体系。

在当代社会，面对老龄化带来的形形色色的压力，家庭养老不仅未退位，而且仍在发挥很大功能，但必须要正视的一个现实是：孝文化日渐式微正在逐步削弱家庭养老功能的发挥，同时还引发了一系列精神危机及文化缺位现象。在这种情况下，构建适应社会发展需求的代际伦理体系日益展现出其迫切性和必要性。因此，在研究老龄化进程中，立足老龄化社会的现实需求，以代际伦理体系构建为核心内容，进行相应思维模式的转化就成了一种必然要求。

第四章 老龄化进程中代际伦理体系核心构成的质性研究

——基于半结构访谈的传统孝道存在状况的考察

一 传统孝道是老龄化进程中代际伦理体系构建的核心构成

尽管传统孝道在当前的社会影响和调节功能远非昔日可比，但从当下社会所需求的代际伦理体系的核心构成来看，这个过程可视为传统孝道的发展过程，这在很大程度上是因为传统孝文化所产生的持续性历史影响在当代仍有不同程度的延续。在传统社会，孝道全方位渗入社会和家庭各个角落，而且不同主体通过多种方式对孝道进行宣传、推广使其进入人的思想深处，因而在代际伦理关系的规范方面，孝道在传统社会具有无可替代的主导地位。在这种大背景下，老年人权益得到了比较有效的维护，即使在近代以来，其主导地位不断弱化，其无可替代性仍未发生实质性变化，也就是说，到目前为止，我们仍无法用另外一种全新的代际伦理体系取代传统孝道。不仅如此，我们还能通过各种途径体察到传统孝道对许多人所造成的不同程度的影响，尽管其影响强弱程度因人、因地、因时而呈现出了明显的差异性，但一个共同的现象是：相当一部分人在论及子女和父母关系时更愿用孝与不孝来评价，很难找出另外一个更为恰当的字或词去替换；在谈及代际伦理关系时即以孝伦理进行替代，孝伦理几乎是调节整个代际伦理关系的代名词。在恒久的社会演化进程中，鉴于传统孝文化影响所产生的持续性效应，更由于传统孝道的核心构成中仍有很多普适性内容，至少在目前，我们无法完全舍弃传统孝道体系去构建一套全新的代际伦理体系，这就是为何在当下代际伦理体系构建过程中仍以传统孝道为基础的重要原因所在。

　　传统孝道体系本来是和农业社会结构相适应的，但即使从目前农村的情况来看，在人口流动已呈常态化发展局面时，农村老龄化更趋严重，在养老方面一些家庭仅仅具有形式上的意义而丧失了实际功能，加之缺乏完善的养老保障体系，一些农村老人的养老面临着严峻的挑战。在城市地区，传统孝道也要面临许多新的现象和难题，在这种情形下，发展传统孝道成为一种必然。在这里有一个问题必须要澄清，就是可否将发展后的传统孝道体系和以此为基础的代际伦理体系相等同？笔者认为不能。发展后的传统孝道体系从本质上说仍然没有超越传统孝道，而是将不合时宜的内容剔除掉，同时适度融入了新的内容或革新了其固有的存在和传播方式，无论如何发展，它的核心构成仍未超越传统孝道的边界，故从广义上来讲仍属于传统孝道的范畴。由于所面临社会及家庭问题的复杂性，在不断发展过程中，以传统孝道为基础的代际伦理体系将更趋复杂和完备，其内涵的丰富性和外延的广阔性也许要远远超越传统孝道体系，但至少从目前来看，它仍以传统孝道为核心构成。与此同时，现在也不能轻易将以传统孝道为基础的代际伦理体系称为新型代际伦理体系，是否是新型的代际伦理体系还要取决于以后其在理论层面的构建和发展程度，更要通过实践过程中的相应功效去判定。传统孝道、发展后的传统孝道及以传统孝道为基础的代际伦理体系之间的基本关系如图 4 - 1 所示：

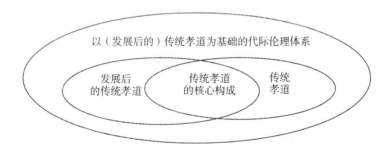

图 4 - 1　传统孝道、发展后的传统孝道及以传统孝道为
基础的代际伦理体系关系

　　因此，准确来讲，在构建适应现代社会需求的代际伦理体系的过程中，固然要以传统孝道为基础，但并不是要原原本本照搬传统孝道体系，必须要有发展。只是从内涵分析，即使是发展后的传统孝道，它仍没有脱离传统孝道的范畴，为了避免烦琐，故在行文中没有特别指出，仍以传统孝道涵盖之。在发展传统孝道体系时确实面临着许多挑战，但是现代社会同样也提供了诸多前所未有的契机，此处可通过一个具体事例进行说明，例如，《论语·里仁》中讲道："父母在，不远游"，这种要求当然很难与当前社会现状相适应，但它并未走向绝对主义，而是仍然预留了一定的灵活空间——"游必有方"。事实上，现代社会不断涌现出更多先进的交通设施以及通信设备使空间距离不断缩小，基于这种现实，可先从道德层面提出外出子女至少每周和父母通电话或视频一次等一些较为合理的要求，代际感情就能得到一定程度的维系。当这些要求成为一种整体性社会规范时，不仅传统孝道的内容会更趋丰富，其调节功能也会随之增强。当然，在发展传统孝道时，要将相关伦理学理论和生活世界的普遍经验结合起来，使之既要有浓厚的生活基础，也要符合一般的道德要求，这样还可避免过多的泛政治化特征出现，有了发展，以传统孝道为基础的代际伦理体系的根基才能更为牢固。

在老龄化不断加剧进而带来多重压力的社会背景下，家庭养老仍在发挥很强的功能，但在巨大的社会变迁过程中，传统价值体系的影响日渐式微，而与之相对应的新的价值体系尚未确立，在价值崩坍和缺位的双重作用下，纷至沓来的各种观念必然影响着人的各种行为选择。正是在这种背景下，无论是从与孝道相关理论的创新还是从涉老政策所需的价值依托而言，对传统孝道在当代社会存在状况的考察都显示出了非常重要的现实意义。由于传统孝道的丰富内涵是在长期演化中形成的，将历史视野融入对当代社会孝道的考察成了必不可少的一个环节。也正是因为孝道本身所具有的厚重历史积淀，在现代化飞速进行过程中，在价值观念日趋多元化的社会中，传统和现代激烈的碰撞由此不可避免。基于这样的原因，在当下社会背景下对传统孝道文化体系需要进行恰当重估，在此基础上，还需结合现实采取多种措施使其中的合理部分与现代文明有效接轨，通过这样的方式，构建引领社会发展的主导性价值体系才有可能实现。

陈振明指出：在公共政策构成中，政策价值观是一个重要基础，在现实中会转化为政策力量，从而会对公共政策主体、目标团体以及政策过程产生多方面影响。[①] 政策伦理不仅在政策分析中是一个不能被忽视的重要

---

① 陈振明：《公共政策分析》，中国人民大学出版社 2003 年版，第 503—504 页。

因素，而且在政策实施中更具有强大的引领作用，针对涉老政策而言，在明晰政策理念联结下，相关政策凝聚成一个整体，政策合力就会得到较好的发挥，同时也培育了良好的政策环境，会在很大程度上提高相关涉老政策的效能，这就是构建与涉老政策相关价值体系的初衷。从这个角度而言，对传统孝道在当代社会存在状况的考察不仅具有重要的学术价值，更包含了深刻的现实意义。虽然在对传统孝道的研究中已积累了一些成果，鉴于历史变迁过程中孝道嬗变的复杂性，无论是范围较广的抽样调查还是针对某个特定地区进行的研究，即使在相对较长的一段时间内进行跟踪调查，仍然不能全面揭示在此过程中传统孝道变化的真实情况。因此，相关研究必须要继续进行。

二　质性访谈法是一条重要途径

在当下人文社科研究中，定量研究方法越来越受到重视，通过数据说话成为一种比较普遍的研究模式。不可否认，定量研究在严谨、可信度等多个方面呈现出了不可比拟的优势，但是，相对于孝道这种与认知个体主观认知密切相关的研究对象，质性研究方法同样是不可或缺的。在此并不是刻意地对质性研究方法的优势进行假定，从根本来说，我们是根据研究需要选择相应的方法，而不是随波逐流或仅仅是为凸显方法的复杂性却忽略了研究的主要目标。①

（一）主题访谈与文化访谈

在社会科学研究中，访谈法是搜集资料的一种重要方式，其重要性毋庸赘言。从理想类型的角度划分，有两种访谈，一开始就明确提出问题的是主题访谈（topical interview），即对特定境域下的情况进行探讨分析，主题访谈的特征是将时空背景限制在一定范围内，对意欲要解决的问题进行剖析，然后综合整理材料，再提出创新性观点。相比较而言，主题访谈具有积极的主动性、明确的方向性和突出的焦点，并具有明显

---

① Silverman D., *Doing Qualitative Research*（*Fourth Edition*），Sage Publications Ltd.，2005，p. 17.

的事先筹划特征。而文化访谈（cultural interview），则对寻常的以及有共同历史的对象进行探讨，在文化访谈过程中并没有比较明确的主题，灵活性特征更为明显，因为没有囿于预先设计的框架之中，故有了充足的访谈空间，而且直接呈现原始访谈材料，便于不同读者立足自身对其进行解读。[①]

　　联系到本章研究所要开展的核心工作，了解传统孝道在当代社会的存在状况，同样也可通过这两种访谈进行。虽然近代以来，传统孝文化受到前所未有的冲击，但这种社会理念和行为仍得到一定程度的延续。那么，在当代社会它是否仍得到相对较多的认可还是在不同群体中存在完全相反的评价？在当代社会是否仍具有普遍传播的意义和可能？从哪些途径入手可实现这种可能？……对相关信息的获知可通过文化访谈的方式进行。另外，不仅由于传统孝道自身系统构成的复杂性，而且由于不同地域文化之间存在巨大差异性，加之当下城乡二元结构仍广泛存在，受这些因素的影响，不可能存在一个统一的孝道体系。而且不同个体、群体由于生存环境的不同以及认知结构的差异，在对孝道的理解和实施过程中必然有所差异。基于这些原因，在访谈过程中，聚焦与孝道相关的问题，对其前因后果进行比较深入的探讨具有非常重要的意义，主题访谈的价值由此进一步显现出来了。

　　若从主题访谈和文化访谈的角度分析，笔者所进行的访谈兼有二者的特征。鉴于孝文化久远的历史传承性，在访谈的一些具体过程中将之局限于一定时空范围内是可行的，但从整体来讲则更需将动态思维贯穿其中。而且笔者进行此项研究的目的是为相关涉老公共政策的制定与实施提供依据，并希望相关涉老政策能得到一个良好的政策实施环境，而不是仅仅针对孝文化本身进行研究。因此，主题访谈和文化访谈不便于分析的深入进行，笔者在本章中主要是从可控程度的角度进行访谈和分析。

（二）　结构访谈、无结构访谈与半结构访谈

　　如从结构掌控程度划分又有不同访谈类型。结构访谈（structured in-

---

① Rubin H. J. and Rubin I. S., *Qualitative Interviewing*: *The Art of Hearing Data*, Sage Publications, Inc., 2005, pp. 9 – 11. 注：此处为 online version 页码，而非 print book 页码。

terview）有固定程式，便于做量化分析。与之相对的是无结构式访谈
（unstructured interview），这种访谈在提问和回答过程中缺乏标准化设计，
因而难以进行定量研究，但在一种开放式提问——应答过程中，由于不受
固定结构影响反而可获得更多与主题相关的信息。介于两者中间的是半结
构访谈（semi‐structured interview），即在访谈过程中仅有一些主要的访
谈提纲，整个访谈围绕这些问题展开，过程比较灵活。[1]

　　首先，就笔者所要开展的研究而言，由于中国传统孝道有比较丰富的
内涵和多种表现形式，而且这些内涵和表现形式如果和特定时空背景结合
起来，又使其蕴含内容的丰富性进一步增强。在这种情况下，如果将访谈
对象的思维局限于一定的框架之中，无论从形式还是就内容而言，传统孝
道的丰富性就难以得到充分的揭示和显现。尽可能给受访者比较开放的空
间以使其内心深处的想法得以全面而充分的表达，我们也才有可能对传统
孝道在当代所面临的境况有比较真实的把握。其次，在当今社会，孝道主
要属于家庭伦理的范畴，虽然从整体来看，家庭有其共通的特征和存在形
式，但从微观角度审视，每个家庭都有其独一无二的存在理由，也有其与
众不同的特征，正是因为此种原因，人类的社会生活才如此精彩。不仅如
此，在对一些看似具体的现象的认识过程中，其背后其实蕴含着更为广阔
的社会背景，从而折射出各种力量交互作用后对微观个体不同程度的影
响，而在程式化访谈结构中很难了解这些复杂影响。最后，家庭孝伦理及
其扩大化的表现形式（区域乃至全国性的孝伦理）固然要受到相应普遍
化伦理规范的制约，但人对父母、长辈真实感情的诚挚表达，如果没有
这种血浓于水的感情作为依托，就是用再严格的规范进行约束，也不可
能长久。因此，即使在看似教条化的规范之后其实蕴含着人异常丰富的
感情，而对这种感情的揭示显然在一种开放式交谈以及心与心的融洽对
话中才能最大限度地呈现。基于以上原因，笔者在进行访谈时主要应用
半结构访谈法，个别时候应用无结构访谈。在本章研究中所用的方法简
单如图4－2所示：

---

[1]　Bryman A., *Social Research Methods*, Oxford University Press, 2001, pp. 107 – 110.

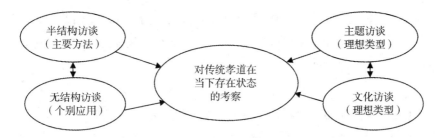

图 4 - 2　本章研究中所用访谈法关系

三　半结构访谈法的具体应用

（一）对传统孝道在当下存在状况进行考察的意义

孝文化及其所依附的儒学之所以在较长历史时期内保持理论连续并产生了巨大的社会影响，而且这种影响甚至超越了国界，一个根本的原因是它在立足现实的基础上不断进行理论创新以避免和社会现实脱轨。近代以来，儒学发展出现前所未有的困境，一波又一波剧烈社会变革所掀起的去传统化浪潮使许多传统文化中的糟粕夹杂着精华一并消逝，在各种合力作用下，在中国历史长期产生深远影响的传统孝文化亦日渐式微。一些研究人员通过对各种历史文献进行分析后可发现，尽管不同时期的家庭结构、规模不完全一致，但总的来看，家庭在传统社会还是保持了比较稳定的存在状态。[1]从经济层面分析，这是由长期占主导地位的小农经济模式所决定的；从文化层面来看，这与儒学长期居于官方哲学的地位密切关联；从政治层面来看，为维护统治和社会稳定，统治阶级采取各种手段对孝道等思想和行为规范不断进行宣扬并采取各种措施对其加以固化，从而使其形成了一个比较稳定的存在状态。但在当下，传统孝道的影响减弱，整个社会缺乏相应的伦理体系为代际关系提供坚实的伦理支撑，一些子女就连基本的情感慰藉都未做到。如前所述，孔子早就语重心长地进行规劝："父母在，不远游，游必有方。"（《论语·里仁》）在传统社会，这仅仅是人伦道德体系中的一个底线要求，但在信息如此发达的现代社会，一些人长

---

[1]　参见张国刚《中国家庭史》（第1—5卷），人民出版社2013年版。

期在外，平时却很难给父母打几个电话，对此我们要深思。因此，无论从理论创新还是从实践需求而言，对孝道在当下存在状况的认知是进行相关研究的一个基本前提。

（二）主要运用半结构访谈法对孝道存在状况进行考察

笔者在选择访谈对象时对年龄、性别、学历、籍贯、民族以及长期生活背景等多个有可能对孝道的认知和评价产生影响的因素进行了综合考虑，最后结合实际情况选择了多个受访者。受访者的基本信息如表4－1所示：

表4－1　　　　　　　　　受访者基本信息一览表

		人数（人）	比重（%）	备　　注
年龄	60岁及以上	49	30.6	
	36—59岁	48	30	
	18—35岁	63	39.4	
性别	男	77	48.1	
	女	83	51.9	
学历	研究生	38	23.8	包括硕士、博士以及硕士生、博士生
	本科	80	50	包括已获学士学位的受访者以及正在本科阶段读书的学生
	本科以下	42	26.2	包括高中、初中、小学及小学以下学历
籍贯	华北地区	23	14.4	缺内蒙古自治区受访者
	东北地区	22	13.8	
	华东地区	24	15	缺台湾地区受访者
	华中地区	23	14.4	
	华南地区	23	14.4	缺香港、澳门特别行政区受访者
	西南地区	24	15	
	西北地区	21	13.1	

续表

		人数（人）	比重（%）	备　　注
民族	汉族	130	81.2	
	少数民族	30	18.8	并未涵盖所有少数民族，只有朝鲜族、藏族、回族、土家族以及满族受访者
长期生活背景	农村	79	49.4	
	城市	81	50.6	

　　注：籍贯和长期生活地区在很多时候并不一致，而且由于现在大规模人口流动的原因，一些受访者有在多处长期生活的经历，因而用"长期生活地区"一词同样会面临一些问题，如果深究下去，这个问题会更复杂，综合考虑后还是用了"籍贯"一词，虽然其代表性不强。但是，选择受访者时在多数情况下还是考虑了受访者籍贯和长期生活地区的一致性问题，以尽可能选择两者能保持一致的受访者（以省一级为限定范围），此栏目缺乏的受访者是指无论从哪个角度着眼都没有的受访者。同样也因大规模人口流动，一些受访者生活背景并不固定，故这里用了"长期"一词以表明其中的时间因素。

　　之所以要运用访谈法，还有一个重要原因是在对与孝道相关的研究文献进行梳理时发现：目前这方面研究虽然积累了大量文献，但更多是远离了生活世界，一些研究几乎完全在理论框架内演绎，缺乏浓厚的生活气息，而且重复研究的特征比较明显。从各个角度进行释义固然可使我们对传统孝道内涵的丰富性有比较全面和深入的把握，但是，如何使传统孝道突破瓶颈并保持理论连续，并且在社会出现巨大变化的今天继续发挥积极的社会影响，在这些方面还有很多工作要做。因此，我们要保持高度警醒：研究中望文生义、浅尝辄止等研究倾向固不可取，但烦琐主义的方法同样也会阻碍传统孝道在新时期的延续和发展。这些研究倾向和模式势必在很大程度上会遏制孝道研究中创新意识的出现，更多研究成果仅仅被限制在一个越来越小的范围内，基本与社会没有实质性接轨。

（三）　半结构访谈中的引导性问题构成

　　基于获得最大信息量的研究原则，同时为了防止一些超越主题的访谈对有效时间的消耗，笔者在访谈进行中设置了一些提纲，简单如图4-3所示。

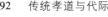

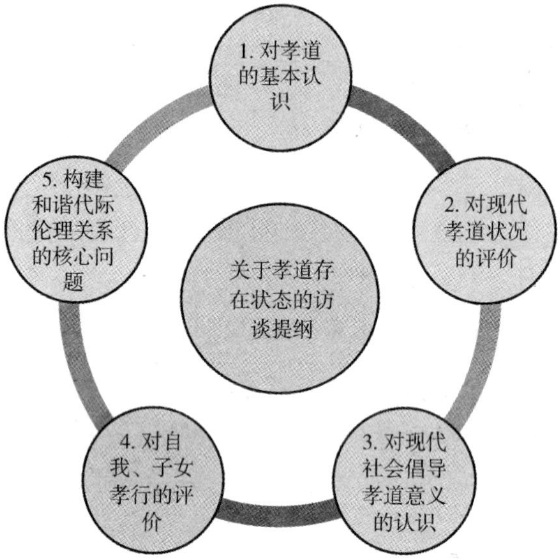

图 4 - 3   对孝道存在状况进行考察的半结构访谈中引导性问题构成

图 4 - 3 只是一个最简单的访谈提纲，此处从访谈者角度再做一点稍微详细的解读：①对孝道的基本认识。在不同场景中，可从"孝"包含的主要内容，具体怎样体现以及受访者的评价等方面展开。②对现代孝道状况的评价。根据具体场景，对不同年龄段设置不同时间点，亦可灵活处理。另外，可根据受访者自己了解的情况发表看法，但原则必须是受访者熟悉的、可靠的内容。③对现代社会倡导孝道意义的认识。如果赞同孝道，阐明具体落实的途径；如果反对，则说明反对的理由。④对自我、子女在孝道方面表现的评价。主要涉及：家里双亲、老人的养老安排；子女的表现；受访者年老以后的养老安排，重点谈怎么和子女相处以及对子女的期望等内容。⑤构建和谐代际伦理关系的核心问题。即代际伦理关系构建过程中最迫切要解决的问题是什么？或谈谈应该建立怎样的代际伦理关系。访谈提纲中对主要问题进行细化的一些内容并不是每个访谈中都要涉及，而是根据具体场景加以灵活运用。

四   访谈的具体实施过程

在正式访谈之前，笔者先进行了 8 次预备访谈，进行预备访谈的目的是对访谈的主题、时间、访谈中的互动等细节有更好的把握。根据预备访谈中出现的一些问题，笔者对访谈中的一些主要环节进行了优化设计：①访谈中坚持的基本原则。在访谈中同样坚持了主体间性的指导原则①，就是在交谈过程中不能完全将自己置于主导地位，要尽可能地创造一种完全平等、合作、友好的交流氛围和关系。但是，这种平等关系是针对访谈者和受访者双方而言的，任何一方主体地位的过度提升对整个访谈都是不利的。②访谈时间的限制。在具体访谈过程中，对时间的合理把握是一个重要的前提，考虑到时间过短不能获得更多有效信息，而时间太长则有可能引起受访者的厌倦，无效信息相应会增多。除一些特殊情况外，绝大多数访谈时间都限制在30分钟左右。③访谈中的沟通艺术。访谈也是一门艺术，如果完全遵照经典著作或教科书中的访谈技巧进行程式化应用，不仅受访者，就是访谈者都被一种无形框架所束缚，整个访谈随着预先设计的轨道前行也许比较顺畅，但可能没有获得有价值的信息。在访谈过程中，每个受访者都有其独特的个性和与众不同的认知及判断能力，也有其特有的表述方式，因此，没有必要事先进行生硬的规范。不过，根据具体场景围绕核心问题交谈虽然需要双方的默契，但在整个访谈过程中为避免访谈的过度出界，即完全脱离了主题，也需要一些潜移默化的引导，一些访谈进程需要适度掌控，但这种掌控要为受访者所接受以防止访谈难以顺畅进行乃至中断，这同样需要比较巧妙的谈话艺术。④访谈资料的整理。在访谈过程中，在受访者知情同意的基础上对每次访谈都进行了录音，然后严格按既定规范对资料进行整理。资料整理的最基本原则是：在转录过程中要尽可能保留谈话内容的原始性以避免访谈者主观因素对谈话内容的破坏。整个访谈的基本过程如图4-4所示。

五　访谈的主要内容及相应结果分析

（一）对传统孝道并不存在一致认可的认识和评价

在访谈中，虽然访谈对象不乏一些高学历人员，但交谈所用语言基本都是生活化语言，在此过程中，笔者获得了较多与孝道相关的丰富的材

---

① 对主体间性的简要解释可参见第三章相关内容。

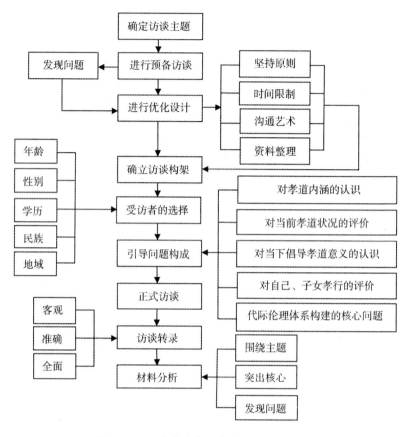

图 4 - 4 以孝道为主题的半结构访谈过程

料，扩充了视野，在一定程度上增强了对孝道在当下生活世界中存在境况的认知。在 160 位受访者中，大多数受访者都对孝道进行了较为积极的评价，但也有个别受访者对孝道持中性或相对负面的评价态度，其中一位"70 后"广东籍的女受访者认为：

　　按以前理解，"孝"就是听话，它其实代表的是一种被动的服从关系，但是，我更推崇的是一种平等的朋友间的情感交流方式。现在有了儿子以后，我对他以后没有更多索求，没有以后养老让他承担义务的想法。我尽我所能解决自己养老的问题以及生活中的各种问题。希望子女按照他自己希望的方式实现自己的人生，我会更加尊重他个人的选择。他如果能成为一个像我希望的有追求的人，一个独立生活的人，我觉得他已经达到了我的预期，其实已经部分实现了"孝"。我希望他长大了以后，我和他之间还能保持比较好的沟通和联系，这是我所希望的，可并不是非要将我自己晚年的赡养强加到他身上。

说起"孝"，我就有比较沉重、被压迫的感觉，在中文中，我觉得它代表了顺从、服从等含义，就我而言，我不是特别认同这种文化，从伦理关系的角度讲，我觉得更要强调父母自己的修养。"孝"说到底是一个父母与子女的关系问题，子女是自己一手带大的，父母因此要首先提高自己的修养，然后在带大小孩的过程中，通过潜移默化让孩子成为一个有完善人格的人，这样的话，双方的关系才能够改善。等孩子成年以后对父母已经很不满或根本无法沟通，这个时候再讲孝道孩子肯定比较排斥，也没有办法去强迫孩子为此而改变。所以，父母在养育小孩的过程中观念要改变，对自己的位置要有一个清楚的认识，跟子女要多沟通，大多数沟通（方面存在的问题）其实还是出在父母身上。小孩由于小，很多事都不懂，一些事也不是故意去做的，很多原因归根结底是出在父母身上，小孩其实是父母的一面镜子。如果在孩子很小时父母就能和孩子建立一种互动的、良性的关系，其实也不用讲这个孝道了嘛！

上边这位受访者在某高校博士后流动站进行研究工作，这也许代表了一定群体、年龄段人的观点，但绝非纯粹个人观点的表达，因为在和其他受访者以及日常生活中所进行的非正式交流中，就笔者所了解的情况而言，一些人虽然并不完全排斥孝道，但也或隐或现地渗透出与其相似的一些观点。

另外，还有一位"50后"受访者在访谈过程中也表达出了对孝道的一些不同认识，他认为：

现在社会大环境发生了很大变化，个人主义极度膨胀，甚至出现了极端个人主义行为，这种行为不光出现在年轻人身上，也出现在一些老年人身上。一些老年人仅仅因为自己年龄大，就希望整个社会都对他们好。我认为从国家层面恢复孝道没有必要，生命是父母给的，所以孝敬父母是天经地义的，个人自觉遵守就行了。而且传统文化中的"三纲五常"不好,在现代社会,一些发展理念首先应该和全球主流发展理念接轨。

通过访谈了解,事实上这位受访者在孝敬父母方面堪称楷模。其父为老知识分子,抗日战争期间毕业于中央大学(时在重庆沙坪坝),2016 年去世,享年 95 岁;其母高中毕业,2009 年去世,享年 85 岁。两人育有 4 位子女,此位受访者长兄在上海某高校工作,为博士生导师,虽不经常回家,因其事业上之成就,父母常引以为豪,并以此为重要的精神支柱。其大姐原在重庆某高校工作,现已退休;还有一姐为聋哑人,也经常负责照料父母生活。此位受访者长期同父母生活在一起,然并未同居一室,父母居于其楼下一处平房内以便照顾。其父母在经济上有固定收入且身体健康,不常去医院,因此日常生活照料相对容易,所需更多的是精神慰藉。其母 85 岁无疾猝然去世,其父一直身体健康,唯最后一两年卧病在床,其与妻悉心照料,直至父去世。由此可看出并不是这位受访者完全不认同孝道,从他个人的身体力行中就可看出,他只是对孝道的具体实施路径以及内容更新等方面提出了一些自己的看法。

(二)当下孝道认知及实施过程中需要注意的新问题

1. 经济因素或其他付出在维系代际关系中的作用增强

相比较而言,更多受访者都对传统孝道进行了较为积极的评价,而且认为在当下发扬孝道有积极的意义。但无论是观念还是具体实施过程,传统孝道在当下都发生了很大变异,这一点【案例一】就可明显体现出来。①

【案例一】

访谈时间:2015 年 8 月 25 日　上午 10:00—10:35

受访者基本情况:性别,男;年龄,63 岁②;籍贯,重庆,一直生活于重庆;学历,小学;工作,原系重庆市巴南区李家沱某工厂钳

---

① 笔者在选择案例时,基于全面考虑而做出选择,即所选案例具有相当代表性,在观点和内容上具有较大的覆盖性,能集中反映一些问题,但这些案例也仅仅是一些代表,一些分析结论并不是针对一两个案例而得出的。

② 访谈中所有年龄都是进行访谈时的年龄,故访谈中的"今年"指的是进行访谈时的年份。

工，现已退休。

家庭基本情况：老伴今年 61 岁，两人育有一女，今年 34 岁，已成家。

访谈的主要内容：

问：您怎么看"孝"？①

答：我认为"孝"是很有意义的东西。

问：您觉得现在社会子女孝敬父母的情况比以前如何？（对受访者提示了比较时间：改革开放前和改革开放后)②

答：我觉得以前要好一些，就是在孝道这样许多传统的东西不再被大力提倡的时候，情况也比现在好些。主要原因是那个时候简单，经济生活简单，人的交往也简单，现在父母不给子女钱，哪有子女的"孝"？！父母不给子女带孩子，哪有子女的"孝"？！

问：您了解周围的情况都是这样吗？

答：当然每个家庭具体情况不一样，但总体上是这样的。

问：那您觉得您女儿这方面做得怎么样？

答：还可以，我们生病的时候她还是要照顾一下的。

……

问：您身体现在还可以，将来身体各项功能退化后万一经常卧床不起，怎么办？

答：（语气非常肯定）那不可能靠女儿，她现在才三十多岁，万一到那个时候，她还在上班，孩子也长大了，注意力更多地要集中在孩子身上了，不可能集中到我身上。再说，现在老了哪有靠孩子的？都靠自己。

问：您现在和女儿住一起吗？

---

①　本章所有访谈中的"问"和"答"是为了从更简洁的角度区分提问者和受访者身份而出现的，在访谈过程中，有些时候"问"并不是提出了一个问题，其实是为了访谈得以继续而进行的陈述或其他含义，以下所有访谈中都存在这个现象。

②　以改革开放前后作为比较的时间点，主要是从受访者实际所经历的主要社会变革来考虑的。在许多访谈中也是基于受访者年龄等因素对比较的时间点进行了灵活设置，但并不是在所有访谈中都要对对比的时间点进行程式化的设置，而是根据实际场景灵活进行了处理，故以下案例中对这个问题不再具体说明。

答：没有，都在一个小区，我们老两口帮她带小孩，已带了7年，还要每天做饭。我认为：女婿再好，也不要住一起。

问：那您以前和父母住一起吗？

答：父母是涪陵人，1946年到重庆一家工厂，他们有自己的房子，父母年老后我并没有和他们住一起，但是我经常照顾他们。

问：您认为现代社会发扬孝道有意义吗？

答：很有必要，孝道有大孝、中孝、小孝，其实现在社会讲的主要是小孝。大孝就是对国家的孝；中孝就是对企业、单位的孝；小孝就是家庭范围内的孝。其实，各个孝都有意义，比如，企业、单位对你好，你忠诚于企业，形成好的关系也有助于社会的和谐稳定。我们国家有一些很好的文化传统，如果能发扬光大很有意义。

……

笔者在进行上述访谈时深刻地感受到即使一个普普通通的人，在思想深处仍然受到传统文化的滋润，从而有感于中华传统文化生命力之强大，其中一些重要价值理念在经历了诸多复杂变迁后仍能延续至今，并能得到一些普通民众的认同，因此，中华文化在21世纪有复兴的时代需要。虽然如此，在走向现代化过程中，对经济利益的疯狂追逐导致了人文精神的失落，赤裸裸的金钱标准甚至成了判定事物价值的主要依据，价值迷失形成的巨大冲击波强势袭来，人与人之间感情的冷漠已侵入到家庭，一些重要的传统家庭观念被逐步瓦解，并由此极大地影响了人的行为。基于血浓于水的亲情所形成的家庭伦理体系在此过程中都不堪一击，代际感情的维系必须要依赖经济因素或必要的劳动付出。当然，对这个问题要进行全面分析，笔者认为，传统社会主要以老人为聚焦点的孝行在现代社会已无法延续，合理的代际支持不仅不会破坏代际关系，相反还会促进其进一步走向和谐。必须要提及的一点是：这种代际支持应该是以双方地位的平等和相互尊重为基点的，目前的问题是代际这种支持并不是双向的合理流动，在一些家庭内主要是以单维度的走向出现的，老人对子女的过度付出使代际间的相互支持出现了失衡，甚至走向了极端。这种愈演愈烈的现象如任其自然发展而不从舆论导向和实际措施等方面有效加以应对，老年人的负担只能更重，也不符合整个时代发展的要求。

2. 不同年龄段人对孝道的认知和实施出现了较为明显的差异

受家庭背景、教育程度、人生经历以及个性特征等多种因素综合影响，在现实生活中当然不存在一个统一的对孝道的认知结果和实施模式，其中的差异在不同年龄段之间体现得更为明显，这一点在多个访谈中得以印证，此处仅选【案例二】进行说明。

【案例二】

访谈时间：2015 年 8 月 30 日　下午 17：00—17：30

受访者基本情况：性别，男；年龄，57 岁；籍贯，河南，但出生且长期生活于重庆；学历，大学本科；工作，某高校教师。

家庭基本情况：父母晚年和其生活在一起，得到悉心照料，现均已去世；妻子今年 54 岁，在同一所学校任教；两人育有一女，今年 27 岁，现居国外。

相关访谈内容如下：

……

问：您觉得现在社会子女孝敬父母的情况比以前如何？（此处对受访者亦提示了比较时间：以改革开放前后作为对比的具体时间点）

答：这个要分情况，据我了解，像我一样 20 世纪 50 年代出生的人，老年人养老主要还是依靠家庭。

问：和以前相比，子女在孝敬父母方面倒退了吗？

答：这不能一概而论，现代社会压力大，子女尽孝机会和以前相比更少，而且子女很多精力还要投入到自己孩子身上，因此，不能说现在就一定比以前差。就我父母一辈及和我年龄相仿的人群来说，许多人还是比较重视家庭亲情的慰藉。但现在的家庭观念确实发生了很大变化，如果说孝观念有变化的话，不孝主要出现于"80 后"人群中，这是相比较后得出的结论。因为"50 后""60 后"孝观念要更强一些；"70 后"相对要弱一些；"80 后"更弱。"80 后"孝观念淡漠也是有原因的：首先是独生子女政策；其次，各种原因导致他们得到了更多的爱，主要是家庭方面。总之，与家庭结构、家庭关爱模式有很大关系。虽然现在提倡社会化养老，强化国家在养老方面的责任，这确实非常重要，但根据我的了解，许多老年人还是支持家庭养老，因为家里的亲情是社会养老无法替代的。

问：能简单谈谈您对父母的感情吗？

答：对父母都有深厚的感情，但就我的成长而言，在我整个成长过程中，母亲对我独立人格的形成产生了更大的影响，她语重心长地给我讲过一席话，我现在依然记在心里。她是这么说的：只有拥有自己的思想才是真正的人生财富，然后你才有可能具备独立的人格以及创造性思维，这是你独立思考问题时必须要具备的要素。只有这样，你才有可能发现真正的问题，才有可能创造出真正属于自己的财富，在这个过程中，你也有可能会少走一些弯路。因此，我完全可以这样说：母亲给我最大的财富就是让我学会了独立思考并拥有独立的人格，我一辈子都感恩我的母亲。

不仅我一个人是这样的，我熟悉的很多"50 后"在多个方面受到了父母、家庭的巨大影响，甚至直接影响了他们的整个人生走向。

……

一位年逾50、高中毕业、家在甘肃陇东地区的农村妇女在访谈过程中也深切感受到目前孝道出现了严重缺失，但她也认为这并不是普遍状况，在她所生活的甘肃平凉农村，"80 后"在这方面表现还可以，而"90 后"依靠老人的很多，所以她不无忧患地说："一代不如一代"。当然，这位受访者自身做得很好，她受传统思想影响很大，出嫁以后对公公、婆婆很好，甚至超过了自己的父母，她深信通过言传身教可以影响自己的子女。结合其他访谈中相似的认识就可发现：孝观念逐步趋于淡漠并不是一个整齐划一的现象，在不同年龄段的人群中出现了较大差异。当然，在分析这些现象时，时间因素应适当予以考虑，也许年龄愈长，和父母在一起时间更长，对父母的认识才更深刻，和父母的感情也更为深厚。总之，在较多访谈中透露出了一个非常重要的信息：不同年龄段人对孝道有不同的认知和践行。虽然不同地区各个年龄阶段人的表现不同，整体来看，孝意识的强弱似乎是随年龄变小而递减的，有些受访者明确提出了这个观点，除此之外，笔者还根据一些受访者所表述内容通过比较后得出这个结论，这是我们现在分析孝道状况及制定相关公共政策时必须要注意的一个现象。

3. 孝观念的整体缺失必然产生一系列社会问题

在形成和发展过程中，孝文化不可避免地将历史烙印深深融入其中，正是因为这样的原因，它必然与当代一些社会理念产生激烈的冲突，但以历史视角从更长一个时间段来分析，孝文化在维系中华文明发展过程中的确展现出了无可替代的文化优势，无论对孝道进行怎样的评价，它确实是一笔丰厚的文化资源。在一些学者的研究中，甚至一些我们认为具有强烈负面效应的孝观念，如果用更广阔的视野去审视，也许蕴含着深层的文化含义。葛剑雄认为在提高我国生育率以及应对人口老龄化的过程中，传统孝道的一些核心思想的现代转化包含着非常积极的现实意义，这其中就有对"不孝有三，无后为大"（《孟子·离娄上》）的现代转化。① 众所周知，"不孝有三，无后为大"，我们一直将其视为一个负面观点而加以批判。因此，在传统孝文化的现代转型过程中，要对其从多个角度进行分析研究，有可能会有一些新的认识和发现。更为重要的是，对于孝文化在理论方面的断层以及孝伦理衰微引发的一些精神危机我们要有清醒的认识，当然，这些危机的产生也与社会转型时期出现的各种问题有直接关联，正是这些危机没有得到妥善解决，侵入到生活各个方面，从而对国家整体发展以及个人生活等方面都产生了不同程度的影响，此处仅选【案例三】作以说明。

【案例三】

访谈时间：2016 年 9 月 10 日　下午 14：00—14：35

受访者基本情况：性别，男；年龄，40 岁；籍贯，河北，出国读学位前一直生活于河北；学历，博士研究生（国外获得博士学位）；工作，现为上海某高校教师。

家庭基本情况：父母在河北老家生活；其与妻及两个子女在上海生活，其妻亦在国外获博士学位，在上海另一高校任教；两人育有一儿一女，儿子上小学，女儿上幼儿园。

相关访谈内容如下：

---

① 葛剑雄：《传统文化的现代转换——以孝道为例》，《河北广播电视大学学报》2016 年第 1 期。

问：您怎么看"孝"？就您了解的谈谈。

答："孝"是传统文化的重要组成部分。当然，因为种种原因，在现代社会这种观念淡薄了许多，但就我个人而言，我认为它依然是很重要的文化组成。

问：您在日本待了较长时间，能否谈谈日本关于"孝"这方面的情况吗？

答：日本也有孝文化，日语"親孝行"它的意思就是孝敬长辈、父母，但日本同时还有种种弃老的传说，就是人老了后无法赡养而被遗弃，通过这些典故可发现，日本人孝的文化（意识）不是那么强烈。和中国的十二至孝（应为"二十四孝"），如卧冰求鲤等对比可发现，中国对"孝"是非常推崇的；而在传统社会，日本就不太注重"孝"。

问："孝"事实上包含了很多内容，您认为应该体现在哪些方面？

答：第一，从经济上来讲，如果说父母没有固定的生活来源，或收入不高，子女要尽最大可能去保障他们的生活。第二，要"常回家看看"，现代社会年轻人工作紧张，所以这点很有必要。第三，如果住在一起，从情感上来说，要尽量顺从老人，孝顺孝顺，孝顺本来是一个词嘛！同时还有一个孝敬，不要惹老人生气，要敬重他，从人生经历、知识结构这个角度讲的话，父母这一代可能不如年轻人，但他们一生辛劳为家庭做出贡献，所以你要敬重他，对所有老年人都是一样的。

问：根据您的了解，您觉得现代社会子女在孝敬老人这方面做得怎么样？

答：我觉得做得肯定是远远不够的。也可以结合原因来讲，现代社会由于城镇化、工业化引发了青年人离家，出来谋生，但出来赚钱也不容易，年轻人心里有这个想法（孝敬老人），可是他做不到，从经济上他无法支援父母。另一个，从感情角度他也没法做到常回家看看，一年可能只能回去一次。这种原因也导致了相应的结果，因果关系都在里边了。同时还有一个，就是把孩子丢给父母，不但没有孝敬父母，还给父母带来很大负担。

……

问：能否再谈谈日本现在的情况，您前边讲了他们不太提倡"孝"。

答：因为他们传统上不太注重"孝"，这导致了他们两代或三代之间的感情很淡漠，这也是从我上边讲的"孝"所包含内容所做出的判断，其实这也是日本少子化的一个重要原因。

问：您认为孝观念淡漠其实对少子化是有影响的？

答：当然，我是这么认为的，他（年轻人）会想，我投入这么多，从投入和收益的经济学角度考虑，我投入这么多到底是为了什么？

问：这有点符合"理性人"的假设，他要去权衡，现在中国一些年轻人也有这些想法。

答：其实这正是孝文化在中国淡漠所带来的后果。

问：正是因为孝文化淡漠了，所以才有这些现象出现了？

答：不能说这有必然联系，但是有联系，我想应该是有联系的。

问：您认为在现代社会发扬孝道有意义吗？

答：非常有意义。

问：您认为应如何具体去落实？

答：要尽可能建立推行孝道的基础，主要包括资源支持，还有制度环境等方面的内容。

问：您父母现在居住怎么安排？

答：在老家和我弟弟住一起。

问：那您时不时经济上还是要给予支持，假期还是要回去看一下？

答：我这几点做得都不够。

……

问：那您将来老了，希望和子女住在一起吗？对他们有什么期待呢？

答：是这样，从孝文化的代际传承讲，我希望它能保持下去。由于自己做得不够，所以也就没有奢望子女将来能怎么样。但从内心来讲，我经济上不需要他们支持，因为有退休金，不给他们带来负担，但是同时希望他们时不时给自己打个电话，那肯定了。如果成天是自已给孩子打电话，而他们不给我打，这说明他们没想着我。

问：您觉得要建立比较和谐的代际伦理关系，我们重点应该做什么？应该主要立足"孝"吗？或者说，有其他方面的要求？

答：虽然"孝"是传统文化的重要组成部分，但从养老角度讲，它毕竟是一种个人、家庭内部的行为，是一种小孝。如果从社会制度安排看，比如说全民养老金制度，这实际从某种意义上来讲是一种大孝，全社会共同出资，这个资金由政府来主导、管理，以此共同赡养老年人，这是一种制度安排的大孝。

从整体讲，由于家庭养老目前还在发挥着重要作用，所以，对于孝道的衰微以及各种社会变化对孝观念所带来的冲击在一定程度上被忽略了。如果用比较的视角来分析，我们对孝观念淡漠以及工业化快速进行过程中所出现的观念和行为模式改变的体察可能更为明显，当然，这种比较的视角也是多方位的，这一点在较多的访谈中也或多或少地体现出来了。总之，我们要有一种紧迫的历史责任感去应对这些变化。

4. 孝敬父母主要是一种自觉的个人行为，同时在尽孝过程中出现了一些新变化

在现代社会，孝观念的传递主要依靠个体的自觉，社会方面的引导仍然出现了某种缺失。和传统孝道相比，现代社会还出现了一些不同以往的新情况，例如，随着男女平等观念的增强，女性社会地位不断上升。因此，女孩出嫁后仍和父母维系了很好的感情，代际支持在女孩成家以后仍得以维系，在家庭养老方面，女孩的作用也在不断上升，这同样在多个访谈中得到印证，此处仅选【案例四】，我们可从中获得一些相关信息。

【案例四】

访谈时间：2016 年 8 月 11 日　下午 14：00—14：30

受访者基本情况：性别，女；年龄，45 岁；籍贯，甘肃，一直生活于甘肃；学历，中专；工作，从事销售工作。

家庭基本情况：其夫在当地某乡镇财政所工作，两人育有一子，今年 17 岁。其父母已年逾 70，目前在农村老家生活；有一姐姐，在当地生活，为家庭主妇；还有一弟弟，在外地工作，也已成家。

相关访谈内容如下：

问：您怎么看"孝"？

答："孝"嘛，我也说不好，但你至少得让老人有饭吃，有衣穿，不过其中很多事还是很具体。小的时候，也不太懂什么是"孝"，但周围人还是常说谁孝顺谁不孝顺啦，当时觉得"孝"在生活中还是很重要的。我父母在孝敬老人这方面堪称表率，周围人对他们都交口称赞，但我自己年龄小，那个时候确实没什么深刻认识。随着年龄慢慢增长，对"孝"却有了一些切身感受，尤其是生完孩子后，因为自己逐渐能从母亲的角度理解一些原来不太在意的事情，比如我现在越来越在意孩子对我的感情。另外，我现在也越来越能感受到父母当初的不容易，那个时候农村比现在差得多，家里几乎没什么收入来源，而且父亲身体不好，就是种庄稼也面临很多具体的问题。在那种非常艰难的情况下，父母能把我们拉扯大，我和弟弟还接受了比较好的教育，这实在不容易。所以，我现在对父母好是发自内心的一种感情。

……

问：根据您所了解的情况，你们那里在孝敬父母这方面做得怎么样？

答：整体上还行吧，非常好的不多，很不好的还是比较少，每家情况都不一样。但是，即使我们这儿，我觉得女孩比男孩要好。我一个叔叔家，没有男孩，抱养了一个女孩，长大后对他们非常好，即使出嫁后也经常回家，还不时将打工收入邮寄回来接济他们，我感觉他们现在活得很幸福。我还有几个亲戚家的女孩对父母也很好，而男孩表现就差一些，不光我们亲戚家，周围这种情况好像比较普遍了，一些生了儿子的人以前很高兴，我也没见几个现在过得很好的。说实话，我们这儿重男轻女的思想非常严重，但是，现在一些人观念有所改变，觉得生女儿好像还要好点，好歹还有人愿意照顾你嘛！

问：这说明依靠对象发生了变化，以前想办法生男孩是指望儿子养老，现在却要靠女儿了。

答：嗯，我自己也有个弟弟，不过他很好，他常给父母钱啊！不然父母哪有生活费用啊？但一些事他也身不由己啊！况且他还在外地，工作忙，不能常回家啊！在具体的生活照料上，我和我姐离得近，我们不照顾父母谁照顾啊？老人总得有个依靠吧！

问：您认为在当代社会发扬孝道有意义吗？

答：有意义啊，连孝道都不发扬了，人老了怎么办？

问：您在孝敬父母方面是怎么做的？

答：平心而论，这方面我不算很差的，如果工作不忙，我还是很牵挂两位老人的，一有时间就要回家看他们，虽然我经济状况差，不能给他们多少钱，但回家至少能为他们做顿饭嘛！

……

在这个案例和其他相关访谈中笔者还发现，即使在农村地区很多老人并没有和子女居住在一起，这种居住安排似乎并没有极大削弱代际感情，关键是子女要有孝意识并要切实地实施相关孝行，是否居住在一起倒不是实施孝行的一个绝对重要的前提。因此，在对现代社会孝行的评价上，我们对这些新出现的现象要给予关注，否则，按照传统观点就有可能不能对其做出客观的评价。

5. 在孝观念形成和孝行为实施过程中，个人和社会因素均有不同程度影响

在访谈中，一些受访者认为知识构成、学历背景、文化层次等对孝观念的形成和孝行为的实施有直接影响，同时也指出，如果用比较的视角分析，城市与农村地区、不同地区之间对孝道的认知和实施都有不同程度的差异。此处仅选比较有代表性的一例作为【案例五】，从中可窥见一些相关信息。

【案例五】

访谈时间：2016 年 9 月 21 日   下午 16：00—16：35

受访者基本情况：性别，女；年龄，39 岁；籍贯，河北，上大学前一直生活于河北；学历，博士研究生；工作，原在某企业工作，现在某高校从事博士后研究。

家庭基本情况：其夫在上海某企业工作，育有一女一子，均年幼。其父母已退休，长居石家庄，但常来上海与其一起居住；有一哥

哥也已成家，现居石家庄；姐姐一家定居加拿大。

访谈内容如下：

问：您怎么看"孝"？

答：有能力的时候让老年人过得舒服一些，提的要求尽量满足，让父母宽心，不替我担心。

问：那您认为尽孝还是有条件的，如果没有能力就无法实施了？

答：哦，没能力那就只能尽量了，能尽多少力就尽多少力。但我觉得尽孝最大的还不是钱的问题，首先要把自己的各种问题处理好，学习期间把学习搞好，该结婚时把个人问题处理好，结婚后把家庭问题协调好，自己好了就是对父母很大的孝顺。下一步，他们需要你时，生病了需要你照顾了，需要钱了等，后边才是钱的问题。

问：根据您的了解，现代社会在孩子孝敬父母方面做得怎么样？

答：我感觉高学历的人要做得好一些，我所认识的老家一些学历低的人，他们的观念要差一些。

问：但是一些调查研究表明，农村地区的孝观念较之城市还要强一些。

答：不，因为我是农村出来的嘛！通过反观，现在我身边的朋友都还蛮孝顺的，但我再回到老家，发现情况并不好。"孝"在农村原来是很重视的，我小时候在农村生活，（吃饭时）长辈是上桌，晚辈都是下桌，很严格的。现在农村就不一样啦！我再回去的时候，发现他们认为上一辈给下一辈准备好什么东西都是应该的。然后呢，下一辈认为你给我准备也是应该的，你帮我做什么都是应该的，而我对你做什么是不应该的。而我比较了解的城市中生活的我们这一代人，也就是在1975—1980年出生的人还是挺孝顺的，我接触到的这个年龄阶段的人，他们也有孩子了，生活也稍微好一些了，正好父母也年纪大了，他们这种意识就强一些，会想想老人该怎么样，你说以前小的时候他们怎么能体会"孝"呢？因为父母还没老啊！

问：您认为现代社会发扬孝道有意义吗？

答：我认为当然有意义，尤其在农村特别有意义。

问：为什么特别提出农村地区？

答：农村地区的情况确实不容乐观。在城市，大部分人的父母有收入，像我了解的我这个年龄段的人，父母都是有收入的，我们这一代人收入也可以。因此，经济上牵扯的问题不多，剩下的主要是互相关心了，跟着子女一起住啊，共同相处都没太大问题，也比较融洽。但农村不一样，因为历来是养儿防老，等孩子大了以后，老人对孩子情感上特别依赖，甚至有点怕这个孩子，关系完全转变了，正是因为这个关系的转变，小孩就有恃无恐，就很凶，就得什么都须听我的了，挺明显的。

问：您讲这个现象还是很重要的，您现在还很关注农村的情况？

答：小时候父母进城后并没有把我直接带进城，而是将我留在农村，我和外婆住在一起，因此我和外婆关系非常好。我外婆现在就是典型的老年人，她有三个儿子、两个女儿，现在在孩子家轮着住。她们家情况在农村应该算是好的了，我外婆特别善解人意，她不愿意麻烦任何人，就算是这样，她孩子表面上对老人还可以，但还是体现出不想养或是少养的意愿，事实上她现在既不需要他们花钱，也不需要他们费力。

……

问：那您对外婆在经济等方面有支持吗？

答：当然会，但是她不要，你很难给她。为什么我说在农村这一点特别重要，因为如果在城市，老年人在经济上不特别依赖子女，我完全可以自己依靠自己啊，像我爸妈就是。

问：但是他们最后还是有动不了的那一刻啊！

答：相对农村还是要好一点，动不了可以去养老院，因为有这个条件。再说一句，为什么我说学历高的表现好，是因为他会思考，老人越年长他越会考虑他应该做什么。但农村不会，在农村，他们会觉得整个风气怎样我就怎样。

问：所以您认为现在农村在孝敬老人方面出现的问题不是一个孤立现象，而是受到了大环境的影响？

答：是这样的。

……

在孝观念形成过程中，依赖自己的道德观念实施相关行为是一个关键，教育程度在某种意义上也可作为一个衡量指标，通过自律方式实施孝行固然可极大节约社会成本，但就历史经验和当下实际情况来看，这并不是一种普遍可行的模式，因为这种观念的形成同时受家庭、社会背景影响很大。因此，通过整个社会努力构建符合当下实际的孝道推广体系，这在很大程度上会促进孝观念的普遍化和稳定化。同时还有一个问题确实要引起注意，就是受各种因素影响，农村地区孝观念的转化以及老人养老方面出现的一系列问题同样需要引起高度关注。

6. 农村地区孝观念的变迁及养老面临的困境需要引起高度关注

在访谈中笔者也发现：孝观念的逐渐淡漠和城乡二元结构长期存在所导致的一系列问题使农村地区的养老面临诸多困境，农村地区目前还缺乏一种与经济发展步伐相适应且引领地区社会发展的主导型价值体系，一些地方出现了严重的价值缺失，一些地方多种价值观念错综复杂地交织在一起，无序化特征明显。客观来讲，多元价值体系的出现其实是社会进步的表现，但是，许多农村地区的文化水平整体上还有待提高，村民对大量涌入的价值观念缺乏理性的筛选过程。另外，传统文化体系在农村几乎全面崩塌，而与现代社会生活接轨的农村文化体系还没有全面建立，在这种情形下，各种以趋利为主导理念的价值体系乘虚而入，这无疑在很大程度上对村民的行为选择产生了影响。相关情况可通过【案例六】进行透视。

【案例六】

访谈时间：2016 年 10 月 5 日　　下午 16：00—16：30

受访者基本情况：性别，女；年龄，47 岁；籍贯，江西，长期生活于江西；学历，初中；工作，现已下岗。

家庭基本情况：其夫现年 51 岁，亦下岗；两人育有一子一女，儿子 27 岁，已成家；女儿 21 岁，待字闺中；家中公公已去世，婆婆尚在，今年 73 岁。

相关访谈内容如下：

……

问：能谈谈您家乡在孝敬老人方面的情况吗？

答：有的很好，有的很差。

问：好的多一些还是差的多一些？

答：差的多（非常肯定的语气），好的很少。

问：什么原因呢？

答：很多人连自己都管不了，何况老人！村里一些年轻人在外边还经常向爸爸妈妈要钱，你说怎么指望他照顾老人呢？没有能力。

问：我想问一下，有两种情况，一个是他内心有孝敬老人的想法但没能力，另外一个是他根本就没这个想法，哪个情况多一些？

答：没有想法的还是要多一些，我们那里是这样的。

问：您那里有些老人没有女儿，儿子靠不住，怎么办？

答：那就过得很苦，很可怜啊，就一个人在过啊。

问：那到最后动不了怎么办？

答：那就没人管啊！

问：这个现象多吗？

答：这个倒不多，还是很少，再怎么样还是要给一口饭吃，什么也不管，法律上也过不去。但是，虽然要给口饭吃，还是要骂，反正好不了。

问：那您认为其中的原因是什么？

答：原因嘛……

问：那您觉得和以前比怎么样？

答：从古到今都有儿子不孝的，现在社会主要是发展太快了，小孩压力太大了，顾不上老人啊！根本没有心思想孝顺方面的事。孩子压力那么大，自己管好自己就行了。现在都是跟着风气走，（老人）你推给我，我推给你，推来推去，你不孝，我也不孝，大家都不孝。

问：那和以前相比到底怎么样呢？和二三十年前比？

答：以前好，因为那个时候贫富差距不是很大，也没这么大经济压力。

问：您认为主要是经济方面的原因？

答：是的，主要是经济压力，自己过得不好，什么也不好。

问：您说的主要是农村的情况，城市里的情况怎么样？

答：城市里有钱的，老人都送到养老院去了。

问：您那里在老人养老这方面农村和城市没法比了？

答：那肯定了。

问：城市里很多老人有退休金，情况要好很多。在农村，你也可以（为老人）做点事，但是要钱的时候缺钱，没有钱，那还是钱的问题。

问：您那边农村经济收入主要靠什么？

答：主要是外边的打工收入。

问：老人都留家里了？

答：一般都是这样。60 岁以后就不能在外边打工了，在家带小孩。情况好一点的家庭是一个人外边打工，媳妇在家带小孩，教育小孩，老人没文化，教不来。老年人身体允许的情况下帮他们（孩子）种点田，要是不行的话你反而要给他们（老年人）米、钱。其实也不需要多少钱，一般一年给 1000 多元钱，你说这点钱现在能做什么呢？

……

农村地区孝道的缺失在一些从农村出来现在定居于城市的人对"孝"的认识与实行中同样得到印证（见【案例七】），他们也同样深刻感受到经济因素在维系代际关系尤其是在老年人养老方面所起到的重要作用。

【案例七】

访谈时间：2016 年 10 月 6 日　上午 9：00—9：30

受访者基本情况：性别，女；年龄，46 岁；籍贯，江苏，来上海前长期生活于江苏；学历，初中；工作，某高校清洁工。

家庭基本情况：该受访者 1994 年来上海，现已定居于此；丈夫现年 59 岁，在上海某建筑部门从事监督管理工作；两人育有一女，今年 20 岁，正在读大专。家中公公、婆婆均已去世；娘家母亲尚在，现年 72 岁；父亲于 2015 年 74 岁时去世。

问：您怎么看"孝"？

答：我觉得必须要孝敬老人，虽然我家没有公公婆婆了，但是我想我自己总有老的那一天，所以要对老人好。

问：那什么是"孝"呢？

答：我没文化，也说不清楚，我认为它是中华传统美德。

问：您老家那里在孝敬老人方面做得怎么样？

答：我是盐城阜宁的，我们那里有做得好的，也有不好的，每个地方都是这样。

问：那比较普遍的情况呢？

答：表面孝顺，涉及金钱就不孝顺了。

问：哦，都是钱的问题？

答：对（语气肯定）。

问：那表面孝顺是个什么情况？

答：就是给老人吃一口喝一口是可以的，真的生病了用钱的时候兄弟姊妹之间就会斤斤计较，就会吵。

问：老人有饭吃也有一点保障了。

答：但是有时精神安慰比生活保障还重要，对不对？按照我的想法，我觉得精神上对老人也要好一点。

问：那您觉得您孝顺吗？

答：自我感觉还可以。

问：表现在哪些方面？

答：以前我爸爸生病了，要什么，只要他说出来了，我肯定满足他。

问：那您一年最多能给父母多少钱？

答：我爸爸妈妈条件还好，他们不怎么要我钱，但我一年雷打不动给 1000 元钱，在我们那里 1000 元钱可以了，我们那里儿子一年（给父母）二三百的都有。过节什么的，不能回家，我就托熟人带点钱或东西回去，基本上没断过。今年我妈妈在中秋节时没赶上买月饼，后来我给她寄了两盒回去了，月饼事小，就是份心意。过生日什么的，不打电话嘛也托人带点钱，多少都会带的。

……

问：那您母亲现在谁照顾啊？

答：她一个人过，但基本上都不待在家里，一会儿在我哥哥那里，一会儿在我姐姐那里，今年来过我家两次。

问：来住了多长时间？

答：第一次十九天，第二次七八天。

问：怎么这么短？

答：因为我家在装修，我就让她回去了。

问：那您装修好以后她过来吗？

答：会让她来的。

问：常住吗？

答：不可以，不可以。

问：为什么啊？

答：不可能常住，她不习惯我们这边，农村是到处跑，周围邻居都认识，这边谁也不认识，没人和她说话，有两次她过来我都是把她带过来上班，下班后把她带回家，因为家里没人和她说话。

问：您兄弟姊妹几个？

答：四个，我还有哥哥，姐姐，还有个弟弟。

问：他们做得都还可以吗？

答：他们条件都还可以，都比我好，我家条件就我最差。我哥哥在我老家县城开了建材店，我弟弟到新加坡打工20年了，我姐夫在采油队工作。

问：他们对您母亲都还可以？

答：我们家兄弟姊妹四个是这样的，别人家是不给钱要吵架的，我们家是这样的，老人有事要平摊的，谁也不在乎这个三五十的，大家都是抢着付的。

问：那为什么没有一个人把母亲接过来一起住？

答：哦，我们家是这样的，我弟弟不在家，我姐姐不在家，我也不在家，我哥哥一个人在家，离我母亲最近。但是我母亲也很自觉，她觉得在一个家里待久了，总归不新鲜，她是东家待两天，西家待两天，并不是我们不要她。

问：但我觉得年龄大了换来换去也不方便，换个环境也不容易适应啊！

答：她现在还没到那种不能自理的程度，她现在生活是完全可以自理的，我姐姐说如果不能自理了，那肯定是以我姐姐为主了。

问：为什么是您姐姐为主呢？您姐夫没意见吗？

答：我姐夫人很好。

问：您家那边还是女人当家啊？

答：差不多。

问：所以您母亲不到您哥哥和弟弟家去啊！

答：我嫂子还可以，在她家吃喝都没问题，但是涉及金钱……不过还是我哥当家，明白了吧？总之，我们不想让哥哥委屈，你也懂得的。

问：您觉得现在发扬孝道有意义吗？

答：我感觉是必须的。

问：为什么？

答：这个社会人情太冷漠了，所以没人管闲事，我在这里管闲事别人还笑我，我将学生丢的钱包还给学生了，学生写了表扬信，别人还笑我太傻了，太傻了，我就傻到底吧。

问：别人觉得您要是不交才是正常的。

答：对的对的。

问：那您觉得要发扬孝道具体应该怎么落实啊？

答：关键是国家没有大力宣传啊，宣传的力度不够。

问：您没有感觉到？

答：对啊，你看，那些明星什么的，都在给他们做宣传，但是孝道这块没有做宣传，你说呢？

问：除过宣传，您觉得还应该做什么？

答：每个人都要做榜样，从小学开始就要培养，不培养谁知道?!

问：您讲得很好！

答：我就是喜欢看书。

……

　　笔者在西南的重庆以及西北甘肃等地的农村地区也进行过多次访谈，通过访谈发现即使在民风淳厚的西北农村地区，孝观念也在变异，在一些中年人群中，即使兄弟几个，也都互相推诿，老年人勉强有个落脚点，却备受虐待，难以安度晚年。更有甚者，老年人无人赡养乃至无家可归最后凄惨去世的现象也时有出现。一些年轻人将老人视为不断索取的对象，一些年轻媳妇完全将公公、婆婆视为外人，动辄指责乃至高声谩骂，尊老、敬老的观念荡然无存，农村地区这些问题需要引起我们的高度重视。

（三）针对青年人的访谈

1. 关于青年人访谈的背景性资料

本次访谈重点关注青年人，之所以关注青年人，因为这一代人许多是独生子女，未来面临着更大的养老压力，他们对孝道的认知及相应行为会对家庭养老产生直接影响。另外，青年人是未来社会发展的中坚力量，他们的观念和行为在一定程度上会影响社会的整体价值导向，这反过来又会对个人行为产生一定作用，从而也会影响许多家庭中的代际关系。从受访者接受访谈时的实际年龄看，最小年龄为 18 岁，最大年龄为 35 岁；从学历来看，从初中一直到博士研究生等不同学历均有；从受访者所生活地域空间来看，除个别省份缺失外，涵盖了全国主要的地理区域；从家庭背景来看，长期在农村和城市生活的比例保持了大致平衡；受访者的性别也基本保持了平衡；在访谈对象中还有朝鲜族、藏族、回族、土家族、满族等少数民族，他们的观点提供了审视代际伦理关系的不同文化视角。受访者基本资料如表 4-2 所示：

表 4-2　　　　　　　　18—35 岁受访者基本资料

		人数（人）	比重（%）	备　　注
性别	男	30	47.6	
	女	33	52.4	
学历	研究生	17	27	包括毕业和在读的硕士、博士研究生
	本科	36	57.1	包括已获得学士学位的受访者，正在本科阶段读书的学生
	本科以下	10	15.9	高中学历 7 人，初中学历 3 人

		人数（人）	比重（%）	备　　注
长期生活地区	华北地区	9	14.3	缺内蒙古自治区受访者
	东北地区	9	14.3	
	华东地区	11	17.5	缺台湾地区受访者
	华中地区	7	11.1	
	华南地区	7	11.1	缺香港、澳门特别行政区受访者
	西南地区	10	15.9	
	西北地区	10	15.9	
民族	汉族	50	79.4	
	少数民族	13	20.6	主要是延边大学、西藏大学以及重庆、上海高校的少数民族学生
长期生活背景	农村	33	52.4	
	城市	30	47.6	

注：虽然也受到人口流动的影响，但这个年龄段的受访者都能比较明确地区分其长期生活（过）的地区，故此表未用"籍贯"而用了更具实际意义的"长期生活地区"一词，和表4-1一样，此栏目缺乏的受访者也是指无论从哪个角度着眼都没有的受访者。另外，此表同时在"生活地区"和"生活背景"前用了"长期"一词以表明其中的时间因素。

2. 对访谈内容的简要分析

和青年受访者访谈时，笔者主要从"对孝道内涵的认识或评价""具体实现途径""对自己孝敬父母的评价""有无必要弘扬孝道"以及"对周围孝道状况的评价"这五个方面展开访谈。其中有几种情况需要说明：① 仅从表述形式看，一些观点之间区别度相对较低，但从本质上分析仍属于不同观点，故还是另行罗列，这种情况主要存在于表4-3和表4-4中。② 由于有的受访者陈述了几种不同观点，故表4-4在制定过程中是按观点并不是按人数进行归纳；而其余表格没有遵循这个原则，还是按照人数进行概括。③ 在罗列受访者观点时并没有严格从合理性角度进行审视，而是尽可能对之进行全面、客观的展现。④ 对受访者周围孝道状况的评价涉及受访者本人的评价标准和其他主观因素等的综合影响，对自己孝敬父母情况的评价更是受心理因素、特定环境等不同因素的直接影响，因此只能作为一种参考而不能将之完全视为客观真实的情况。

（1）对孝道内涵的认识或评价

从访谈结果来看，许多青年人虽然并不能从哲学、伦理学角度对孝道内涵进行较为准确的定位和较为全面的梳理，对其外延也没有进行较为完整的界定，而是更多地呈现出较强的自我理解和碎片化特征。严格来讲，部分认识并没有准确把握孝道内涵也没有恰当界定其外延，但就整体认识来看，仍然抓住了一些较为核心的东西。主要观点如表4-3所示：

表4-3　　　　　　　　青年受访者对孝道内涵的认识

	主要观点	人数（人）	比重（%）
对孝道内涵的认识或评价	百善孝为先	16	25.4
	一种传统美德	12	19
	孝顺、孝敬父母	7	11.1
	做人的基本准则	4	6.3
	对父母、长辈及先人的爱戴或尊敬	4	6.3
	子女应尽的义务	3	4.8
	一种应尽的责任	2	3.2
	回报父母或对父母肯定的行为	2	3.2
	一种基本的道德行为	2	3.2
	人的最基本素养	2	3.2
	人最基本的一种情感	1	1.6
	各种美德的基础	1	1.6
	个人的立命原则	1	1.6
	维持社会安定和谐的重要因素	1	1.6
	做人必不可少的品德	1	1.6
	感恩、回报的过程	1	1.6
	所有人应无条件遵守的规范	1	1.6
	包括精神及物质两个主要方面的内容	1	1.6
	一种稳定家庭伦常关系的体现	1	1.6

注：表4-3只罗列主要观点，其中与此相关的具体内容限于篇幅略去。

从表 4-3 可以看出，许多受访者都将孝道视为个人、社会道德的重要构成部分，一些受访者还将其视为其中最重要或最基本的构成，一些受访者将其视为责任、义务、素养、情感，还有其他不同认识。值得注意的是，在一些认知过程中，对孝行为所指向的对象并没有局限在父母身上，而是有所扩大，还有部分受访者并没有清楚指明孝行为的指向。在对孝道的评价中，较多受访者对孝道进行了很高评价：从"百善孝为先""一种传统美德"等评价及其所占比重可看出传统孝道对青年人仍有一定影响；从"做人的基本准则""子女应尽的义务""一种应尽的责任"等评语中也可折射出一些青年人思维深处的责任感；从"一种基本的道德行为""人的最基本素养"等评语中可以看出一些青年人依然将孝道作为评价个人道德品质的重要依据。与此同时，一些受访者也深刻认识到了孝道在维系家庭和社会稳定方面的重要功能。

（2）对孝道具体实现途径的认识

在孝道的具体实现途径上，受访者提出了众多想法，通过整理后将主要观点罗列如下，具体如表 4-4 所示：

表 4-4   青年受访者对孝道具体实现途径的建议

	主要观点	次数	比重（%）
具体实现途径	常回家陪陪父母，陪伴比什么都重要	19	16.7
	利用电视、网络等各种媒体宣传孝道及相关文化	14	12.3
	在外多打电话，有时间多回家探望父母	8	7
	尽力赡养老人，为父母养老送终	8	7
	尊敬、孝敬父母，凡事为父母着想	6	5.3
	多关心父母	4	3.5
	孝意识的培养应从小开始，从一点一滴的小事着手	4	3.5
	多陪父母聊天	3	2.6
	多帮父母做家务	3	2.6
	陪父母外出游玩	3	2.6
	尽心奉养、照顾好老人	3	2.6
	制定法律，不尽孝就严厉惩罚	3	2.6
	在家多做事	2	1.8
	为父母做力所能及的事	2	1.8
	要用实际行动对父母进行关爱	2	1.8

续表

	主要观点	次数	比重（%）
	不让父母担心、失望，尽量满足父母要求	2	1.8
	从小就开始进行教育	2	1.8
	加强品德教育，多开以孝道为主题的公开课	2	1.8
	关爱老人	2	1.8
	要孝敬老人，以身作则，为子女做榜样，代代相传	2	1.8
	不将父母视为累赘，对父母和颜悦色，让他们精神愉悦	2	1.8
	让父母顺心、省心、少担心	1	0.9
	生活中关心长辈	1	0.9
	勿做作、太过，尽心尽力即可	1	0.9
	节日问候以及其他表示关心的行为	1	0.9
	开展以孝道为主题的各种活动	1	0.9
具体	国家设立孝道月	1	0.9
实现	努力提高个人修养	1	0.9
途径	通过换位思考感受父母的艰辛	1	0.9
	加大宣传力度，树立各种榜样，建立完善的奖励机制	1	0.9
	强化监督和处罚力度	1	0.9
	要关心失独家庭的养老问题	1	0.9
	将自己应该做的事做好，不让父母担心	1	0.9
	不给长辈添麻烦	1	0.9
	尽可能理解父母	1	0.9
	爱父母，敬父母，尊重长辈，心中永远要有孝意识	1	0.9
	对父母好	1	0.9
	就是尽可能让父母开心	1	0.9
	对父母态度好	1	0.9

注：表4-4只罗列主要观点，其中与此相关的具体内容限于篇幅略去。

在访谈过程中，较多观点认为要通过切实的行为为父母解忧，这些行为包括许多方面：从做细小的具体事务一直到持续性的长期行为，其中又涵盖了许多细节。但是，对父母的陪伴或常打电话等内容所占比重分别为16.7%和7%，显示出这两种行为在青年人心中占据比较重要的地位。其余提法尽管内容较为繁杂，还是能从细微处显示出当代青年人对父母、长辈、老人的感情。更难能可贵的是，许多提法都是基于现实并具有一定可操作性的建议，字里行间充满了浓厚的生活气息，如果这些想法能真正予以落实，家庭代际关系有可能会进一步得到改善。另外，一些受访者还提出孝意识培养的长期性和艰巨性，同时从道德乃至法律层面都提出了相应建议。提议最多的是利用各种现代媒体对孝文化进行宣扬，这一建议在整个观点中所占比重达到12.3%，这也从一个侧面反映出推行孝道的环境有待改善，不独青年受访者，其他一些受访者也提出了这个问题。因此，通过各方努力充分利用多种手段营造适于推动孝道发展的文化软环境也是一个重要的时代命题。总之，青年人清楚地认识到孝道的具体落实主要靠个人自觉，但同时也需要社会整体意识的提高，二者是同一事物相辅相成的两个方面。

（3）对自己孝敬父母的评价

对自我孝敬父母的评价更是只能作为一种参考，因为对自己有清楚认识并在严格意义上能做出深刻的自我剖析是一种较高人生境界，这当然需要时间历练。另外，中国人惯有"家丑不可外扬"的文化心理，即有意或无意在家人和外人之间划出一道清晰的界限。一般而言，深厚的情感纽带将家庭成员结成一个命运共同体，许多家庭问题尤其是涉及家庭成员的负面信息不可轻易向外人透露，因为这有损整个家庭的形象，在相当程度上影响外界对这个家庭的评价，涉及家庭代际关系的负面消息更是不轻易向外界透露，这是和家庭以外成员进行人际交往的一个重要原则。除非家庭矛盾激化到人尽皆知的程度（正常情况下也非主动告知），一般矛盾在没有任何信任机制的情况下不会轻易向外人告知。故不独在对青年人的访谈中，在笔者进行的所有访谈中，虽然一些受访者也有一些看似对自己评价不高的表述，但综合整个访谈来看，相当一部分受访者要表达的真实意思是自己做得还不够，还需要努力，其实这是一种自谦的表现，也是走向成人世界的重要标志，而非真诚的自我反思，更非深刻的自我批评，这一

点需要注意。青年受访者关于对自己孝敬父母的评价情况简单如表 4 - 5
所示：

表 4 - 5　　　　　　　　青年受访者对自己孝敬父母的评价

	评价结果	人数（人）	比重（%）
对自己孝敬父母的评价	一般（还行）	21	33.3
	总体而言还算孝顺	14	22.2
	不能说很好，还能更好	8	12.7
	感觉自己有欠缺	7	11.1
	很不好	7	11.1
	我做得挺好	4	6.30
	不算很孝顺	2	3.2

注：表 4 - 5 只显示结果，一些与此相关的丰富访谈内容限于篇幅略去。

在对青年人访谈过程中，只有极个别受访者明确表明观点，认为自己
在这方面表现不佳，承认自己"和父母联系主要还是为了要钱"，还有一
个受访者有"目前经济上完全靠父母，很难为他们做几件实事"看似无
奈的陈述，这也表明了一些青年人在孝敬父母方面所面临的尴尬境地和复
杂心态。其余更多是用"一般""还行"看似比较中性的评语，但结合整
个访谈内容来看，其实这些受访者对自己的评价还可以，因而单从语气或
一些简短词语无法对其进行一个确切的价值判断。如前所述，之所以有这
种表述方式，这也与中国传统文化一贯强调要含蓄、不张扬的中庸哲学有
某种关联，因为比较刻意或强烈的自我褒扬至少在中国的成人世界中一般
是不流行的，这也是青年人走向成熟的一个重要语言表达方式的转化，
对于这样的自我评价要结合受访者的家庭背景、心理结构及访谈的具体
场景等多个因素去解读。因此，在这些简短评语的后边其实展现出更为
丰富的社会图景和更加广阔的生活画面：出现了诸如"我在家时，爸爸
妈妈几乎都没怎么去过超市、下过厨房，平时有很多话要和他们讲"这
样充满浓浓爱意和温情的表述；也有"虽然是独生子女，但我并不娇
气，我能做的都做到了""目前经济上的确不能资助父母，但还是做一
些力所能及的事以减轻父母负担"等在平静语气中实则渗透出强烈责任
感的话语。

（4）对有无必要弘扬孝道的评价

在有无必要弘扬孝道方面，青年受访者的观点如表4-6所示：

表4-6　　　　　　青年受访者对有无必要弘扬孝道看法

	主要观点	人数（人）	比重（%）
有无 必要 弘扬 孝道	有必要	45	71.4
	有很大必要	6	9.5
	要分情况，不能一概而论	4	6.3
	估计不会有很多人反对	4	6.3
	无法评判	3	4.8
	没有必要	1	1.6

注：表4-6只罗列主要观点，其中的原因限于篇幅略去。

在对青年人的访谈中，绝大多数受访者都明确表明了要弘扬孝道的必要性，只有一位受访者表示没有必要，他的依据是："如果要坚持，不讲他也坚持；如果不想坚持，怎么讲都没用。"这其实表明了一种立场：发扬孝道主要依靠自己素养的提高和内心深处崇高道德信念的驱动，而非外在条件的约束，但这位受访者对孝行本身的积极意义并没有怀疑。其余绝大多数受访者都认为弘扬孝道有必要，也有受访者认为不能只看表面现象，其中一位受访者就认为："我们还年轻，生活还没完全独立，但对父母的爱是非常真挚的，更多的行动还在后边。"对自己的父母好，善待双亲是理所当然的一件事，父母年老体衰，子女应义无反顾地去照顾，正如年幼时父母对孩子的悉心照顾一样，这是作为正常人应有的一种感情和行为方式。但这种观念和行为在当下却不断被边缘化，许多青年受访者也清楚地认识到这一点，他们都纷纷认为不良社会风气严重削弱了孝敬父母的意识及行动，从这个角度来讲，弘扬孝道确实很有必要。

另外，老龄化所带来的巨大压力直接导致了一些老年人的养老面临各种困境，这是与老年人生存直接相关的重要问题，绝不容忽视。在我国公共养老资源仍然短缺，许多养老制度、措施还有待完善的情况下，家庭养老的地位在很长一段时期内还必将继续发挥重要作用。但是，一些受访者也看到现在独生子女太多，其中一些人从小就被溺爱包围，对父母仅仅知道一味索取而不知回报，从而缺乏基本的孝意识。还有一些受访者认为并不是青年人不孝，而是各种客观情况导致他们无法直接去照顾家中逐渐老去的父母，实际情况应该是有心无力，青年人所面临的问题也直接或间接地影响到了老人的家庭养老，例如，空巢老人不断在增多。总之，不管是主观方面孝意识的缺失还是实际生活中青年人确实面临着诸多困境，如果这些境况不加以改变，一些老年人的养老确实堪忧，因此，发扬孝道的意义前所未有地凸显出来了。

（5）对周围孝道情况的评价

青年受访者对周围孝道情况的评价简单如表4－7所示：

表4－7　　　　　　　　　　青年受访者对周围孝道情况评价

	主要观点	人数（人）	比重（%）
对周围孝道状况的评价	大多数都挺好	15	23.8
	还可以	13	20.6
	不太好	13	20.6
	不好一概而论	5	7.9
	有好的也有不好的，总体上一般	4	6.3
	都很孝敬父母	4	6.3
	孝观念都有，只是强弱不同	3	4.8
	非常糟	3	4.8
	不知道	2	3.2
	口头上说孝敬，但实际行为很少	1	1.6

注：表4－7只罗列主要观点，其中与此相关的具体内容限于篇幅略去。

从表4－7可以看出，在相关青年受访者视域中，周围人群在孝道方面表现好的仍然居多，但"不孝"的现象还是占据一定比重。受各种交织在一起的复杂因素综合影响，通过如此小规模的访谈对整个社会的孝道状况进行一个简单判定比较困难，但将多个互无直接关联的小范围状况结合起来，还是可在一定程度上说明在当代社会并不存在一个占据绝对主导地位的孝道引领模式。

在中国传统文化中，孝敬父母是天经地义的行为，已形成了一种强大的文化惯性，在不同历史时期，通过各种途径对不孝行为予以严厉的道德谴责乃至一定程度的法律惩罚，由此出现的结果是在整个社会生活中孝道成了广泛被认可并得到切实执行的行为。在现今社会，正是各种"不孝"行为的增加才使传统社会这种一元主导的模式发生根本性改变。但是，仅就笔者进行访谈获得的一些信息来看，对一些"不孝"现象需进行深入分析而不能简单地进行价值评价，因为在更多时候我们看到的仅仅是表象，而且是不连续的表象，对片段式表象的过度主观化解读很容易造成误导性结果。

例如，一位受访者谈到一个很有意思的现象：他外婆已经 70 多岁了，目前住在舅舅家，家里许多事她都主动去做，一些时候她并不喜欢干活，她内心真实的想法是要以一个勤快老年人的形象得到其他人的尊重和认可。总之，现代家庭的观念和传统社会相比确实发生了巨大变化，从整体看，现代家庭结构较之传统社会也更为简单，但是，家庭生活尤其是家庭关系却更为复杂，要维系家庭中各种关系的和谐，在一些时候需要各种微妙心理暗示的沟通以及一些家庭成员才能彼此适应的语言、行为的相互配合。因此，一些现象从根本讲并不是"不孝"造成的，但若从一些旁观者的视角来看，一些人还是很容易被贴上"不孝"的标签。还有一些受访者也谈到客观上导致一些不孝行为出现的现实因素：① 现在的青年人获得了更多自由和充分表达自我的空间，这一点是毋庸置疑的，但他们同时也承受了更多的工作和生活压力，这导致他们对父母少了起码的关心。② 许多青年人还尚未工作，没有收入来源，无法在物质生活方面给父母支持，不仅如此，至少在经济生活方面他们在较长一段时期内都得依靠父母。③ 一些青年受访者表示，他们内心深处很爱父母，但由于代沟的存在导致双方互不理解，很多时候在一些问题上不能达成一致，其中难免出现一些争吵。总之，对"不孝"的情况要做深入分析才有可能获得更多真实、客观的信息。

同样，对孝敬父母的情况也要做具体分析。一位藏族大学生认为，在孝敬父母方面周围许多青年人的观念发生了很大变化，更多人体现出了重物质轻精神的特征，他们认为孝敬父母主要用金钱来体现，成天忙于自己的事务，认为多赚钱才能更好地报答父母，殊不知父母内心深处更多的是需要精神慰藉。通过访谈得知孝敬老人在藏族同胞心目中具有异乎寻常的重要地位，从各个层面出发为父母着想，让老年人过得安心、舒心是许多藏族同胞发自内心的真诚想法，但是，这些观念目前也发生了一些改变。虽然我们不能对孝敬父母做非常全面的要求，但是，在自己力所能及的范围内，在物质和精神方面对父母的关怀尽可能要达到适度平衡。还有几位藏族同学也讲到，虽然周围许多青年人嘴上都讲孝敬父母非常重要，但在生活中并没有真正落实，平时花在手机、网络上的时间远大于切实做一两件事为父母分忧，更有甚者，一些人还让父母端饭送衣，所以他们呼吁"放下手机，为父母做点事，要懂得感恩。"由此可见，在孝敬父母方面知行合一的重要性。一位朝鲜族受访者结合自己民族的实际情况认为：现在敬老方面确实出现了一些问题，但仅仅依靠道德谴责并不能解决问题，其后实际有许多社会原因。朝鲜族是特别推崇孝敬老人的民族，但实际情况是这种较为恒定的观念和行为也不断受到社会变革所带来的强有力的冲击。

但是，也有相当一部分受访者发自内心的对父母的真诚感情让人感动。一位藏族大学生谈到，虽然周围同学有相当一部分时间在学校，但一旦回到家里，许多人就会习惯性地陪在父母身边，并认为陪伴就是一种最好的礼物。诚如斯言，这种陪伴是双向的，正是血浓于水的亲情将父母和孩子紧紧连接到一起，父母陪伴子女成长其实是送给孩子最宝贵的礼物，同样的道理，子女长大后经常陪伴逐渐老去的父母也是送给他们最好的礼物。还有一些受访者谈到，虽然因为读书不经常在家，但是通过电话等方式和父母经常进行联络是生活中一个必需的行为，在外不管是取得成功还是遇到挫折，自己在更多时候最愿意将之一起进行分享或倾诉的还是父母或家中的长辈，因为在那一刻他们内心深处能深切感受到最牵挂自己的还是父母，还有家中的其他长辈和亲人，这就是让人永远难以割舍的家的情结，而孝道意识和行为则是其中非常重要的纽带。

六　小结

本章主要运用半结构访谈法以传统孝道在当代社会的存在状况为主要考察对象，结合了年龄、性别、学历、地域等因素对多个访谈对象进行了访谈，在访谈过程中，围绕核心议题进行适度扩散，发现了一些当下在对孝道认知及实施过程中需要注意的新问题：① 代际关系的维系与经济因素或其他付出高度关联；② 对孝道的认知和实施在不同年龄段出现较为明显的差异；③ 从整体上看，孝观念较之以前在不断弱化，这必然产生一系列社会问题；④ 尽管传统孝道在现代社会出现了延续，但在尽孝过程中出现了一些新变化；⑤ 个人和社会因素在孝观念形成和孝行为实施过程中均有不同程度的影响；⑥ 在孝观念的变迁及养老面临的困境方面，农村地区出现的一系列问题需要引起高度注意。在访谈过程中，对青年人给予了重点关注，因为青年是未来社会养老的中坚力量，但由于老龄化的加剧，他们也面临着巨大的压力。通过访谈，青年人对相关问题的认识以及提出的相应建议为我们制定涉老政策提供了富有价值的参考。

第五章 传统孝道在当代存在状况的定量研究

——以一项针对"90后"大学生的调查为分析基础

在质性研究基础上，为了深入了解传统孝道在当代的存在状况，笔者又进行了相应的定量研究。因为年轻一代在孝道影响日渐式微的环境中成长起来，当"80后"即将跨入中年行列之时，更为年轻的"90后"究竟怎样认识传统孝道确实不甚明了。虽然"90后"年轻人有不同的群体分布，但随着我国高等教育的不断发展，更多年轻人进入高等学府继续深造，而且知识型劳动力成为现代社会的一股重要力量，这些因素决定了年轻大学生群体必然会对未来社会发展产生重要影响。从价值观念看，他们的价值观念的形成固然要受到当下价值体系的综合影响，但也会对未来社会的价值观念产生直接影响，因此，研究当代大学生的孝道价值观念仍有重要的意义。虽然之前也有一些研究大学生对传统孝道认知的成果[1]，但由于出现时间更早且以质性研究方法为主，因此进行后续研究的意义由此得以凸显。与此同时，一些研究人员出于各种原因在定量研究过程中专门剔除了学生样本。[2] 基于这样的原因，笔者运用定量研究方法对"90后"大学生的孝道观念进行了小范围研究，以期能窥见其中所出现的一些新的变化。

---

① 参见邓凌《大学生孝道观的调查研究》，《青年研究》2004年第11期；刘新玲《对传统"孝道"的继承和超越——大学生"孝"观念调查》，《河北科技大学学报》（社会科学版）2005年第2期。

② 参见韦宏耀、钟涨宝《双元孝道、家庭价值观与子女赡养行为——基于中国综合社会调查数据的实证分析》，《南方人口》2015年第5期。

一　当代大学生孝道状况的量化研究——以对某区域性高校的调查为分析基础

根据可行性原则，笔者选择了重庆某医学类院校的学生做了相关调查。之所以选择重庆高校是因为从地理位置来看，重庆处于中部，不属于一个过于极端的地区。虽然从经济水平来看，重庆的经济发展整体水平仍然不高，但发展速度较快，加之其为直辖市的原因，各种因素结合起来产生的强大引力吸引了周边地区乃至全国各地的人口向重庆流动。当然，重庆也是一个农民工输出大省，但和以往大量人口涌出的壮观场景相比，一些人现在也选择了在本地流动，在人口大量流动的背景下，人的思想观念必然要受到影响，可以在一定程度上排除地方孤立主义所导致的思想狭隘局面的出现。如果从一段较长的历史来审视，近代开埠以来，重庆是西南地区重要的中心城市之一，各方人士集聚于此，在很大程度上使重庆的思想更趋多元化，也更趋开放和包容。因此，重庆思想多元化的进程在近代就已开始了，而改革开放后现代化步伐的加快无疑在很大程度上又进一步推动思想多元化的进程。

选择重庆这所医学院校的原因有：虽然长期以来该校为地方高校，但将人才培养、科研实力、服务社会的能力等各项指标结合起来看，该校的知名度及美誉度在重庆高校中都处于比较靠前的位置。由于医学院校绝大多数专业与生命科学息息相关，因而该校一直坚持了较高的人才培养标准，每年招收学生人数非常有限，在很长一段时间里规模都不大，高考分数线在一些年度并不逊于重庆最好的大学——重庆大学。现在虽然规模有所扩大，但对考生的要求并没有降低，而且学校的教学、科研质量一直在稳步提升，在2015年一跃成为省部共建高校。总之，将各种因素综合起来，该校可以作为一个有代表性的区域高校对其进行相关调查。

笔者于2016年8月底9月初主要针对该校医学专业的学生进行了相关调查，具体采用了问卷调查的方式。共发放问卷560份，回收545份，问卷回收率为97.3%；之后又发现23份不符合规范的问卷，故最终有效问卷522份，问卷有效率为95.8%。在分析过程中采用了Stata13.0进行问卷分析。

二 关于调查对象背景性因素的统计分析

（一）关于调查对象背景性因素的描述性统计

在本次问卷调查中，关于调查对象的背景性因素涉及年龄、性别、民族、政治身份、宗教信仰、上大学前的主要生活背景、高中学科背景、家庭收入、父母健在及健康状况、父母受教育程度、父母职业、是否独生子女、月收支情况等，用 Stata13.0 进行的描述性统计如表 5 - 1 所示：

表 5 - 1　　　　　　关于调查对象背景性因素的描述性统计

变量	样本量	均值	标准差	最小值	最大值
年龄	522	19.18966	0.7864302	17	24
性别	522	0.6340996	0.4821438	0	1
民族	522	0.9118774	0.283745	0	1
政治身份	522	0.9712644	0.2081311	0	2
宗教信仰	522	0.2030651	0.4026665	0	1
上大学前主要生活背景	522	0.5363985	0.4991517	0	1
高中学科背景	522	0.1417625	0.3491409	0	1
家庭收入	522	0.9655172	1.047233	0	4
父母健在情况	522	1.95977	0.2062143	0	2
父母健康状况	522	0.8831418	0.3215594	0	1
父亲受教育程度	522	10.26437	4.038091	0	19
母亲受教育程度	522	9.400383	4.093279	0	19
父亲职业	522	0.9425287	0.2329641	0	1
母亲职业	522	0.8314176	0.3747418	0	1
是否独生子女	522	0.4770115	0.4999504	0	1
家庭每月所给生活费	522	0.7950192	0.5594538	0	3
每月消费情况	522	0.5862069	0.5789339	0	3

注：除年龄外，为了方便统计，其余变量以虚拟变量或定序变量进行统计，变量的具体设置参见下文相关内容。

（二）相关背景性因素的具体分析

1. 年龄

在 522 个有效样本中，年龄最小的为 17 岁，年龄最大的为 24 岁，最大和最小年龄相差 7 岁，但是，根据均值 19.19 和标准差 0.786 可知整个样本的年龄集中在 19 岁左右。

2. 性别

为了便于统计，性别以虚拟变量进行统计，其中 1 = 女，0 = 男。此次调查中女生人数多于男生人数，达 331 人；而男生只有 191 人，所占比重为 36.6%。表面看来这对相关结果可能会带来一些影响，但这里必须要论及传统社会在孝道规范方面的一个鲜明特征：传统孝道规范主要针对男性进行要求，不管是基于家族血脉延续提出的"不孝有三，无后为大"，还是主要着眼于封建社会纵向家庭伦理关系的"父为子纲"等条目无不体现出这一特点。一个有趣的例子是曾经在民间社会广为流传的"二十四孝"中，除"涌泉跃鲤""扼虎救父""乳姑不怠"三个故事外，其余故事所宣扬的核心人物均为男性，这更是对传统孝文化所褒扬的孝行实施者凸显出明显男性性别特征的一种生动诠释，同时也从一个侧面映衬出传统孝文化在更多情况下是在男权主义盛行的社会中被解读和传承的。基于此种文化背景，女性调查对象占较高比重提供了对传统孝文化重新进行审视的更为多维的视角，在这种视角下，有可能发现传统孝文化在当代社会延续过程中出现的一些新问题，这些问题也许是发展传统孝道过程中必须被关注的一些问题。

3. 民族

结合第四章质性访谈相关内容，在代际伦理关系规范上少数民族也有自己独特的文化传统，正是不同民族孝文化的合流，才汇集成中华传统孝文化的整体构成系统，因此，在对传统孝道的研究过程中，民族也是应适当被考虑的因素。对民族也以虚拟变量进行统计，其中 1 = 汉族，0 = 少数民族。从统计结果来看，绝大多数调查对象为汉族学生，但也有少部分少数民族学生，包括了回族、藏族、维吾尔族、土家族等不同民族，所占比重为 8.8%，因此并不能涵盖全国少数民族的整体情况。虽然如此，这还是在很大程度上反映了少数民族所占比重的实际情况，因为此样本中少

数民族学生所占比重和全国少数民族人口所占全国人口比重的状况基本
吻合。

4. 政治身份

政治身份在统计时还是以虚拟变量进行统计，因为备选答案中的
"民主党派"无人选择，学生实际进行选择的只有三项，故只对这三个选
项赋值并进行统计，即 0＝群众，1＝团员，2＝党员。统计结果显示：所
有样本中既非团员又非党员的学生只有 19 人，所占比重仅为 3.6%；所
有样本中只有四名党员，在党团员中所占比重只有 0.8%。考虑到中国学
生到一定年龄后绝大多数会成为团员，其间并无非常严格的筛选机制，笔
者认为团员身份并不能成为客观反映调查对象政治身份的变量，而党员身
份在一定程度上可反映出学生的政治取向。但是，在本次调查中党员数量
过少，不过这从一个侧面又反映出了真实情况，由于有比较严格的要求和
复杂的程序，因此大学生中能够成为党员的往往是少数。

5. 宗教信仰

在统计宗教信仰时仍将变量转化为虚拟变量以便于统计和分析，即
1 代表有宗教信仰，0 代表无宗教信仰。在宗教信仰方面，统计结果显示
有 106 人有宗教信仰，所占样本比重为 20.3%，考虑到中国并不是一个
信教国家，这个数字还是比较惊人。而且从所选答案上看，选择基督教、
天主教、佛教、伊斯兰教、道教以及其他（未具体列入的宗教）的都有，
这在一定程度上反映出当下年轻人宗教信仰已呈现出较为多元化的发展
态势。

6. 上大学前主要生活背景

了解调查对象在上大学之前的生活背景也是重要的环节，长期在农村
和城市的生活经历对年轻学生价值观念的形成有重要影响，一个人的成长
尤其是年少时的成长经历是其整个生命历程中非常重要的构成部分，故在
此次调查中设置了相关问题。为了便于统计，调查结果也以虚拟变量进行
统计，即 1＝城市，0＝农村。由于在学生成长过程中，一些学生有在农
村和城市都生活过的经历，故在此用了"主要"一词以凸显生活时间长
短或影响程度大小，当然，在选择答案时还有一个学生主观判断的因素。
就这次小规模调查而言，与此相关的调查目前仅能做到这个程度，事实
上，同样是城市，城市规模、地理位置，尤其是文化积淀等因素对长期生

活于其中的人也是有一定影响的。同样道理，在农村地区，摒除经济方面的差距外，巨大的文化差异对年轻学生一些价值观的形成也有不同程度的影响。另外，长期生活于农村地区的年轻学生因为升学进入城市，或由一座城市到另一座城市，其间巨大的反差对年轻学生一些价值观的影响也比较大。总之，由长期生活背景所映衬出的文化差异等因素对年轻学生价值观的影响在未来相关研究中需要给予适度关注。统计结果显示：生活于城市地区的学生人数有 280 人，所占比重为 53.6%，整体来看，生活于城市的学生人数和生活在农村地区的学生人数基本持平。

7. 高中学科背景

学科背景对学生价值观念的形成也有一定影响，培根曾经说过："史鉴使人明智；诗歌使人巧慧；数学使人精细；博物使人深沉；伦理之学使人庄重；逻辑与修辞使人善辩。"① 故考察学科背景对青年学生价值观的影响尤为必要。个人兴趣偏好当然是另外一个话题，而学科背景差异也不是从上大学就开始的，明确进行分科在高中阶段就出现了，且在我国长期普遍存在。因为将面临高考这个重大的人生关口，故最后多数学生根据自己长期的整体情况做出理性的选择。客观而言，目前中国高考依然存在激烈的竞争，要想进入高等学府或理想的大学，考生必须要全面权衡进而才能做出相对合理的抉择。但是，高中的学科划分并不具有唯一性，高考选择专业时又面临二次选择或者被选择的过程，虽然相当一部分同学会延续以前学科背景，但也有一部分同学的学科背景会出现变化，因为在学科高度融合的大背景下，中国高校越来越多的专业都文理兼收。在尚未完全定型的情况下，大学学习环境尤其是专业背景所具有的一些独特要求对大学生价值观重塑无疑具有一定影响，要追溯这种影响，必须要有大规模跟踪调查才能获得比较可靠的信息，这显然超出了笔者目前的能力范围。基于这种原因，笔者在此次调查中选择了高中理科背景相对比较集中且目前专业有明显理科特征但同时也兼有浓厚人文气息的医学专业学生进行了调查研究。因此，此次调查的结果只能说明一类学生的情况，更多调查研究还有待未来进一步展开。因为调查对象目前学科背景已知（全为临床专业），此次只对其高中学科背景进行调查，并以虚拟变量进行统计，即

---

① ［英］培根：《培根论说文集》，水天同译，商务印书馆1983年版，第180页。

1＝文科，0＝理科，高中是文科生的有 74 人，所占比重为 14.20%，基本满足了本次调查主要研究较长时间拥有理科背景的学生对传统孝道认知的目的。之所以要进行这样的选择，是因为长期的理科背景使这些学生对传统孝道理论接触的渠道较之文科生要少，笔者主要想通过此类学生了解他们在一种较为自发的状态下对传统孝道理论的认知程度。

8. 家庭收入

调查对象的年家庭收入以定序变量进行统计，即 0＝5 万元以下，1＝5 万—10 万元，2＝10 万—20 万元，3＝20 万—50 万元，4＝50 万元以上。在 522 个调查对象中，有 219 人选择了家庭收入在 5 万元以下，占总样本 42% 的比重，考虑到即使是三口之家，除家庭日常开支外，还要供给一个大学生，5 万元年收入要维持一个家庭正常运行的确有些捉襟见肘。做此选择的相当一部分同学生活于偏僻的农村地区，这是可以理解的，因为 2014 年重庆农村地区常住居民的人均可支配收入为 9490 元。[①]在此项选择中，有极少数同学填报的父母亲学历较高且职业也较稳定，仍然选择了较低的家庭收入，结合一份问卷的整个内容来看，这应该不是客观的反映。笔者分析原因可能有二：一是有些同学可能并不清楚家庭的确切收入，从而出现了偏差；二是有些同学可能将家庭收入当成了个人隐私，认为是不便公开的内容，如果实在要统计还是写得越少越好。理论上综合分析后，笔者认为这些偏低的结果应适当提高档次为宜，所幸这些问卷所占比重不大，不影响整体的分析结果，因此在统计分析时仍以问卷所填答案为准。统计结果显示：调查对象家庭收入均值为 0.966，即家庭平均年收入接近 5 万—10 万元的水平。将均值和标准差结合起来，所有调查对象家庭年平均收入在 5 万元以下和 10 万—20 万元这个区间之间，由于标准差达到 1.047，这说明调查对象的家庭收入之间还是存在不少差异。不同区间家庭收入的人数和所占比重如图 5-1 所示。

9. 父母健在情况与健康状况

孩子是否拥有一个健全家庭对其孝观念形成和固化有非常重要的影响，从某种角度讲，家庭教育对人的影响甚至超越了学校教育和社会环境

---

① 罗芸：《连续 5 年我市农民收入增幅快于城镇居民》，《重庆日报》2015 年 2 月 1 日第 1 版。

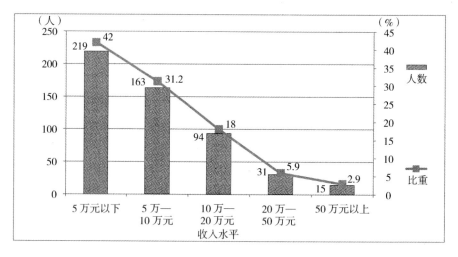

图 5-1　调查对象家庭年收入水平

的影响。当然，家庭健全程度不能仅仅用父母是否健在这一指标来衡量，父母亲关系的好坏、一个家庭所倡导的生活理念等无不在各个方面潜移默化地影响着孩子的成长，在此笔者仅仅将父母是否健在作为一个基本的衡量指标。从调查结果来看，绝大多数学生父母都健在，但也有单亲家庭甚至父母均不在的情况，为方便起见，分别为不同类别赋值并进行统计，即 0 = 父母均不在，1 = 父在或母在，2 = 父母均在。具体情况经计算后如图 5-2 所示：

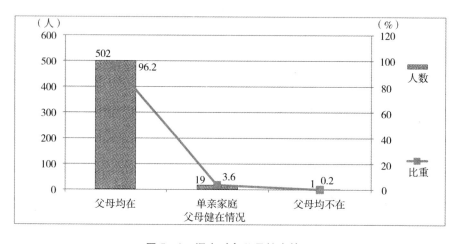

图 5-2　调查对象父母健在情况

父母亲健康程度对孩子的成长也会产生巨大影响，因为这是一个家庭是否健全的重要标志，健康的父母亲通过言传身教也直接影响了孩子一些观念的形成，并使其内化于思维深处，从而对他们的行为产生持续性及多方面的影响，其中当然包括孝道观念的形成和践行。在统计时，父母的健康状况也以虚拟变量进行统计，统计结果如图 5 - 3 所示。

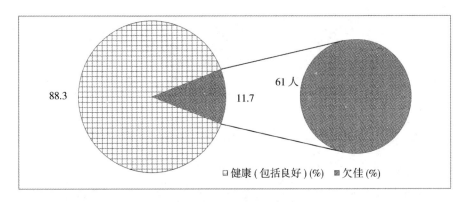

图 5 - 3　调查对象父母健康状况

结果显示：父母亲身体健康（包括良好）者 461 人，所占比重为 88.3%；父母身体欠佳者 61 人，所占比重为 11.7%。单亲家庭的学生选择答案应为父母一方的健康状况，但是，笔者注意到一名父母均已不在的学生也选择了答案，笔者推测是否是父母离开孩子时间不长或者父母的信息在孩子记忆中保持了深刻印象。总之，将父母健在和健康状况结合起来看，绝大多数学生是在比较正常的家庭环境中成长起来的，这在很大程度上会影响他们一些观念的形成和行为方式的选择。

10. 父亲受教育程度

家庭教育中与孩子成长密切相关的一个因素就是父母的文化程度，在此选择了父母受教育程度作为一个重要测量指标。虽然在现代社会，父母在家中的权威不断削减，但传统孝道所体现出的父母权威并没有实质性削弱，同时还出现了其他变化，例如，母亲在家庭中的地位不断在上升，对孩子的影响力相对增强。不过，和传统孝道相比，这些变化和影响并不是完全依靠自然地位产生的，在一定程度上是通过文化水平的提高对孩子产生潜移默化的影响。在统计过程中，根据教育程度不同将其定义为定序变量进行统计，即 0 = 不识字或很少，6 = 小学，9 = 初中，12 = 高中，16 =

大学，19＝研究生，调查对象父亲所受教育程度的具体情况如图 5 - 4
所示：

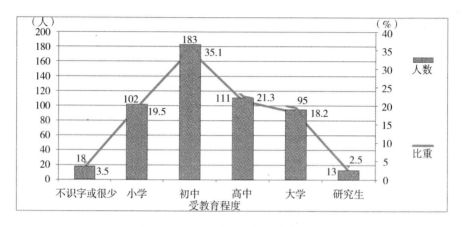

图 5 - 4　调查对象父亲受教育程度

结果显示：调查对象父亲具有初中文化程度的居多，共 183 人，占据
了 35.1% 的比重；其次为高中文化程度，111 人，所占比重为 21.3%；
具有小学文化程度与具有高中、大学文化程度的人数差距并不大；不识字
或很少与研究生人数最少，所占比重也最低。让笔者略感意外的是此次调
查对象的父亲主要是 1970 年前后出生的人，他们的年龄并不很大，在他
们接受教育的黄金时期并未出现大的政治波动和自然灾害，整个国家的经
济状况正在逐步得到改善，社会全面发展的步伐不断在加快，但就此次调
查得到的结果来看，他们的文化程度整体上并不高。

11. 母亲受教育程度

为便于统计，调查对象母亲受教育程度同样以定序变量进行，具体定
义和父亲受教育程度相同，统计结果如图 5 - 5 所示。

从结果看，除具有初中文化程度人数略高一点外，母亲受教育程度人
数较之父亲相对向低学历集中，但从整体看，父母亲受教育程度之间并不
存在很大差距，这从一个侧面反映出女性社会地位在不断提高。女性文化
程度的极大提高不仅是对传统社会"女子无才便是德"等落后观念的无
情摒弃，也是社会文明程度提高的一个重要标志。毋庸置疑，女性文化程
度和社会地位的提高必然会对子代家庭教育产生很大影响，反过来又会对
家庭代际伦理关系产生直接影响。

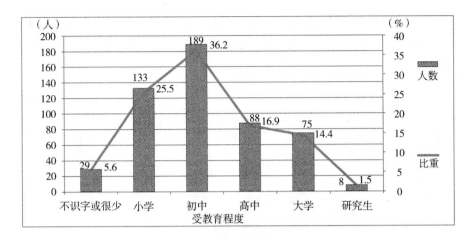

图 5 - 5　调查对象母亲受教育程度

12. 父亲职业

对父亲有无工作情况进行统计时同样也将之作为虚拟变量进行统计，即 1 = 有工作，0 = 无工作，统计结果如图 5 - 6 所示：

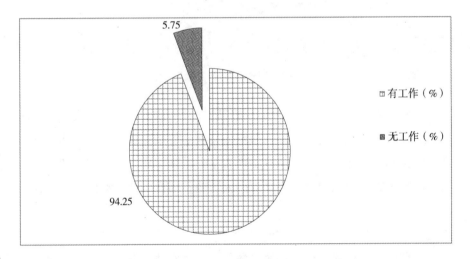

图 5 - 6　调查对象父亲有无工作

结果显示：父亲没有工作的只有 30 人，所占比重仅为 5.75%。不管在传统社会还是在现代社会，年龄在 40—50 岁且子女还未完全独立的男性承担着很大的生活压力，一直是家中的顶梁柱。在家庭规模日趋缩小的今天，其身上承担的责任和压力并未减少，在一个普通的家庭，处于这个阶段的男性有健康的身体和正常工作是一个家庭能够持续运行的重要标志，故此样本中绝大多数学生父亲拥有正常工作也是对现实情况的一种客观反映。

13. 母亲职业

对调查对象母亲有无工作情况同样是将其作为虚拟变量进行统计的，结果显示 88 人没有工作，仅占 16.9% 的比重，具体如图 5-7 所示：

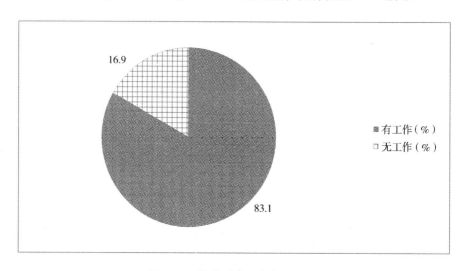

图 5-7　调查对象母亲有无工作

由此也可以看出现代家庭观念和传统社会相比发生了巨大变化，在现代社会女性拥有一份工作是经济乃至人格独立的重要标志。就实际情况来看，许多职业女性即使生了小孩后也会马上重新工作，这种理念和行为当然会对整个家庭和孩子的教育产生很大影响，同样也会影响到家庭的代际伦理关系。

14. 是否独生子女

长期严格的计划生育政策的实施使中国家庭结构发生了巨大变化，独生子女家庭不断增多，许多"80 后"和"90 后"有了不同以往的全新的成长环境，这种环境对孩子的成长产生了多方面影响。因此，本次调查中对调查对象是否为独生子女进行了调查。鉴于调查对象都为"90 后"，有多个兄弟姊妹的现象并不多，因此，在设置问题时只设置了两个答案，在统计时将其作为虚拟变量，独生子女赋值为 1，否则为 0。统计结果显示：

非独生子女数量为 273 人，其所占比重竟然超过了独生子女家庭。虽然在其他一些相关调查或质性访谈阶段笔者也深知在许多农村地区"养儿防老"观念依然深入人心，在生育过程中对男孩过多的预期使得许多家庭有了两个甚至更多的小孩，但这次调查出现的这个结果还是让笔者略感意外。相关情况具体如图 5 - 8 所示：

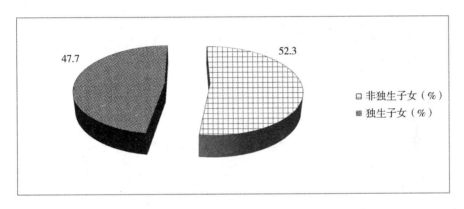

47.7　　52.3

□ 非独生子女（%）
▨ 独生子女（%）

图 5 - 8　调查对象中独生与非独生子女情况

15. 调查对象月收支情况

（1）家庭每月所给生活费用情况

几乎所有的大学生都没有独立生活能力，这其中所包含的一个重要内容就是他们基本缺乏经济独立能力，但处于思想多元化且日益物质化的社会大背景下，经济因素不可避免地会对家庭代际关系产生影响。因此，笔者在问卷调查时设置了相关问题，为方便统计，在统计时同样将家庭每月所给生活费用作为定序变量进行处理，统计结果如图 5 - 9 所示。

从图 5 - 9 可以看出：有 349 人每月家庭所给生活费用为 1000—2000 元，占所有调查对象 66.9% 的比重；而每月家庭所给生活费用在 1000 元以下者有 142 人，所占比重为 27.2%；二者合计 491 人，所占比重为 94.1%。这在一定程度上可管窥出当下一部分大学生生活费用来源的特征。

（2）每月消费情况

与每月家庭所给生活费用相同的方法对调查对象每月消费情况进行统计，结果如图 5 - 10 所示：

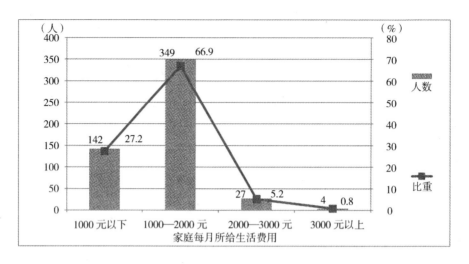

图 5 - 9　调查对象每月所获家庭给予生活费用

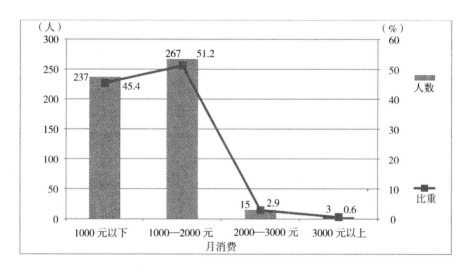

图 5 - 10　调查对象每月消费情况

　　和家庭每月所给生活费用情形大致相同，从图 5 - 10 可以看出：有 267 人每月消费 1000—2000 元，占所有调查对象 51.2% 的比重；每月消费 1000 元以下的有 237 人，所占比重为 45.4%；二者合计共 504 人，比重为 96.6%。这个结果也在一定程度上表明了一些大学生每月消费的基本特征，再将收入和支出结合起来分析，可反映出一些学生还是本着量入为出的原则进行消费的，甚至更为节约。

三　调查结果分析

（一）对传统孝文化的整体认知程度

　　经过长时间积聚，传统孝文化有着丰富的内涵，对其外延很难形成一个准确的判断，因为传统孝文化是由不同的复杂系统构成，并不是单一的静态的系统存在。就整个传统孝文化构成体系而言，在理论层面的专门性研究成果，更多时候以不同形式依附于其他理论体系之中，同时也以更灵活的形态融入社会生活各个层面，从而产生了较大的社会影响。内涵的丰富性和外延的广阔性决定了对其认知的测量本身也是很复杂的一件事。在此考虑到调查对象的学生背景，笔者试图从学生对《论语》《孝经》和"二十四孝"的熟悉程度入手进行简单测量，其中，立足《论语》和《孝经》主要是为了考察调查对象对传统孝文化基本理论的认识。从《论语》入手是因为在相当程度上《论语》可作为传统文化的一个重要符号，不似一些皇皇巨著给人所带来的敬畏感，在其格言式行文风格和朴实话语背后不时渗透出深邃的哲思，使人倍感亲近。有关"孝"的核心思想在《论语》中穿插于不同章节中，虽然比较零散，但中心却非常明确，因而将对《论语》的熟悉程度作为了解普通民众对传统孝文化基本理论认知程度的一个判断标准，是有一定依据的。在儒学体系中，无论传统社会还是现代社会，鲜有如《论语》普及程度之广的作品，因此，笔者在此将对其的熟悉程度作为判断调查对象对传统孝文化认知程度的下限。引入《孝经》是因为它是为数不多的专门针对"孝"进行论述的著作，虽然篇幅短小，但在传统孝文化发展过程中的重要地位不容小觑。尽管如此，由于论述对象的专业性，也鉴于传统孝文化日渐式微的现实，即使一些中国哲学、伦理学专业的研究生也未必精读过此书，因此，笔者在此将对《孝经》的熟悉程度作为判断学生对传统孝文化基本理论认知程度的上限。由于表现形式的通俗性和传播方式的多样性，在孝文化传播过程中，"二十四孝"也是不容忽视的重要作品，曾在民间社会产生过广泛的影响，因为这样的原因，在此还引入了"二十四孝"，主要想从一般意义上了解学生对传统孝文化的认知程度，而且相应调查结果也可从一个侧面反映出传统孝文化的延续情况或衰微程度。经过调查和统计后，学生对《论语》《孝经》和"二十四孝"的熟悉程度分别如图 5 – 11、图 5 – 12 和 图 5 – 13 所示。

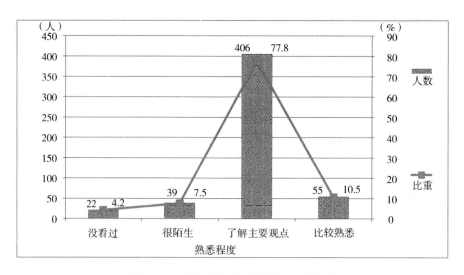

图 5 – 11 调查对象对《论语》熟悉程度

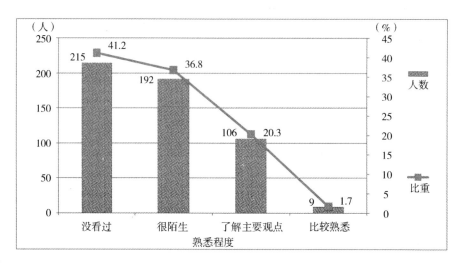

图 5 – 12 调查对象对《孝经》熟悉程度

从结果看，如果以对《论语》的熟悉程度作为测量依据，可反映出传统文化对当代大学生仍有一定影响，因为"了解主要观点"和"比较熟悉"的学生共 461 人，占据了 88.3% 的比重。相比较而言，绝大多数

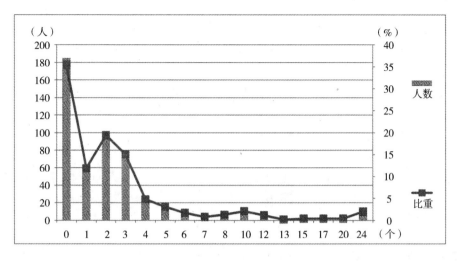

图 5 - 13　调查对象对"二十四孝"熟悉程度（所了解其中故事的数量）

学生对《孝经》比较陌生，"没看过"和"很陌生"的 407 人，占据了近 80% 的比重，这也基本符合之前的判断。如果从调查对象在生活层面对传统孝文化的了解，亦即从其对"二十四孝"的熟悉程度来看，即使现在一些公园等公共场所仍有以"二十四孝"为主题的各种形式的宣传，而且在信息时代，现代社会比传统社会有更多的认知途径，但总的来看，多数学生对"二十四孝"仍然比较陌生。甚至有 185 名（占总人数的 35.4%）学生不了解"二十四孝"中任何一个故事，而对其中所有故事都了解的仅十人，所占比重接近 2%，这也在一定程度上说明传统孝文化的衰微程度。

（二）对孝道内涵的认知

用最宽泛、最通俗的语言不妨如此定义"孝"："孝"就是对父母、长辈好。但是要对其进行稍微详细的定义就会发现这其实是很复杂的一件事。首先，这个"好"不仅包括物质层面同时也包含了精神层面的内容，而且从不同视角审视，又有不同的构成系统。其次，从时间序列来考虑，孝行肯定是一个长期性行为，如果仅是短期行为就无法为其赋予道德方面的内涵，而且和其他社会、道德行为相比，它还有超越生命阶段的鲜明特征。最后，孝行显然涉及双向评价或者多维评价，不能仅由一方来做简单判定，当然，对孝行的评价固然要针对具体的对象和内容，也要符合社会的一般规范和评价标准。从这几个层面入手，笔者在问卷调查中设计了相关的题目。与此密切相关的一个问题是怎么才算孝敬父母？并设计了相应答案，答案中对传统孝道所涵盖的主要内容进行了最简单的概括，通过这个问题主要想了解学生对传统孝道基本内涵的把握程度。调查结果如图5－14所示：

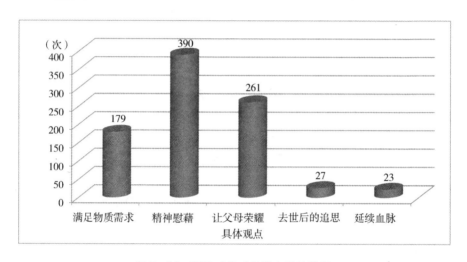

图 5 - 14　调查对象对孝道内涵的认识

由于该题为多项选择，故相当一部分学生选择了多个答案。最后结果显示：选择"精神慰藉"的次数最多，达到 390 次；其次是让"父母荣耀"，达到 261 次；第三才为满足父母的物质需求；至于"去世后的追思"和"延续血脉"选择的人很少，不占主流。从整体上分析，排第一、二位的本质上都属于精神层面的内容，这一方面反映出学生目前还没有经济独立能力，无法为父母提供可靠的经济支持，正是因为这样的原因才使他们对精神因素的倚重超越了物质因素。另一方面也能反映出经济快速发展对普通居民生活的深刻影响，在传统社会，能为父母提供基本的衣食是孝道所包含的一项重要内容，但在当下这显然已不是一个普遍性的重要问题。另外，从结果上也可看出孝道观念在传递过程中已发生了嬗变，选择对父母去世后追思和延续血脉的人寥寥无几，几乎可忽略不计，须知在传统社会这是孝道的重要构成内容，父母去世后守孝三年是一个最基本的人伦规范，而且在传统社会人们对孝道的一些认识中，延续家族血脉的重要性甚至超越了其他孝行而居于首位。当然，青年学生目前还没有成立家庭，未生育子女，对一些问题没有切身体会，没有更深刻、更丰富和更完整的人生体验，虽然以后对一些问题的认识是否会发生变化确实难以知晓，但目前一些认识仍能传递出传统孝道在当前社会的存在境况与出现变化的若干信息。

（三）对传统孝道在当代价值的认识

对传统孝道在当代价值的评判很大程度上是以对传统孝文化的整体了解和内涵的认知程度为基础的，这是密切关联的几个问题。回顾传统并不是体现回归意识，主要是为了立足当下、着眼未来，故前边两项调查展示了调查对象在传统孝文化方面的认知视域和知识背景。针对传统孝道在当代价值这个问题，笔者设置了"不了解""具有阻碍作用""中性"以及"具有积极作用"四个备选答案。经过统计，有35人选择了"不了解"，因而无法做出具体的价值评判，其余487人对传统孝道在当代价值的认识如图5－15所示：

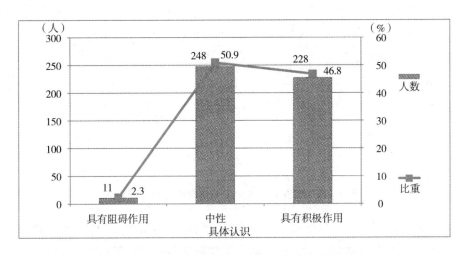

图5－15　调查对象对传统孝道在当代价值的认识

结果显示：认为传统孝道具有中性价值的人数居首位，所占比重略超过一半；其次为认可其价值的人数，所占比重与居首位的相去不远；还有11人认为传统孝道具有阻碍作用，仅占2.3%的比重。但要注意，持中性态度的学生在有了更丰富的人生阅历后认识有可能发生变化，在思想多元化且各种思想相融、碰撞、密切交织的过程中，在传统文化不断被削弱的大趋势下，不可能有一种思想处于绝对的统治地位而恒久不变。这给我们的深刻启示是：包括对孝道在内的传统思想的发展不是出于单方面的主观愿望，而是迫于现实需求所做出的必然选择。

（四）对调查对象孝观念及孝行为的具体考察

在以下分析过程中，先从具体的可考察的行为入手，然后再对其后的孝道观念进行分析。

1. 不含假期，每学期回家次数

除家在主城区未作答之72人外，其余调查对象每学期回家次数（不含假期）经统计后如图5-16所示。

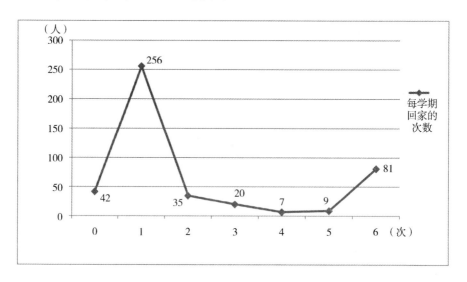

图5-16   调查对象每学期回家次数（不含假期）

此题限制了一定的条件：家在主城区的同学不用回答这个问题，因为主城区同学至少有每周回家的可能，个别同学甚至有每天回家的可能，虽然以主城区为界并不是一个非常准确的界限，但还是能在很大程度上对学校和学生家的距离进行一个相对明确的区分。设置这个问题是考虑到调查对象中除主城区学生外，还有较多学生家在重庆其他区县或周边地区，平时回家次数相对较多，而且随着交通等基础设施的不断改进和生活水平的整体性提高，许多外地同学也有在节假日回家的可能，因此，学生回家频率也能在一定程度上反映出"90后"大学生的一些家庭观念。当然，受

条件限制，一些同学只能在假期回家；另外，从回家频率这一单一指标还
很难反映出一些深层次观念，例如，仅通过回家还不能将之与孝意识、孝
观念直接联系起来，只能作为一种参考。为了比较深入地了解年轻大学生
对家的认识，笔者又对学生喜欢（回）家的主要原因进行了调查分析，
结果如图 5-17 所示：

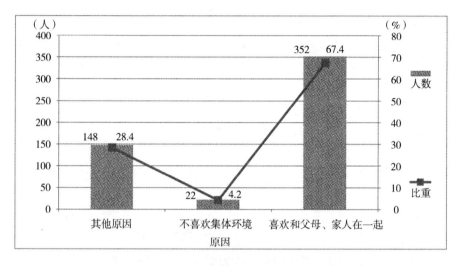

图 5-17 调查对象喜欢（回）家的原因分析

从结果上来看，超过一半的学生喜欢（回）家是因为浓厚的家的情
结，而导致这种情结出现的重要原因是家中无法替代的亲情。因此完全可
以这么认为：只要人类社会不断延续，家庭在较长时期内必然存在，其中
浓厚的亲情无法被人为割舍，而这正是孝意识、孝伦理产生的重要基础。

2. 对孝敬父母情况的评价

在本次问卷调查中还设计了在孝道实施方面自我评价和父母评价的问
题，相关题目分别为："你觉得你孝敬父母吗？""在孝敬父母方面父母对
你满意吗？"并设置了"是""否"及"一般"表示相应的表现状况和满
意程度。调查内容和结果如图 5-18 所示。

当然，由于在评价过程中主观性因素过多，而且父母对孩子在孝道
方面的满意程度显然通过调查他们的父母更为合适，但由于调查对象具
体生活区域的分散性，实际很难做到这一点，因此只能采用同一对象从
不同视域出发进行评价的方式进行。从结果看，绝大多数人对自己目前

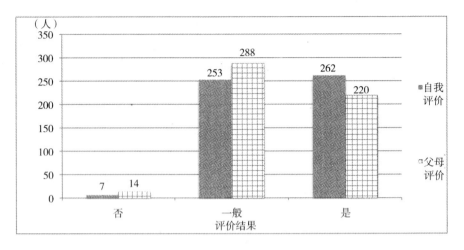

图 5-18　对调查对象孝敬父母情况的评价

的表现给予了肯定或基本肯定，这与从另一视域出发给予的回答相差并不很大。

3. 对孝敬父母原动力的认识

在目前情况下，调查对象孝敬父母的原始动力究竟是什么呢？是主动行为还是被动服从？笔者也在问卷中设置了相应问题对其中原因进行了调查研究。需要指出的是，笔者在此并不是直接对调查对象孝敬父母的原动力进行分析，而是基于调查对象的认识所进行的分析。在问卷中设置的三个答案根据实际生活中由弱到强、由被动到主动程度，在分析过程中分别为其赋值：0 = 迫于外在压力；1 = 服从社会的一般规范；2 = 发自内心的真诚感情。如果单从分析方法角度而言，调查对象孝敬父母的原动力属于无序分类变量，但在此必须要结合相关伦理学原理进行解释，从 0 到 2 其实表明了道德自觉的程度，即从道德他律向道德自律转化的过程，这个过程肯定不是一蹴而就的，而是体现出了连续性含义。统计结果如图 5-19所示。

结果显示：除个别人外，多达 97.5% 的学生认为孝敬父母是发自内心的真诚感情，这也和传统孝道出现和发展的终极驱动力相一致，正是在此点上的高度相似性，我们对传统孝道在现代社会能得以延续有了一定的信心。因为在数千年时间里维系这种价值体系得以前行的原动力并不是各种外在的强制性力量，而是在血浓于水的亲情联结下发自内心的最真诚的

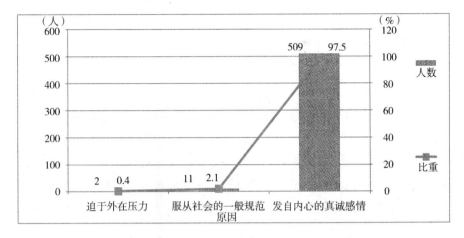

图 5 - 19　调查对象对孝敬父母原动力的认识

感情，只要有人在，这种感情就不会消失，这是我们在当代社会提倡孝道的一个最根本的理由。

4. 未来是否有负责父母养老的意愿

与上一个问题密切关联的是"未来你父母年老体衰，你会尽你所能长期对他们生活负责吗？"并设置了"是""否"以及"要看具体情况"三个备选答案。相关统计结果如图 5 - 20 所示：

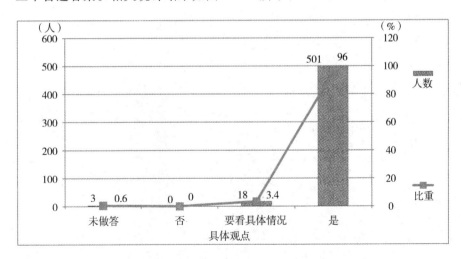

图 5 - 20　调查对象是否有对父母未来养老负责的意愿

从结果看，96% 的调查对象选择了"是"，这是一个让人欣慰的答案，虽然调查对象中有超过一半的非独生子女家庭，但和传统大家庭相比，"90 后"在未来将面临更大的养老压力。为了强调养老过程的持续性特征，笔者在设计题目时特意加了"长期性"一词，但还是得到了一个有绝对倾向性的答案。当然，这也不排除在选择答案时融入了非真实的意愿，因为在对诸如此类问题进行回答时还要考虑是否符合一般社会道德规范的问题，一个人如若违背了已普遍认可和遵循的社会规范必然会被视为异类。因此，调查对象在选择答案时首先要从是否符合常规的角度进行衡量，然后再做出一个不出格的、大家基本能接受的选择，这其实是常人思维模式的一种表达。另外，即使是真实意图的表达，对知行合一绝不能仅仅依靠一两句话进行判断，这是需要用终身行为去诠释的一个重要命题，包含了哲学和生活世界等多方面的衡量标准。总之，此类答案仅仅为分析相关问题提供了一些参考，而非绝对客观的证据。

5. 对孝道双向性的认识

这里所言的孝道双向性是指孝道并不是对父母无条件的服从和付出，而是有前提的，并符合先后顺序，即先有父母的付出，才能得到孩子的回报。为了探究"90 后"大学生对这个问题的认识，笔者设置了"孝敬父母的前提是否是父母在自己能力范围之内在物质和精神层面对孩子要好?"并让学生在"是"与"否"之间做出选择。相关调查及统计结果如图 5-21 所示：

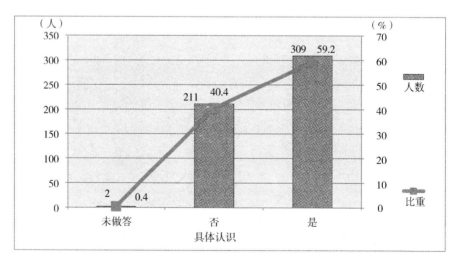

图 5-21   调查对象对孝道双向性的认识

设置这个问题并不是完全从道德角度考虑的，而是为了深入考察当代年轻大学生对传统孝道的认识而专门设置的，在此仅将其当成一个问题为宜。设置这个问题还蕴含比较的视角在其中，因为传统孝道的实施几乎是无条件的，即使如此，在长期舆论导向所塑造的一种较为恒定的文化氛围包围下，甚至还出现了诸如对埋儿奉母等极端主义道德行为进行宣扬的舆论场。孝敬父母当然是子女应尽的责任，但在人类文明不断发展的过程中，传统孝道的一些构成体系（即使不是核心的构成体系）中违背基本人道主义原则的理念和行为必然要被抛弃。新时期孝道绝不是对传统孝道所有构成体系的简单照搬和复制，而是要尽可能体现出对每个人最基本的尊重，每个人都应肩负起各自应承担的责任，不能仅仅只约束某一方，在平等、互助等基本原则和精神的指引下，适应新时期发展需求，以传统孝道为基础的代际伦理体系才能真正构建起来。简而言之，在新时期对传统孝道中的一些内容要进行筛选或要通过发展的环节使其合理性进一步增强，这是传统孝道在新时期得以延续的重要的自我更新过程。从调查结果看，占比重59.2%的学生认可孝道的双向性，但也有占比重40.4%的学生持反对意见。这一方面反映出一些"90后"年轻大学生对传统孝道有新的认知；另一方面也映衬出传统孝道仍或隐或显地呈现出根深蒂固的顽强影响力，这恰好比较恰当地反映出孝道之延续必然要在传统和现代碰撞的过程中进行。

6. 对孝行实施过程中道德冲突（两难境地）的认识

理论层面对孝道的认知状况不仅在宏观层面决定认知主体对孝道存在意义的认识，也影响他们在实践过程中具体的道德判断和行为选择，因为从义务论、功利论等不同指导原则出发，即使面对同一对象，也可能会出现一些道德冲突。即使如此，假设传统孝道在现代社会能得到较为完整的延续，这些道德冲突很可能不会出现，因为传统孝道始终以父母、老人为中心，如果出现冲突，其他人的权益、利益必然要被舍弃。在这种原则指导下，甚至出现了一些极端主义的道德行为，掀起了一些道德狂热。而在现代社会，在对平等不断追求的过程中，在各种合力作用下，社会的公平、正义得到了持续性的促进和发展。在这种社会背景下，传统孝道体系不可能得到完整的维护，即使在微观的家庭领域，对代际关系的认识以及相应的行为选择也不可能不受到影响。正是基于这样的考虑，笔者设置了相应的问题："在孝敬父母方面有时需要牺牲自己利益，你会怎么做？"
并根据问题设置了四个备选答案，调查结果如图 5 - 22 所示：

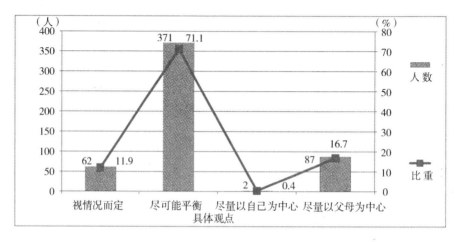

图 5 - 22   调查对象对孝行实施过程中道德冲突（两难境地）的认识

从结果看，以父母为核心的传统孝道观念影响甚微，仅有占比重
16.7% 的人认可这种观点，绝大多数人选择了"尽可能平衡"，这说明，
在一些"90 后"大学生心目中，在尽孝方面子女权益纳入了和父母同等
重要的地位。从家庭领域来讲，这并不是孝道衰微的标志，恰好是其进步
的一个重要表现，现代社会提倡的孝道必然要和现代社会的精神高度相
融，否则在生活中将难以持续，最终还是要被整个社会淘汰。

7. 对现代社会重新宣扬孝道的认识

针对在现代社会重新宣扬孝道的意义认识问题，分别设置了"是一
种历史倒退""没有多大意义"及"有积极意义"三个备选答案，除了两
人未作答外，其余 520 人所统计结果如图 5 - 23 所示。

统计结果显示：认为现在弘扬孝道有积极意义的学生占绝对优势，所
占比重高达 92.9%，反映出"90 后"大学生对传统孝道传承的鲜明倾
向。之所以出现这样压倒性的结果，也与当前代际伦理关系方面存在一些
问题有密切关联，因为有问题，才需要相应的代际伦理来调节，而在当
下，传统孝道仍显示出其难以替代的地位和作用。为了进一步了解当前的
孝道状况，除在质性访谈阶段进行了相关分析外，在此次问卷调查中，基
于调查对象所了解的情况，笔者也设置了相关问题，让调查对象对周围乃

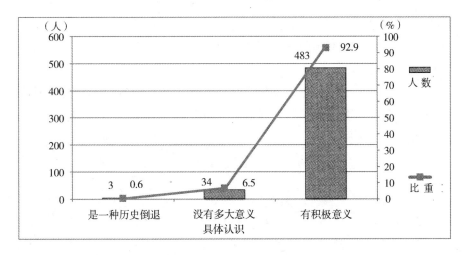

图 5 – 23　调查对象对现代社会重新宣扬孝道的认识

至整个社会的孝道状况进行评价。调查结果如图 5 – 24 所示：

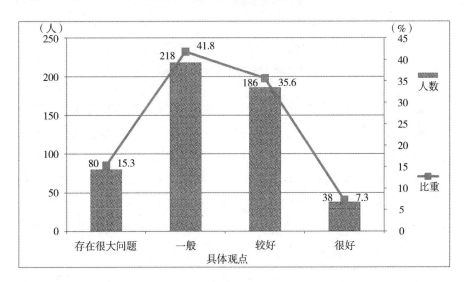

图 5 – 24　调查对象对周围乃至整个社会孝道状况的认识和评价

　　学生根据自身的了解，对周围乃至整个社会孝道状况进行了评价。明确认为比较好或很好的有 224 人，所占比重不足一半；其余 298 人也就是 57.1% 的学生认为他们所了解的周围乃至整个社会的孝道都有很大问题或一般。正是因为有问题或有改进余地，绝大多数学生才觉得现在弘扬孝道有积极意义，深刻地说明这个结论在很大程度上是根据客观现实而得出的。

8. 对现代社会有无必要让"孝"成为一种普遍的社会意识和行为的认识

对于"你觉得在现代社会有没有必要让'孝'成为一种普遍的社会意识和行为"这个问题,笔者设置了"有"和"没有"两个答案,统计结果如图 5-25 所示:

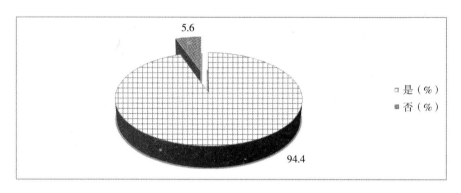

5.6

94.4

是(%)
否(%)

图 5-25   调查对象对现代社会有无必要让"孝"成为一种
普遍的社会意识和行为的认识

其中,94.4% 的调查对象认为让"孝"成为一种普遍的社会意识和行为是有必要的,这也可以在一定程度上反映出当代大学生对传统孝道还是高度认同的。同时也可以从一个侧面反映出孝道在当代社会的整体性缺失,正是因为存在严重缺失,所以才有发扬的必要,这一点在质性访谈阶段也有所反映。虽然在具体的规范方面必须要根据社会发展实际不断加以改进,但其中最为核心的理念却基本上是恒定的,这就是当下我们对传承传统孝道充满信心的原因所在。

(五) 对两个重要问题较为深入的分析

1. 与调查对象孝观念和孝行相关的两个重要问题

在以上分析基础上,笔者还选择了两个重要问题对调查对象的孝观念和孝行分别进行了较为深入的研究。

第一,经济因素是否在代际关系维系中起到了较大作用

针对"你认为经济因素在维系父母和子女感情中的作用"设置了四

个备选答案，在统计时分别用0、1、2、3为"不起决定作用""一般""比较大""非常大"这四个答案赋值。从统计结果看，调查对象对这个问题认识的均值为0.824，标准差为0.714。具体来看，认为经济因素在维系代际关系中不起决定作用或起一般作用的学生共有447人，共占85.6%，这说明，至少在涉及代际关系的一些观念形成过程中，经济因素并未起到主导性作用。考虑到调查样本中生活于农村地区的学生占据了近一半比重，而且调查对象的消费呈现出了节约型特征，综合相关因素进行整体考量，这确实能得到比较合理的解释。进一步拓展思维，在一个更为广阔的历史境域中对此进行分析也可找到一定原因，在传统社会中，在纷繁复杂的孝道规范背后其实体现出了一种基本的理念和认识：孝敬父母是一个正常的人所必须具备的道德素养，因而体现出了某种必然性的特征。但这主要是从应然性角度做出的理解和认识，人生活在复杂的社会环境中，不可能不受其影响，因此，孝意识和行为后天培养的重要性便由此显示出来了，诸多严格的孝道规范正是出于这种需要而制定出来的。当然，传统孝道单方面对子女进行过高要求其实是不合理的，在孩子成长过程中父母也负有不可推卸的责任，在对孩子照顾、抚养过程中不可避免地包括了经济方面的因素，但也绝不能将其他因素悬置而唯一凸显代际关系维系中的经济因素，否则就会走向反面。

整体看来，并不能依靠经济因素这一单一指标去判断传统孝道是否在"90后"大学生身上得到延续，但其中出现的一些新变化也要引起我们的注意。因为认为经济因素在维系代际关系中所起作用比较大或非常大的共有75人，所占比重为14.4%，虽然所占比重比较低，但说明还是有学生认识到经济因素在维系代际关系方面的重要作用。这个比重还有可能会继续上升，因为有270人认为经济因素在维系代际伦理关系中所起作用一般，传递出的重要信息是，至少他们认为经济因素还是起作用的，只是不起决定性作用而已。而且相当一部分学生的价值观并未定型，进入社会后极有可能发生转向，这些问题都需要引起我们的注意。总之，传统孝道中的重要理念和原则在一些"90后"大学生身上得到了一定程度的延续，但同时也出现了比较明显的变化。因为经济因素在维系代际关系中的作用这个问题在研究当代孝道存在状况过程中有着非常重要的意义，因此笔者又对其进行了较为深入的量化分析。为了深入考察调查对象对这个问题的认识，立足本次调查资料，笔者对调查对象相关认识和其中一些背景性因素之间的关系进行了进一步分析。

第二，调查对象孝观念和孝行受哪些因素影响比较大

调查对象孝观念和孝行包括了多方面内容，在此仅以调查对象和父母通电话情况为例进行尝试性分析。之所以选择这个指标，是因为测量孝观念及孝行为的指标虽然较多，但相对普通大学生而言许多指标并不适用，就年轻大学生的实际情况来看，每周和父母通电话次数是能够把多数调查对象观念和行为有机联系起来的一个最简单的指标。为了考察调查对象的孝观念和孝行为，本次问卷调查设置了每周和父母通电话次数的问题，备选答案从 0 次一直到每天都通话，统计结果显示：调查对象每周和父母通电话次数的均值为 2.808，标准差为 2.184。但这里必须要考虑到调查对象生源方面的因素，至少在十年前，外地学生到重庆这所医科院校读书者寥寥无几，现在虽有逐渐增多趋势，但川渝地区学生的比例仍相对较高。因此，家在主城区及附近学生自不必说，就是离重庆不远的四川等周边一些地方，随着一些基础设施不断完善，交通日趋便捷，家在这些地方的学生也不一定非要在节假日或寒暑假回家，平时回家的可能性进一步增大。在这种情形下，除一周之内不和父母通一次话的 19 人外（所占比重仅为3.6%），其他人每周至少要和父母通话一次，这显示出在独立意识和自主性不断增强的年龄段，强烈的家的情结仍然把年轻大学生和父母紧紧联结在一起，当然，现代社会不断出现的先进通信设施也为子女和父母的感情沟通提供了可能。人各种观念和行为其实是在一个多维的关系网中形成的，为了深入剖析调查对象的孝观念和孝行与其背景性因素的内在关联，笔者又用回归分析的方法对其进行了进一步研究。

2. 变量与方法

（1）因变量

第一个问题的因变量为调查对象对代际关系中经济因素的认识，具体赋值原则为：0 = 不起决定作用，1 = 一般；2 = 比较大；3 = 非常大。第二个问题的因变量为每周与父母通话次数，以 0—7 分别代表每周和父母通话的实际次数。

（2）自变量

按照一般经验，将年龄、性别等身份识别特征，政治身份等政治因

素，宗教信仰等思想因素，家庭收入等经济因素作为自变量和控制变量引入进来更为妥当。但由于是小样本调查，样本选择的范围小，加之调查的针对性强，因而第一个问题在自变量选择方面并未将所有变量都引入进来，最终只是引入了一些核心变量作为自变量，主要有：①家庭收入；②父母是否都健在；③家庭每月所给生活费；④学生每月消费。这里需要说明的是在分析过程中为何未将父母是否有工作引入进来，因为笔者考虑到父母是否有工作对家庭经济状况进而对调查对象相应观念的影响最后其实都可以通过家庭收入这一变量从整体上进行涵盖。之所以在分析过程中引入了父母是否健在这个变量，主要是它的影响至为关键因而不容忽略。因为父母是否健在不仅对孩子健康成长有重要影响，而且现代社会女性普遍要参加工作，这不仅是身份独立的象征，同时也是家庭收入的另一重要来源，必然会对子女的相应观念产生作用。父母任何一方的缺失不仅意味着家庭完整性的破坏和健全程度的受损，从经济角度来看也意味着家庭收入的减少，在这种情况下，子女对经济因素作用的认识也许会更深刻一些，这种认识极有可能会有意或无意地融入到代际关系中来。总的来看，这些变量都与经济因素直接或间接相关。

第二个问题的自变量包括年龄、性别、民族、政治身份、宗教信仰、长期生活背景、高中学科背景一直到每月生活费收支等一些身份识别因素及与生活方式密切相关的因素；还有父母是否健在、健康状况、受教育程度、职业等父母亲因素；以及家庭年收入、是否独生子女等家庭因素等。两个问题的自变量具体分类和定义如表 5 – 2 所示：

表 5 – 2　　　　　　　　回归分析过程中的自变量及定义

自变量	具体定义
年龄	连续变量　实际年龄
性别	虚拟变量　1 = 女，0 = 男
民族	虚拟变量　1 = 汉，0 = 少数民族
政治身份	虚拟变量　1 = 有政治身份，0 = 群众
宗教信仰	虚拟变量　1 = 有，0 = 无
长期生活背景	虚拟变量　1 = 城市，0 = 农村
高中学科背景	虚拟变量　1 = 文科，0 = 理科

续表

自变量	具体定义
家庭收入	定序变量 0 = 5 万元以下，1 = 5 万—10 万元，2 = 10 万—20 万元，3 = 20 万—50 万元，4 = 50 万元以上
父母是否健在	定序变量 0 = 都不在，1 = 父或母在，2 = 父母均在（这里只是着眼父母是否健在的客观情况对变量进行定义）
父母健康状况	虚拟变量 1 = 健康（包括良好），0 = 身体欠佳
父亲、母亲受教育程度	定序变量 0 = 不识字或很少，6 = 小学，9 = 初中，12 = 高中，16 = 大学，19 = 研究生
父亲、母亲职业	虚拟变量 1 = 有，0 = 无
是否独生子女	虚拟变量 1 = 是，0 = 否
每月生活费的收支	定序变量 0 = 1000 元以下，1 = 1000—2000 元，2 = 2000—3000 元，3 = 3000 元以上

（3）方法

第一个问题在确定变量后对其进行了定序 logit 回归。

第二个问题依然进行了定序 logit 回归，但其中运用了逐步回归的方法，将保留概率设为 pr（.05）以选择一个较优模型，目的是找出其中与因变量呈现出较为显著相关关系的变量。

3. 回归结果分析

对第一个问题的定序 logit 回归结果见表 5 – 3：

表 5 – 3 调查对象对经济因素在维系代际关系中作用认识的定序 logit 回归结果

	对经济因素在维系代际关系中的作用的认识
家庭年收入	0.092 (0.092)
父母是否健在	– 1.728*** (0.413)
家庭每月所给生活费	– 0.317 (0.214)

	对经济因素在维系代际关系中的作用的认识
每月消费	0.484*
	(0.197)
cut1	-3.966
	(0.823)
cut2	-1.417
	(0.801)
cut3	0.782
	(0.835)
Log likelihood	-532.828
LR chi2 test	23.12***
Pseudo R²	0.021
N	522

注：*表示在 0.05 水平上显著，***表示在 0.001 水平上显著；括号内数字为标准误。

　　模型 1 在 0.001 水平上显著。模型显示：父母是否健在对调查对象对经济因素在维系代际关系中作用的认识在 0.001 水平上有显著的负向影响，这证实了在选择自变量时的考虑：在女性都普遍参加工作的社会背景下，父母任何一方的缺失或双方的缺失会直接带来家庭收入的整体减少，从而提升子女对经济因素在维系代际关系中所起作用的认识。回归结果显示：调查对象每月消费水平对调查对象相关认识在 0.05 水平上有显著的正向影响，但家庭每月所给生活费影响却不显著。其中的原因有可能是每月所给生活费刚够学生基本花销，如果有额外支出，学生便有捉襟见肘的感觉，正因为如此，他们才要节约，否则钱不够花。之所以有这样的结论，是因为在前边描述性分析过程中也发现学生消费呈现出了明显的节约型特征，两者结合起来才有这样的结论。家庭收入对学生相关认识影响也不显著，也许是大多数学生家庭收入仅能维持正常的生活开支，无法从中体会到其与自己具体生活的直接关联，只有自己在支配开支时才能对经济因素有比较深切的体会，这种体会当然会延伸到他们对代际关系的认识中。虽然我们不能因此去怀疑"90后"大学生对父母感情的纯粹性，但也明显看到了经济因素对代际关系已有了一定的影响。对第二个问题的逐步回归结果见表 5 - 4：

表 5 - 4　　　以每周和父母通电话次数为例的调查对象的
孝行考察（定序 logit 的逐步回归）

	以每周通话次数为例的孝行考察
性别	0.704***
	(0.172)
母亲受教育程度	0.069**
	(0.022)
是否独生子女	0.927***
	(0.176)
cut1	-1.937
	(0.306)
cut2	1.020
	(0.239)
cut3	1.905
	(0.249)
cut4	2.590
	(0.261)
cut5	2.899
	(0.268)
cut6	3.190
	(0.275)
cut7	3.465
	(0.282)
Log likelihood	-887.753

	以每周通话次数为例的孝行考察
LR chi2 test	68.34***
Pseudo R^2	0.037
N	522

注：**表示在 0.01 水平上显著，***表示在 0.001 水平上显著；括号内数字为标准误。

　　模型 2 也在 0.001 水平上显著。模型显示：性别、是否独生子女对打电话次数在 0.001 水平上有显著的正向影响；母亲受教育程度对子女打电话次数在 0.01 水平上有显著的正向影响。性别对通话次数有极显著的正向影响且女性较之男性表现更好，这与女性感情更为细腻有关，同时质性访谈过程中得到的现阶段女性在孝行方面作用更为突出的结论在此也得到了部分印证。是否独生子女对打电话次数有极显著的正向影响，这在一定程度上说明独生子女较之非独生子女对父母和家庭的感情依赖更强一些，其实这也从一个侧面反映出由于不存在爱的分享，父母将所有爱都给予了独生子女，所以其和父母间的感情联结更为紧密些。母亲受教育程度对子女打电话次数有非常显著的正向影响，这说明母亲在孩子孝行为的形成过程中发挥的作用日益增大，其实这也从一个侧面反映出女性在家庭中的地位和作用的上升。当然，仅仅立足于问卷调查中几个答案和部分定量分析方法就想对调查对象孝观念和孝行为进行全面分析几乎是不可能的，在此笔者所进行的仅为一种简单的尝试。在未来研究中，不断提高定量研究方法的应用能力并使多种方法相结合，在此基础上对相应问题进行全方位分析才有可能获得更多有价值的信息。

四　小结

　　为了较为深入地了解传统孝道在当代的存在状况，在第四章质性访谈基础上笔者又运用一些定量分析的方法对其进行了研究。在各种因素综合影响下，在现代社会，孝道影响整体上远不及传统社会，在"80 后"即将跨入中年人行列以及传统不断远去的趋势下，新一代年轻人对传统孝道如何认识不仅关系到传统孝文化的延续，更是与未来我国家庭养老作用的发挥密切相关。基于这种考虑，再结合可行性和样本的代表性等各种因素，笔者选取了重庆某医学院校的学生进行了问卷调查。在调查问卷设计过程中，充分考虑到了有可能对孝道产生影响的各种个人及家庭因素，并针对"90后"大学生的年龄和身份特征设计了相应问题，试图能获得更多关于年轻大学生对孝道认知及实施的信息。在对问卷结果进行统计并根据需要进行了一些回归分析的基础上，笔者发现：传统孝道的一些主要理念在多数学生身上仍得到了一定程度的延续，但是，现代文明理念同时也使传统孝道所倡导的一些和现代社会不相融的理念或行为规范出现了较大改变。总之，根据这次调查结果，用高度简练的语言进行概括：延续、交融以及碰撞生动体现了一些"90后"大学生的孝道观念和部分孝行的最主要特征。结合这次调查，需要指出的是：对于"90后"大学生的观念和行为的统一程度目前还缺乏有说服力的指标去测量，而且其中相当一部分大学生还未真正融入社会，受社会大环境影响，一些观念和行为以后是否要发生变化以及发生何种变化目前尚不可知。这里还需强调：本次调查只涉及一类大学生，即使是针对"90后"大学生的调查，相关研究仍需深入进行。虽然"90后"大学生仅仅是社会中的一个群体，但在他们身上所呈现出的一些与孝道密切相关的问题需要引起我们的注意，因为其后又牵扯出众多复杂的社会问题，这些问题在进行相关政策设计时必须要适度给予考虑，才会有合理的政策系统为传统孝道在当代社会的发展提供坚实的政策支撑。

第六章 基于全国性调查的传统孝道嬗变分析

——以 CGSS2006 调查为分析基础

在目前关于国内孝道的定量研究中，立足 CGSS2006 相关数据所进行的研究无疑是其中最引人瞩目的，CGSS 以其样本所覆盖的全面性、对社会生活所涉及的深入性以及时间上的持续性等多种优势为自己赢得了极高的声誉，其调查成果已成为我国许多研究的重要数据来源。在 CGSS 调查中，直接与孝道相关的问题出现于 2006 年的家庭问卷中，这为当下研究孝道问题提供了重要的数据支撑。[①] 从 2016 年回溯[②]，CGSS2006 中的数据已是十年前的数据，从历史变迁和社会发展来看，十年不过短短一瞬而已，而且，2006—2016 年的十年间中国社会依然处于平稳发展阶段，并不是一个特殊历史巨变时期，相对于在中国历史上已有数千年影响的孝道体系而言，这十年对孝道观念变迁所带来的影响当然不是决定性的，因此，较短的时间因素在一定程度上可以忽略。更为重要的是由于调查范围的广泛性，被访者年龄的连贯性及其中个人因素的差异性，CGSS2006 中关于孝道的调查更是对 2006 年之前数十年孝道变迁的一个整体性考察，基于这样的原因，笔者还是选择了 CGSS2006 的数据作为分析基础。

[①] CGSS 网址，http：//cgss. ruc. edu. cn，其中，2006 年数据来源网址为，http：//www. cnsda. org/index. php? r = projects/view&id = 12612016。

[②] 笔者撰写此章的时间为 2016 年。

在 CGSS2006 年调查中，有 3208 人参与了家庭问卷调查①，在其中的家庭价值观部分，直接与孝道观念相关的问题有六个，其他部分也有与孝道间接相关的问题，这些问题对传统孝道的一些核心理念进行了高度概括。以这几个问题为基础，将被访者的孝道观念和他们在代际关系中的一些行为结合起来，研究人员可以从不同视角出发对被访者的孝行进行测量，一些研究人员利用相关数据对部分被访者的孝行进行了较为深入的分析。② 在分析过程中，虽然他们的着眼点不同，但基本的思路却比较相似，即根据调查所提供的信息，将对被访者孝行的考察归结为其过去一年（2005 年）对父母提供的经济支持，以及在日常生活中对父母的照料和精神方面的慰藉，因此，对相关被访者孝行的考察事实上变成了对以上 3 个变量的测量。在这样的分析框架中，孝道观念通常被纳入到自变量的范畴，也就是说，孝道观念在分析过程中常常被视为一种影响因素，这种分析当然有一定的道理，因为孝道归根结底要通过具体的行为来体现。但是，这样的分析同样存在值得商榷的地方，因为所有的因变量都是建立在被访者过去一年的行为基础之上的，而通过短短一年的行为很难为被访者孝行提供很有说服力的佐证，因为孝行是一个长期行为，借助短期行为对一个持续性行为进行评判确实是有一定欠缺的。一般而言，观念相对比较稳定，许多行为就是在相应观念的推动下才出现的，一些行为发生改变也是因为相应观念首先出现了变化，因此，通过对孝道观念的考察也许能说明更多问题。还有一个重要的原因是：对传统孝道的研究更多是理论层面的研究，而对现代孝道嬗变从观念层面进行考察恰好可以使现代和传统连成一个整体，在长期的历史视域透视和整体性分析框架下，当代社会对传统孝道的发展才有可能获得比较坚实的理论支撑。正是基于这样的考虑，笔者开展了进一步的研究。

---

① 虽然有 3208 个调查对象参与了家庭问卷调查，但是其中有一个调查对象（serial：14147）只显示了部分信息，对相关孝道问题均未回答，故实际回答孝道问题的调查对象只有 3207 人。

② 具体文献参见第一章文献综述部分相关内容。

一 背景性因素分析

从静态的文化构成视角审视，虽然传统孝道体系可以被独立出来进行专门研究，但其更多时候依附在儒学等理论体系之中，并在其他一些学派的思想中也有所体现。从纵向的视角分析，中国传统孝道体系主要是在农耕社会背景下出现并不断得以延续，在传统孝道理论构建和传承的过程中，不同时期的思想家根据现实需求为其赋予了不同内涵，这直接有力地推动了传统孝道的发展。再结合实际情况，在现实操作层面，由于每个人的理解不同，具体生活环境各异，绝不可能存在一个统一的孝道模式。这说明，无论是从整体还是针对具体对象进行分析，孝道思想的出现与发展是需要一定条件和土壤的，具体实施更是千差万别。因此，在对孝道的分析研究中，无论是与其相关的整体大环境，还是具体的个人因素，都必须要考虑进来。

在将 CGSS2006 家庭卷数据和城市、农村卷数据合并后，笔者对与被访者孝道观念调查有关的一些背景性因素进行了分析。在这些背景性因素中，生活环境对孝道观念形成和发展的影响不言而喻，这是分析过程中必须要考虑的因素。

（一）样本类型

样本类型中的城市样本有 2196 个，所占比重为 68.45%；农村样本为 1012 个，所占比重为 31.55%。[1] 如果从地域类型角度划分，具体情况如表 6 - 1 所示：

表 6 - 1 被访者地域类型分布情况

	城市	集镇社区	郊区	农村	其他
人数（人）	1927	231	27	1012	11
所占比重（%）	60.07	7.2	0.84	31.55	0.34

---

[1] 本章百分数精确到了小数点后两位，因为是全国性数据，涉及样本量较多，需要较为精确的统计；而许多章节百分数精确到小数点后 1 位足以说明问题，故其他章节除极个别数据外，一般都精确到小数点后 1 位（引用或文献综述性质的内容未改变原有表现方式）。

从统计结果来看，调查样本中城市样本比重要高于农村样本比重，其实这也反映出孝道在当下面临着和传统社会完全不同的社会背景。我国传统孝道主要是在农耕社会背景下出现和传承的，而在当下城市化快速推进的过程中，出现了许多传统社会未曾有的社会现象，因此，要原原本本将传统孝道模式复制到现代社会是绝对不可能的，这和南橘北枳的道理是一样的，社会环境变了，必然会影响传统孝道的存在状态。换一个角度来看，孝道等传统思想要得到延续，必须要根据社会现状对其形式和内容进行适度的革新与发展，使得其和现代社会现状相适应，唯有如此，才有真正意义上的孝道传承可言。

（二）被访者的基本信息

无论是从一般经验而言，还是从此次分析的具体对象来看，被访者本人的性别、年龄、受教育程度等因素是不容忽视的一些基本因素。

1. 性别

被访者中男性为 1454 人，所占比重为 45.32%；女性为 1754 人，所占比重为 54.68%。总之，这次调查中男女所占比重并不悬殊。

2. 年龄

被访者的年龄跨度比较大，出生年份从 1936 年一直持续到 1988 年，笔者在分析时将出生年月转化为实际年龄，通过分析得知年龄均值为 42.349，标准差达到 13.427，可见被访者年龄之间存在较大差距。

3. 民族

被访者的民族构成如表 6 - 2 所示：

表 6 - 2   被访者民族构成情况

	汉族	蒙古族	满族	回族	藏族	壮族	维吾尔族	其他
人数（人）	3039	5	8	33	9	43	21	50
所占比重（%）	94.73	0.16	0.25	1.03	0.28	1.34	0.65	1.56

从表中可以看出，汉族被访者所占比重为 94.73%，少数民族被访者所占比重为 5.27%，虽然少数民族被访者所占比重较低，但这正是全国少数民族构成在此次调查中的客观映射。

4. 受教育程度

被访者受教育程度如表6-3所示：

表6-3   被访者受教育程度

	没有受过任何教育	扫盲班	小学	初中	职业高中	普通高中	中专	技校	大学专科（成人高等教育）	大学专科（正规高等教育）	大学本科（成人高等教育）	大学本科（正规高等教育）	研究生及以上	其他
人数（人）	242	46	624	1063	81	493	192	43	141	130	36	106	10	1
所占比重（%）	7.54	1.43	19.45	33.14	2.52	15.37	5.99	1.34	4.4	4.05	1.12	3.3	0.31	0.03

统计结果显示：接受各种形式大学本专科教育的被访者比重不超过15%，被访者受教育程度整体上集中于较低一端。在原始数据中，用1—13分别为"没受过任何教育"一直到"研究生及以上"赋值，其中有一个"其他"被赋值为14，以原始样本数据计算（不含"其他"），被访者受教育程度均值为4.95，标准差为2.627，说明被访者受教育程度存在较大差异。

5. 政治面貌

被访者政治面貌情况如表6-4所示：

表6-4   被访者政治面貌情况

	群众	共青团员	民主党派	共产党员
人数（人）	2751	181	2	274
所占比重（%）	85.75	5.64	0.06	8.54

统计结果显示：被访者中群众所占比重甚高，其中明确属于一些政党或政治组织的被访者数量总共只占14.25%，所占比重并不高，这其实也是对全国整体情况的一种客观反映。

6. 被访者宗教信仰

被访者宗教信仰情况如表6-5所示：

表6-5　　　　　　　　被访者宗教信仰情况

	佛教	道教	民间信仰	回教/伊斯兰教	天主教	基督教	其他	无宗教信仰
人数（人）	195	7	65	50	8	54	8	2821
所占比重（%）	6.08	0.22	2.03	1.56	0.25	1.68	0.25	87.94

从结果看，被访者中信教的仅占12.06%的比重（此处的"其他"理解为其他宗教），绝大多数被访者无宗教信仰。

7. 被访者婚姻状况

被访者婚姻状况如表6-6所示：

表6-6　　　　　　　　被访者婚姻状况

	从未结过婚	同居	已婚有配偶	分居	离婚	丧偶
人数（人）	430	17	2572	10	57	122
所占比重（%）	13.40	0.53	80.17	0.31	1.78	3.80

由表中数据可看出，已婚有配偶的被访者所占比重超过了80%，占据主导性地位，从未结过婚的仅占13.4%。虽然孝道观念存在于不同年龄段的人群中，但有了家庭后对"孝"的体悟应有所不同，按照一些经验看法，成家后有了更为丰富的生活经历将会深化对"孝"的理解，故此次调查样本中已婚者占绝大多数虽然使样本代表的均衡性出现了一定偏差，但从另外一个角度看，却有助于被访者将对"孝"的深层次理解较为充分地展现出来。

8. 被访者是否有（亲生）子女（含已去世的）

被访者是否成家在一定程度上会影响其对"孝"的理解甚至践行，但有了小孩自己真正成为父母后对"孝"的体悟也许会更深刻，基于这样的考虑，笔者又对被访者是否有小孩的情况进行了统计。问卷在统计有子女（亲生）的被访者的数量时将有儿子和有女儿的情况分开，具体情况如表6-7和表6-8所示：

表6-7　　有女儿（亲生）的被访者数量（包括女儿已去世）

	0	1	2	3	4	5	6
人数（人）	1573	1203	328	83	14	6	1
所占比重（%）	49.03	37.50	10.22	2.59	0.44	0.19	0.03

表6-8　　有儿子（亲生）的被访者数量（包括儿子已去世）

	0	1	2	3	4	5
人数（人）	1309	1425	387	71	14	2
所占比重（%）	40.80	44.42	12.06	2.21	0.44	0.06

从表6-7可看出，被访者中有一个或多个（亲生）女儿（包括已去世的）的占据了51.97%的比重，和一个（亲生）女儿都没有的被访者所占比重差距并不大。从表6-8可看出，被访者中有一个或多个（亲生）儿子（包括已去世的）的占据了59.2%的比重，和一个（亲生）儿子都没有的所占比重差距也不太大。但在现代社会，男女平等意识远非传统社会所能比拟，许多家庭已不太在意儿子和女儿的区别，因此，在这里还需对被访者整体有（亲生）子女情况进行考察，将两项合并后结果如表6-9所示：

表6-9　　有子女（亲生）的被访者数量（包括子女已去世）

	0	1	2	3	4	5	6	7	8	9
人数（人）	576	1335	781	355	110	37	10	2	1	1
所占比重（%）	17.96	41.61	24.35	11.07	3.43	1.15	0.31	0.06	0.03	0.03

从表6-9可看出，被访者有（亲生）子女（包括子女已去世）的最多竟然达9人，但其中所占比重最多的是有或曾经有一个（亲生）子女的被访者，没有（亲生）子女的被访者所占比重为17.96%。

9. 被访者2005年总收入

关于2005年总收入，3208个被访者进行了不同的选择：355人选择

"没有"，所占比重为 11.07%；65 人选择"不适用"，所占比重为 2.03%；100 人选择"不知道/不清楚"，所占比重为 3.12%；112 人选择"拒绝回答"，所占比重为 3.49%；其余被访者 2005 年总收入从 60 元到 160000 元不等，所占比例亦不完全相同。除选择"不适用""不知道/不清楚"以及"拒绝回答"的 277 个被访者外，其余 2931 个被访者 2005 年全年总收入的均值为 9672.828，标准差为 12768.53，反映出被访者 2005 年的收入明显存在很大差距。

(三) 被访者父母亲情况

在一个人孝道观念的形成过程中，家庭背景及父母亲的言传身教起到了非常重要的作用，在这些因素中，父母亲的受教育程度、政治面貌等会对父母亲孝道观念的形成和发展产生直接影响，同时又会对子女的孝道观念和相应行为产生不同程度的影响。因此，在分析过程中，这些家庭因素是要被适度考虑的。

1. 被访者父亲的受教育程度

被访者父亲的受教育程度如表 6-10 所示：

表 6-10　　　　　　　　被访者父亲的受教育程度

	不识字或识字很少	小学	初中	普通高中	职业高中	中专	技校	成教大学专科	正规大学专科	成教大学本科	正规大学本科	不知道	拒答
人数（人）	966	801	361	89	12	21	4	7	9	6	10	9	4
所占比重(%)	42.02	34.84	15.70	3.87	0.52	0.91	0.17	0.30	0.39	0.26	0.43	0.39	0.17

从表 6-10 可以看出，被访者父亲的受教育程度所占比重最大的为"不识字或识字很少"，其次为"小学"，两者合计所占比重为 76.86%，可见被访者父亲的教育程度整体较低。

2. 被访者母亲的受教育程度

被访者母亲的受教育程度如表 6-11 所示：

表6-11   被访者母亲的受教育程度

	不识字或识字很少	小学	初中	普通高中	职业高中	中专	技校	正规大学专科	成教大学本科	正规大学本科	不知道	拒答
人数（人）	1353	605	194	36	6	14	3	3	2	4	8	3
所占比重(%)	60.65	27.12	8.70	1.61	0.27	0.63	0.13	0.13	0.09	0.18	0.36	0.13

从表6-11可以看出，被访者母亲"不识字或识字很少"的所占比重达60.65%，如果和小学文化程度合计，两者所占比重达87.77%，较之父亲教育程度更向低学历集中。

3. 被访者父亲的政治面貌

被访者父亲的政治面貌如表6-12所示：

表6-12   被访者父亲的政治面貌

	群众	团员	民主党派	党员	不知道	拒答
人数（人）	2119	2	2	170	4	2
所占比重（%）	92.17	0.09	0.09	7.39	0.17	0.09

从中可看出，除"拒答"和"不知道"的6名被访者外，被访者父亲属于某个政党或政治组织的仅有174人，所占比重为7.57%，绝大多数被访者父亲的政治面貌为群众。

4. 被访者母亲的政治面貌

被访者母亲的政治面貌如表6-13所示：

表6-13   被访者母亲的政治面貌

	群众	团员	党员	不知道	拒答
人数（人）	2192	1	32	4	2
所占比重（%）	98.25	0.04	1.43	0.18	0.09

从中可看出，除"拒答"和"不知道"的6名被访者外，被访者母亲属于某个政党或政治组织的仅有33人，所占比重为1.47%，远低于被

访者父亲属于某个政党或政治组织的数量，被访者母亲属于群众的人数因此也略高于被访者父亲属于群众的数量。

二　对被访者孝道观念的分析

CGSS2006 问卷中与被访者孝道观念直接相关的有 6 个问题，虽然仅仅是观念层面的调查，但从中依然可透露出传统孝道在当代社会嬗变过程中的许多信息，对这些信息进行较为深入的分析和科学的梳理，使之在构建相关公共政策时能适度被考量，以传统孝道为基础的代际伦理体系在构建过程中才能有比较可靠的理论基础。

（一）感激父母养育之恩

传统孝道出现的一个重要基础是许多孝道伦理规范建立在自发形成的血浓于水的牢固感情基础之上，其纯粹性和深沉性鲜有其他感情可替代，因此基于其上的许多规范固然有一些强制性特征，但若无深厚的代际感情纽带进行维系，肯定是难以持续的。传统孝道虽然出现了非常明显的以长辈、老人为核心的指向，但是也有和现代人道主义精神相通的部分，即通过各种途径使弱势群体利益得到有效保障，从根本上来说，这关系到整个社会的有序发展。但是，在具体的目标实现上，传统社会和现代社会采取了明显不同的方式，现代社会不断使代际公平成为一种整体性社会理念，并通过制度更新和完善逐步将之予以实现，在传统社会却更多地依靠道德的力量。仅从传统孝道来看，分属于不同系统的孝道通过聚合后表达出了一个明确但又强烈的理念：要对自己的父母和长辈好。如果仅仅通过简单说教或强制性手段显然无法使这种看似简单的理念得到持续性贯彻，只有在一个人不断成长的过程中，才会逐步体会到父母在养育自己过程中的艰辛和不易，才有回报父母的心理和相应的具体行为，孝道的普遍化才会有较为可靠的现实基础。虽然从具体规范和要求上看，不同时期的孝道规范不尽相同，但其持续发展的动力却是相同的，因此，对父母、长辈养育之恩的感激是孝道构成基础中一个非常重要的组成部分，同时也是考察相应孝道观念的一个重要指标。正是基于这样的原因，CGSS2006 设置了"对父母的养育之恩心存感激"这样的具体问题对被访者孝道观念进行考察。

具体结果如图 6-1 所示：

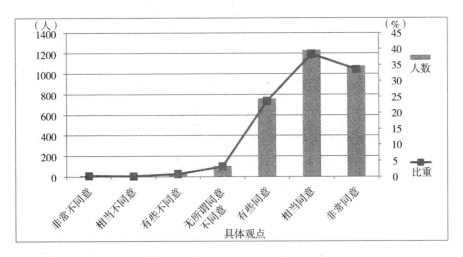

图6-1　被访者对感激父母养育之恩的认识

从图 6-1 可以看出，被访者的观点集中于同意一侧，而在同意一侧，相当同意者最多，非常同意和有些同意分别居其后，显示出一种主导性倾向。再结合均值 2.008 和标准差 0.928 进行分析（在原始问卷调查中，对"非常同意"到"非常不同意"用 1—7 分别赋值，以下几个问题赋值原则相同），至少说明被访者在对感恩父母的认识上还是趋向于传统孝道。但除占比重 71.93% 被访者明确表明肯定态度外，尚有占比重 28.07% 的被访者还有不同程度的保留甚至反对意见，这说明，在孝道观念方面，不可测的变动因素已暗含其中。

（二）无条件善待父母

在调查中，还设置了"无论父母对您如何不好，仍然善待他们"这个问题。表面看来，这个问题中描述的状况比较极端，而非一般正常的情况，只有超高道德境界的人才能做到。也许有人担心对这个问题的回答有可能不能清楚地反映出被访者的意图，因为正常情况下绝大多数父母对孩子都是好的，孩子无法切身体会到那种父母对自己不好的极致情形，故还是按照自己现实情境中的理解和通常的道德要求给予了回答。所以，必须要联系历史背景来透视这个问题，在传统社会中，孝道的实施几乎是无条件的，因而通过对这个问题的回答还是能很好地考察当代社会普通民众对传统孝道的认可程度。而且在当代社会，随着社会的不断进步，平等理念不断地融入到普通民众的意识中，许多人的认识较之传统社会出现了不同程度的变化。虽然父母之爱的博大无私无论用什么语言赞美都不过分，但也并不是每一个父母都能切实肩负起父母应该承担的责任，在传统社会更是借助实施孝道之名出现了一些严重损害年轻人权益的极端行为。即使在现代社会，在代际关系中还是涉及许多伦理难题，绝非用简单的伦理规范可厘清。因此，对此问题的分析可透露出多重信息，但笔者在此仅仅将其作为考察被访者对传统社会父母或长辈一元主导型孝道认识的一个依据。统计结果如图 6 - 2 所示：

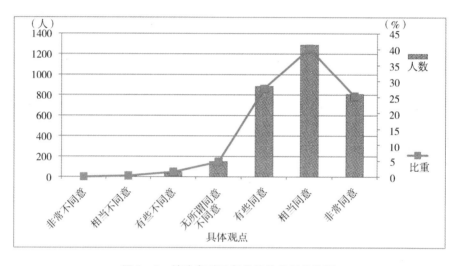

图 6 - 2 被访者对无条件善待父母的认识

综合均值 2.183 和标准差 0.949 来看，和第一问题的结果大致相似，即对传统孝道核心理念的认同是主导性的，再结合上一个问题综合分析，说明被访者在对待父母感情的真诚方面比较一致。用回溯性思维审视，至少在中华文化体系中，孝敬父母，反哺其养育之恩是人的最为恒定的感情之一，由此形成了丰富的与之相关的文化体系；同样也可展望未来，在未来较长一段时间内，随着社会的发展，与此相关的文化表现形式可能更为灵活，而客观基础却很难改变。但是，在针对这个问题的回答中，也有部分不同意见和保留意见，而这些意见在未来的发展趋势目前还不好断言，但至少说明不可掌控之变化趋势同时也蕴含在对传统孝道一些核心理念的认识中。

（三）弃志以遂父母心愿

放弃个人志向以达成父母心愿在很大程度上也体现了传统孝道的重要内涵，在传统孝道践行过程中，不仅个人志向，甚至婚姻、事业在孝道面前都不得不让步。具体事例屡见不鲜："二十四孝"中的朱昌寿为了寻母毅然决然地放弃官职；因为和父母意见不合，有情人难成眷属也不是个案；不唯父母在世要恪尽孝道，就是父母离世后也需守孝三年，其他事宜皆需让步，这更是成了一种普遍的孝道规范。因此，在问卷中设置放弃个人志向以达成父母心愿这个问题，其实极大地涵盖了传统孝道在践行方面的绝对性，即在孝道的实施过程中不能讲条件，对子女而言，这是人生中的头等大事。从这个角度而言，对这个问题的考察可反映出传统孝道嬗变过程中的一些重要信息。具体统计结果见图 6-3：

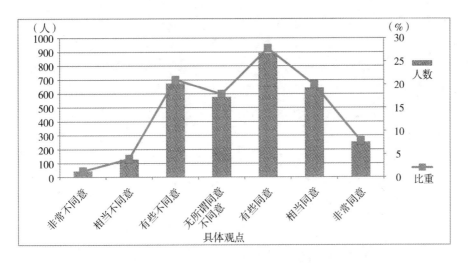

图 6-3　被访者对弃志以遂父母心愿的认识

从结果可见，相对于前两个问题观点基本一致的特征，在这个问题上被访者却出现了不同程度的变化，再结合均值 3.415 和标准差 1.392 来看，被访者在这个问题上观点出现了明显的差异。如果说在前两个问题上被访者有可能受到传统习俗和常人思维的影响，也许觉得以从众心理选择多数人能接受的答案比较稳妥，即被访者在填写答案时有可能首先想到传统习俗及一般社会规范的要求，而非真诚表达自己内心的真实想法。但在这个问题上却出现了明显变化，被访者比较明确地表达了自己的观点，也就是说，即使在选择答案时受到社会性因素和其他一些外在因素的影响，被访者还是比较直白地传达出了自己的心声，因为这个问题是不容含混的。如若这个问题只提及个人发展，这其实也是传统孝道应有之义，但这里还强调了要放弃个人志向以凸显其中的冲突和对立，故立足这个问题并结合现实来分析，子女个人的发展与传统孝道虽有交叉的地方，但本质上并不完全属于一个系统。

从结果来看，虽然选择"有些同意"的被访者排在首位，但仅占27.81%的比重，而且"有些不同意""相当同意"及"无所谓同意不同意"所占比重之间的差距并不大。把前两个问题和这个问题结合起来分析就可管窥到现代社会孝道的二元性特征：当代社会子女对父母感情的真挚性虽然也毋庸置疑，但相当一部分人同时也看重个人发展，认为自我实现是生命历程中非常重要的一环，因而不赞成将个人发展绑架到对父母的孝道实施过程中。虽然他们也认可对父母尽孝是天经地义的行为，是每一个正常人应尽的责任，但尽孝不能以牺牲个人发展为代价。简单地讲，将许多事宜硬性地纳入孝道系统并通过降低其地位以提高孝道重要性的做法在现代社会很难行得通，而且也不能真正推动家庭和社会的发展。总之，在社会进步过程中，孝道的本质在短期内不会发生巨大变化，但其表现形式和构成内涵应与时代发展同步，被强行纳入其中的一些事物必然要不断与之分离以保持其应有的独立性，这是孝道发展的整体趋势。而且这种趋势并未破坏传统孝道核心理念的存在；相反，在一定程度上还会有力地维护其存在。

（四）赡养父母使其生活更舒适

在传统孝道伦理体系中，赡养父母远远超越了家庭伦理的范畴，也是整个社会对普通民众的基本要求，这种超越并不是因为主观愿望而出现，而是有深刻的现实缘由。虽然在一些历史时期也不乏一些政府主导的社会机构具有社会养老的功能①，但老有所养的重要基础还是在于家庭养老功能的实现，传统孝道正是在文化层面对这种家庭养老模式进行了高度总

---

① 关于中国古代的机构养老可参见王兴亚《明代养济院研究》，《郑州大学学报》（哲学社会科学版）1989 年第 3 期；张文《两宋机构养老制度述议》，《宋代文化研究》2003 年第 00 期。

结，并有力地支撑和维系了这种家庭养老模式。和传统社会相比，现代的社会结构、家庭结构以及人的观念都发生了巨大变化，在这种背景下，以家庭为依托赡养父母使其能安度晚年，这种养老安排是否对多数人仍有较大影响？通过对"赡养父母使他们的生活更为舒适"这个问题答案的分析可了解其中出现的一些变化。回答的结果如图6-4所示：

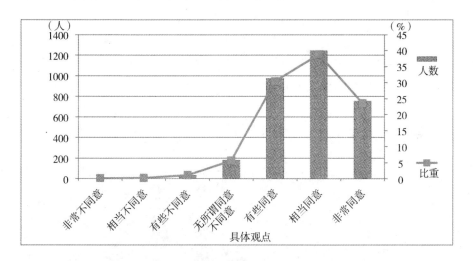

图6-4　被访者对赡养父母的认识

直观来看，图6-4与图6-1、图6-2高度相似，从均值2.233和标准差0.944来比较，其间的差别也很小。但是，三者之间还是存在一定的区别，区别之处在于第一、二个问题只是一些观念和认识，第四个问题虽然从本质上来看也是一种认识，但却涉及将认识落到实处的问题，从中可以反映出被访者知行合一的程度，虽然这仅仅是一种理论层面的测量。如果按传统孝道规范的要求来讲，对于赡养父母这样的家庭大事子女应该不能有任何犹豫，但是，针对这个问题的回答，3207个被访者中有2002人明确表明了肯定态度，所占比重为62.42%，其余被访者都有一定程度的保留甚至明确反对。因此，从这个问题透视出在最为关键的孝道实施环节还是存在一些阻力，再和第一、第二个问题联系起来分析，一定观念的叠加导致了相应的行为选择，当然，其中还存在其他一些因素的影响。这给我们的重要启示是：在传承传统孝道的过程中，通过观念改变行为无论从理论层面还是从相应社会实践来看都有非常重要的意义。

（五）满足父母荣耀之心

在传统孝道中，对父母的孝敬不只包含物质方面的内容，也有丰富的精神层面的含义，家族血脉的延续不仅仅是简单的生命接力过程，也有深刻的文化内涵。因此，将自己潜力充分发挥出来，通过不懈奋斗取得不俗业绩以得到别人和社会的认可，这不仅成就了自己，也是让父母获得极大心理慰藉的重要手段，传统孝道的外延由此得到进一步拓展。总之，显亲扬名、光宗耀祖在传统孝道中有着深厚的文化渊源。但是，在日益强调个性化且平等意识普遍深入人心的今天，这些观念是否能得以再延续呢？通过"子女应该做些让父母有光彩的事"这个问题可以对之进行一定程度的考察。统计结果如图 6 - 5 所示：

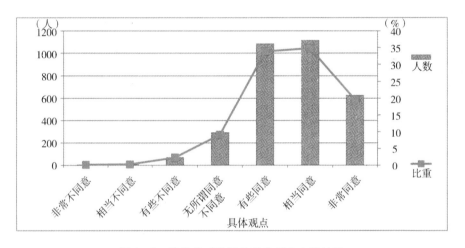

图 6 - 5　被访者对满足父母荣耀之心的认识

从结果看，对这个问题的回答和对第一、第二及第四个问题的回答比较相似，即大多数被访者观点向同意一方集中，只是程度有所不同而已，这一点从均值2.411和标准差1.006也可以反映出来。综合进行分析后可以看出，在这个问题上被访者的认识又和传统孝道的一些主流观点实现了接轨，对此显然不能完全用回归意识来进行简单的解释。一种可能的原因是一些人发展目标的实现和传统孝道的某些要求出现了较高程度的契合，因为，在现代社会许多家庭，父母最缺乏的并不是物质层面的东西，而是子女所给予的精神慰藉，在所有精神慰藉中，子女的成功无疑是其中最大的精神安慰，这充分说明了传统孝道外延的广阔性和内涵的丰富性。再结合第三个问题来分析，这其间又会出现一些悖论和复杂的两难境地，不过，非常清楚的一点是如果强行将分属于不同系统的事物并轨于孝道体系中，这种思路和做法在现代社会很难得到认可，但二者若能并行不悖地获得统一并有可能相互促进，这样的一些孝道内容即使在形式上有守旧色彩，在多数人的内心深处依然能获得认可，这些现象在传承传统孝道并以此为基础构建适应老龄化社会需求的代际伦理体系时应予以注意。

（六）生男孩以传宗接代

在传统孝道中，生命的续传、家族血脉的延续在某种程度上甚至超越了善待双亲，而这个重任就落在儿子的肩上，传宗接代从而在传统孝道中凸显出非常重要的意义。当然，男女地位的不平等和传统孝道的互动机制之间存在很多值得研究的问题，正是在这种互动过程中，传统孝道中的一些核心理念不断得以固化。因此，生育尤其是生育男孩不仅仅是个人行为，而且和家族整体利益高度关联，在相应文化氛围的长期熏陶下，这种理念必然深入多数人内心深处，从而造成一种普遍的偏好，即使不是个人自愿的行为，在强大的家庭和社会压力下，也要被迫进行相应的选择。在社会不断发展的今天，传统孝道中一些负面的因素和现代社会文明理念发生了激烈的碰撞，但养儿防老的观念在许多地区依然有不同程度的影响，因此，通过对"为了传宗接代，至少要生一个儿子"这个问题的考察，也可在一定程度上映射出相应观念在现代社会的变迁程度。被访者对生男孩以传宗接代的认识具体见图 6-6。

从结果来看，以"无所谓同意不同意"为界，两两相反的观点依次分列于两边，再结合均值 3.713 和标准差 1.543 来看，在对这个问题的认识上被访者观点出现了较大差异。因此，我们不能完全用合理性等标准对传统孝道在当代社会的传承和嬗变进行先入为主的预设和判断。在不断提倡男女平等而且事实上女性地位有了前所未有的提高的今天，对传宗接代以及生育行为中偏好男孩这样的问题，在被访者的回答中并没有出现大范围的否定，这再次显示出了传统孝道强大的惯性力量。因此，相应的政策设计要尽可能考虑到普通民众在传统孝道直接或间接的影响下出现的各种社会心理，综合各种利益需求，平衡各种关系后的政策才有可能产生积极

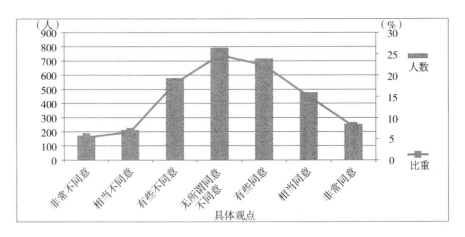

图 6 - 6　被访者对生男孩以传宗接代的认识

的效能。从更为宏阔的视域审视，基于现实需求的政策设计也必然有利于促进传统孝道在当下的延续和发展，因此，这又体现出了其深刻的文化内涵。

（七）完全遵从父亲权威

在 CGSS2006 的家庭问卷中，"无论如何，在家中父亲的权威都应该受到尊重"是家庭价值观调查的第一个问题。但是孝道伦理本来就是传统家庭伦理中一个重要构成部分，是着眼于家庭代际关系调整而出现的伦理规范，而且这个问题也涉及对传统孝道一些特征的评价，因此，在本次分析过程中，笔者将其引进来，有助于我们从侧面考察被访者对凸显出较为明显的男性身份特征的传统孝道的态度和评价。因为在问题设计过程中，该问题的落脚点在"尊重"，但尊重的对象并不是双亲，而是直接将母亲排除出去，仅留下了"父亲的权威"，因而用"敬畏"对之概括也许更为恰当。被访者对该问题的回答如图 6 - 7 所示。

再结合均值 2.597 以及标准差 1.111 和前边的几个问题进行比较，对这个问题的回答竟然和第一、第二、第四、第五个问题的回答非常相似，但事实上这个问题本质上和第六个问题非常相似。如果按寻常思维预先估计，绝大多数被访者对此进行否定才符合现代社会的一些理念，但结果恰好相反，因此，对这个问题的回答再次给我们一定的启示：传统孝道在当代社会的嬗变并不存在普遍的模式，而是呈现出非常复杂的局面。一方

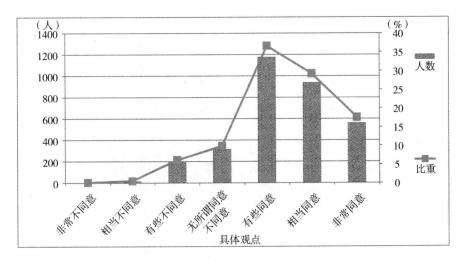

图 6 - 7　被访者对完全遵从父亲权威的认识

面，在不断碰撞过程中，一些和现代文明理念相悖的成分必然要被更为先进的理念更替；另一方面，一些很难用合理性去进行确认的概念仍然保持了强大的生命力，这使得传统孝道在当下的存在呈现出更为多元的态势。

（八）　与孝道嬗变密切相关的其他问题

在家庭价值观调查中，还有父母教育子女以及对现代家庭关系的认识等几个问题，在此选择了与孝道在当代社会嬗变密切相关的两个问题进行分析。

1. 注重家庭　忽略自我

在传统社会的家庭关系中，不只有孝道伦理一种关系，而是有纵横交错的多种复杂关系需要调整，孝道伦理虽只是其中一种，却至关重要。因此，在现代社会要传承和发扬孝道，必须要在内心深处将家庭置于重要地位，孝道的实施才能有前提，孝道的具体实施范围主要还是在家庭之内，离开家庭，孝道必然失去可靠的依托。正是基于这样的原因，对"应该以家庭为重，不应把自己看得更重要"这个问题的考察也就有了现实意义。被访者的具体认识经过统计后如图 6 - 8 所示：

再结合均值 2. 67 与标准差 1. 035 分析，这个结果其实又与第一、

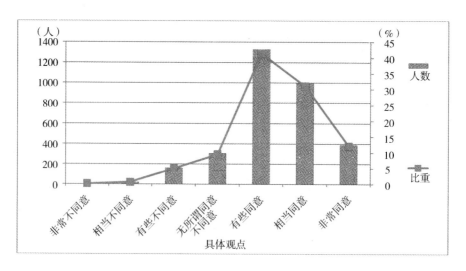

图 6-8   被访者对注重家庭   忽略自我的认识

第二、第四、第五、第七个问题的回答比较相似，从而反映出了一种较为普遍的价值认可模式。但是，对这个问题还是要具体分析，因为以家庭为重并不能直接与认可传统孝道相对等，故在此还有必要对下一个问题进行分析。

2. 对现代三种最重要家庭关系的认识

现代家庭尽管有不同家庭模式，对大多数人而言至少有与父辈、配偶以及子女等不同的关系需要调整，但这些关系并不是完全对等的，因此，被访者对这些关系的重视程度在某种意义上也可以反映出他们对其后价值体系的认可和重视程度。此处选择的是被访者对最重要的家庭关系的认识，具体调查结果如图 6-9 所示。

结果显示：在被访者认为最重要的家庭关系中，选择与配偶关系的人数最多，排第一位；选择与子女关系的人数最少，排第三位；选择与父母关系的人数处于中间位置。这一方面反映出在家庭核心化的大趋势下，夫妻关系的重要地位不断上升，父母关系在整个家庭中的地位却在下降，这正是对传统社会孝道在家庭伦理关系中处于核心地位的一种消解。因此，在这种境况下，一方面反映出孝道的传承必将面对不小的阻力，另一方面再次反映出孝道在现代社会必须要进行发展的必要性。

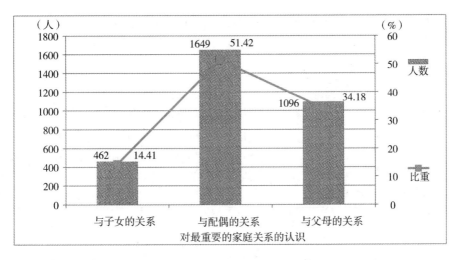

图 6 - 9 被访者对最重要家庭关系的认识

三 当代孝道观念所受影响因素实证研究
——基于 CGSS2006 数据的分析

在目前以 CGSS2006 为基础的孝道定量研究中，主要着眼点是被访者的具体孝行，鉴于这方面已经有了比较深入的研究，基本再无很大开拓空间，因此，笔者此次研究中的对象为被访者孝行之后的价值支撑体系——孝道观念。正是基于这样的考虑，在后面的研究中，笔者将孝道观念作为因变量进行考察，而自变量则为被访者的一些基本的个人特征及背景性因素。在这样的思维框架下，为了更深入地探究这些因素对被访者孝道观念的影响，笔者又运用回归分析方法对此进行了进一步量化研究。

（一）变量的选取和定义

1. 因变量

在此次研究过程中，因变量为被访者的孝道观念，具体为调查中直接与被访者孝道观念相关的六个问题。因变量的选择和具体定义如表 6 - 14 所示：

表 6 – 14   基于 CGSS2006 数据的孝道观念研究中的因变量及其定义

因变量	具体定义
对感恩父母的认识	定序变量（在研究过程中，笔者未改变问卷中的初始赋值原则，依然用 1—7 分别为"非常同意"至"非常不同意"赋值）
对无条件善待父母的认识	
对放弃志向以遂父母心愿的认识	
对赡养父母的认识	
对满足父母荣耀之心的认识	
对生男孩以传宗接代的认识	

2. 自变量

按照一般经验，父母亲受教育程度、政治面貌等对子女的孝道观念也会产生不同程度的影响，但由于存在大量缺失值，故此次研究中未将其纳入进来，只是将与孝道观念形成密切相关的一些个人因素及背景性因素作为自变量进行研究。在自变量中，民族未被引入，虽然在第五章以每周和父母通电话次数为例的调查对象孝行考察中，民族作为自变量被引入进去，但运用定序 logit 进行逐步回归后因为不显著而被剔除出去。在第五章中，因为是小样本调查，将民族视为二分变量进行尝试性分析也许是可以的，而 CGSS2006 是全国性调查，再运用这样的思路显然是不合适的。而且原始问卷中也只出现了几个少数民族，其他民族则用"其他"来涵盖，尽管用对多类别变量虚拟编码的方法可以在形式上解决这个问题，但其中的问题在实质上并未获得根本性解决。结合各种因素综合进行考虑后，笔者认为在此次量化分析中不宜将其引入进来，故最终选取了性别、年龄、样本类型、教育程度、政治面貌、宗教信仰、是否有（过）子女以及 2005 年全年总收入这几个变量作为自变量。① 具体定义如表 6 – 15 所示。

这里还有几个问题需要说明：第一，经统计发现，有一名被访者最高受教育程度填信息为"其他"，对综合年龄，最高学历是否完成等各种信息研判后将其列到了本科行列。第二，在宗教信仰中，有 8 名被访者填写的是"其他"，笔者将其理解为"其他宗教"。第三，2005 年被访者总收

---

① 此处"是否有（过）子女"是为了便于分析而进行的高度概括，原始问题描述请见前文相关内容。

入中的"不适用""不知道/不清楚"以及"拒绝回答"均以缺失值进行处理。但在对被访者 2005 年总收入取对数时，355 个无收入者又以缺失值出现，为了避免出现更多缺失值，按照一些经验做法，每一水平的收入均加 1，由于数额微小，因而不会对结果产生实质性影响，同时又可避免取对数后再出现 355 个缺失值。

表 6-15　　基于 CGSS2006 数据的孝道观念研究的自变量及其定义

自变量	具体定义
性别	虚拟变量　1 = 女，0 = 男
年龄	连续变量　将出生年月转化为实际年龄
样本类型	虚拟变量　1 = 城市，0 = 农村
受教育程度	定序变量　0 = 不识字或很少，3 = 扫盲班，6 = 小学，9 = 初中，12 = 高中（包括职业、普通高中，中专及技校），14 = 大专（包括成人及正规高等教育），16 = 大学（包括成人及正规高等教育），19 = 研究生及以上
政治面貌	虚拟变量　1 = 党员、民主党派及团员，0 = 群众
宗教信仰	虚拟变量　1 = 有，0 = 无
是否有（过）子女	虚拟变量　1 = 有，0 = 无
2005 年全年总收入（ln）	连续变量　在回归时取对数

（二）定序 logit 回归结果分析

在进行了相应数据处理以后，因为因变量属于定序变量，所以运用了定序 logit 回归的方法，所做的结果如表 6-16 所示，为了便于制表，第一行中因变量用最简洁的词组依次对原来 6 个问题进行了高度概括。

表 6-16　　基于 CGSS2006 数据的被访者具体孝道观念定序 logit 回归的结果

	感恩父母	无条件善待父母	遂父母之愿	赡养父母	让父母荣耀	生男孩以传宗接代
性　别	0.030 (0.072)	-0.046 (0.071)	0.009 (0.069)	-0.001 (0.071)	-0.000 (0.071)	0.277*** (0.069)

续表

	感恩父母	无条件善待父母	遂父母之愿	赡养父母	让父母荣耀	生男孩以传宗接代
年　龄	0.003 (0.003)	0.003 (0.003)	-0.005 (0.003)	0.000 (0.003)	0.002 (0.003)	-0.002 (0.003)
样　本 类　型	0.079 (0.082)	-0.134 (0.081)	-0.047 (0.078)	0.021 (0.081)	0.118 (0.081)	0.279*** (0.079)
受教育 程　度	-0.035** (0.011)	-0.024* (0.011)	0.046*** (0.011)	-0.033** (0.011)	-0.008 (0.011)	0.091*** (0.011)
政　治 面　貌	-0.410*** (0.104)	-0.260* (0.103)	0.198 (0.103)	-0.373*** (0.103)	-0.162 (0.103)	-0.026 (0.102)
宗　教 信　仰	-0.304** (0.108)	-0.188 (0.107)	-0.111 (0.104)	-0.381*** (0.109)	-0.357*** (0.106)	-0.187 (0.103)
有　无 子　女	-0.204 (0.112)	-0.094 (0.112)	-0.171 (0.109)	-0.067 (0.111)	-0.156 (0.110)	-0.395*** (0.108)
2005年 总收入	0.019 (0.012)	0.015 (0.012)	0.017 (0.012)	0.026* (0.012)	0.034** (0.012)	0.008 (0.011)
cut1	-0.909 (0.202)	-1.312 (0.202)	-2.316 (0.205)	-1.433 (0.205)	-1.269 (0.201)	-1.731 (0.200)
cut2	0.745 (0.202)	0.413 (0.201)	-0.780 (0.198)	0.292 (0.203)	0.337 (0.199)	-0.470 (0.195)
cut3	2.902 (0.217)	2.435 (0.210)	0.432 (0.198)	2.398 (0.212)	2.183 (0.205)	0.625 (0.195)
cut4	4.133 (0.256)	3.680 (0.237)	1.239 (0.199)	3.976 (0.250)	3.783 (0.228)	1.713 (0.198)
cut5	5.214 (0.341)	5.271 (0.349)	3.107 (0.211)	5.374 (0.361)	5.738 (0.360)	2.897 (0.202)
cut6	5.701 (0.405)	7.066 (0.734)	4.602 (0.256)	6.164 (0.490)	6.752 (0.538)	3.798 (0.211)

续表

	感恩父母	无条件善待父母	遂父母之愿	赡养父母	让父母荣耀	生男孩以传宗接代
Log likelihood	-3630.733	-3800.294	-4933.691	-3785.749	-4027.974	-5192.500
LR chi2 test	46.20***	30.07***	70.19***	45.59***	27.20***	228.58***
Pseudo R²	0.006	0.004	0.007	0.006	0.003	0.022
N	2930	2930	2930	2930	2930	2930

注：*表示在 0.05 水平上显著，**表示在 0.01 水平上显著，***表示在 0.001水平上显著；括号内数字为标准误。

在分析结果之前，为了避免在分析过程中引起歧义或误解，还需再次将 CGSS2006 调查数据中对被访者孝道观念的赋值原则进行阐明，在原始数据中，用七级李克特量表对被访者的满意程度进行量化。具体赋值原则如图 6-10 所示：

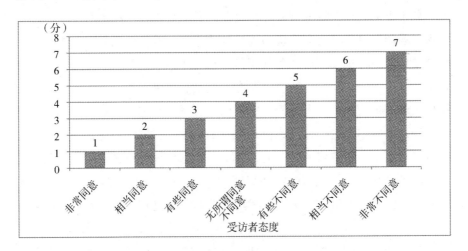

图 6-10　CGSS2006 调查原始问卷中被访者孝道观念赋值原则

在这里，笔者接受了原始问卷中对每一个问题的赋值原则，即分值越低，表明被访者态度越倾向于同意，反之则越倾向于不同意。之后针对每一个具体问题进行回归后得到六个不同模型，以下是具体的内容分析。

　　第一个模型在 0.001 的水平上显著。首先，从模型 1 的结果看，受教育程度对被访者感恩父母的认识在 0.01 水平上有显著的负向影响，即教育程度越高，对感恩父母的认识越趋向于同意。这说明一些孝道观念的形成固然取决于自发的感情因素，但后天教育对其也有重要影响，因此，提高人们的受教育程度可在一定程度上提升和固化其孝道意识和相应的孝道观念，并有可能在这些意识和观念的推动下出现一些较为恒定的孝行为。其次，在模型 1 中，政治面貌对被访者感恩父母的认识在 0.001 水平上有显著的负向影响，这说明政治理念和道德理念之间有密切的关联，事实上，无论从理论层面分析，还是联系众多历史和社会现实都可以发现二者之间确实不存在森严的壁垒，而是有一些复杂的互动机制在其中。最后，模型 1 揭示出宗教信仰对被访者感恩父母的认识在 0.01 水平上有显著的负向影响，其实，从在世界或在中国有较大影响的宗教来看，其核心理念都有趋善的特征，恰好在此点上一些宗教和一些道德理念之间有了深刻的共通性。

　　第二个模型在 0.001 的水平上显著。从模型 2 的结果看，这个模型提供了一些重要信息：即使在现代社会，至少在对无条件善待父母的认识上，被访者一些个人因素与其并无直接关联。再和传统孝道对这个问题的认识联系起来可比较充分地说明无条件善待父母是天经地义的行为，与被访者的年龄、性别以及经济条件等都没有直接关系，是人发自内心的真诚情感，并不因为这些条件的差异而有所区别。如果顺着这个逻辑推理，说明传统孝道最为核心的一些理念在现代社会并没有完全消失，孝道在现代社会的发展并不是空中楼阁，而是有一定基础的。即使如此，还是有一些因素显示出了不可忽略的影响力，其中，教育程度对被访者无条件善待父母的认识在 0.05 水平上有显著的负向影响，即教育程度越高，越认同无条件善待父母，这深刻显示出在孝道维系和发展过程中教育所产生的强大推动作用，纵观中国古代历史上的孝道实施措施，教育确实也是促进孝道思想传播和普及的重要力量。另外，政治面貌对被访者无条件善待父母的认识在 0.05 水平上也有显著的负向影响。事实上，政治因素对孝道观念乃至整个孝道体系的影响是有历史根源的，在中国传统社会，孝道经常超越家庭范畴和政治生活出现了高度交融，虽然这种交融并不能完全用人为因素去解释，因为二者之间确有相互融通的基础，虽然如此，还是能窥见其后政治力量所起的主要引导作用。

第三个模型在 0.001 的水平上显著。从模型结果看，受教育程度对被访者相关认识在 0.001 水平上有显著的正向影响，即受教育程度越高，越不同意放弃个人志向以遂父母心愿这样的孝道观念。这在一定程度上说明，随着受教育程度的提高，对传统孝道中一些不合时宜的构成认识越深刻，越不赞同。但是，这并不能说明受教育程度的提高和传统孝道的传承是相悖的，因为这里针对的只是传统孝道中一个具体观念，而非整个孝道系统。而且从发展的角度分析，能够清楚地认识到传统孝道中的一些不合理因素并积极对其进行改造，非但不阻碍传统孝道的传承，相反还能促进其进一步发展。孝道的传承并不能用完全的回归主义模式，剔除其中不合理的因素不仅是孝道自身发展的客观需要，也是社会发展的必然要求。

第四个模型在 0.001 的水平上显著。首先，模型 4 显示，受教育程度对被访者赡养父母的认识在 0.01 水平上有显著的负向影响，这已是第四次对教育程度和一些孝道观念之间的密切关系进行了印证。总之，在促使孝道观念形成、完善和发展的外部因素中，教育无疑是非常重要的动力之一，这在很大程度上说明了后天教育对孝道观念的重要影响，而且历史和现实、国内及周边国家或地区的众多生活经验也充分证实了这一点。因此，不断提高普通民众的受教育程度不仅对提高个体孝道水准有极大的推动作用，而且也有助于整个社会形成较好的氛围，发展孝道就有了比较好的文化环境，这是一个双赢的结局。其次，政治面貌对被访者对这个问题的认识在 0.001 水平上有显著的负向影响。在传统社会，孝道和政治生活的密切交融已是一种历史常态，正是孝道体系在维护封建统治方面客观上有积极的促进作用，历代统治者因而都大力倡导孝道，这使得调节家庭伦理的孝道和更为广阔的社会生活实现了接轨。即使在当下，家庭依然是整个社会有序发展的重要基础，因此，即使从政治视角审视，发扬孝道的重要性亦不言而喻。孝敬老人本来就是一种传统美德，对这种已被历史和现实无数次证明过的价值体系，受到推崇也是很自然的事。宗教信仰对被访者对这个问题的认识在 0.001 水平上有显著的负向影响也是同样的道理，因为在人类社会漫长的发展过程中，在复杂历史变迁进程中没有被淘汰掉相反还有巨大影响的价值体系，其核心内容中必然包含了人们普遍接受的一些理念，其中有许多就是教人趋善的理念，一些重要的宗教思想都比较明显地体现了这一特征，正是在这一点上，孝道和一些主流的宗教思想产生了共鸣。最后，2005 年全年总收入对被访者对这个问题的认识在 0.05 水平上有显著的正向影响，即收入越高，越对赡养父母以使其更好的生活这个观点不认可。这至少传递出两个信息：一是收入越高，越觉得赡养父母不是一个重要问题，因而没有必要上升到很高的高度；二是收入高的被访者孝道观念可能比较淡薄，他们是否因为过于看重经济因素而忽略了亲情，这还是需要深入论证的一个问题。

　　第五个模型在 0.001 的水平上显著。在这个模型中，满足父母荣耀之心和被访者一些个人因素到底有什么关联？回归结果显示：宗教信仰对被访者对这个问题的认识在 0.001 的水平上有显著的负向影响。总的看来，在传统孝道体系中，这其实是属于精神层面的问题。在很多时候，子女对父母的孝敬要通过具体行为体现出来，而且在更多时候是以物质层面的因素去衡量的，比如子女让父母衣食无忧，老有所养等。但是，不可否认，这些行为同时也产生了相当的精神慰藉作用，因为精神和物质无论是从终极视域审视，还是从生活世界的实践来看，它们既相互对立，同时也相互包容，很难对二者进行准确的划分。基于这样的原因，在这个问题的设计中，暂时悬置了其他因素而将孝道体系中精神慰藉的意义充分凸显出来，就是想了解被访者对孝道精神层面含义的理解。从回归结果看，在这点上第三次显示了宗教和传统孝道的内在相通性，即有宗教信仰比没宗教信仰的人更认同传统孝道观念。另外，在对这个问题的认识中，2005 年总收入对被访者对这个问题的认识在 0.01 水平上有显著的正向影响。如果说第四个问题中经济因素与被访者孝道观念的内在关联尚不十分明确的话，将这两个问题结合起来，就能比较肯定地判断出越是经济条件好的被访者越是不太注重精神层面的因素。因此，这给了我们一个警示：在经济条件越来越好的同时，孝道价值体系却不断受到漠视，再一次揭示了构建以传统孝道为基础的代际伦理体系的重要性和必要性。

　　第六个模型在 0.001 的水平上显著。首先，因为在定义自变量时以男性为参照组，而这个模型显示出性别对被访者对这个问题的认识在 0.001 的水平上有显著的正向影响，且在同等条件下女性对生男孩以传宗接代的不同意程度较之男性要高。事实上，在现代社会，女性地位不断提高的过程中，女性参与社会事务的力度在加大，逐渐成为社会发展过程中不可忽视的力量。因此，女性意见的充分表达在相当程度上和在男权背景下产生的孝道观念发生了碰撞，在互相博弈的过程中，一些和现代社会理念不通融的传统孝道观念不断受到抨击，甚至被淘汰。其次，在这个模型中，样本类型对被访者对这个问题的认识在 0.001 水平上有显著的正向影响。在定义样本类型时以农村为参照组，故城市被访者较之农村被访者更不同意生男孩以传宗接代的观点。笔者认为出现这样的结果一方面是因为现代生活理念对城市的影响远大于农村，一些传统观念在许多农村地区仍保留了不同程度的影响。还有一个现实因素必须要考虑，就是包括养老保障体系在内的许多制度体系在农村地区并不完善，对养儿防老这样的认识因此并不能完全从观念层面进行简单分析，而是有深刻的现实原因。再次，教育程度在这个问题上显示出一贯的影响力，根据这个模型提供的信息，教育程度对被访者对生男孩以传宗接代的认识在 0.001 水平上有显著的正向影响，即受教育程度越高，对这个观点越不认可。从整体来看，受教育程度越高，接受新观念的可能性越大一些，同时对一些问题的认识也相对深入一些。当然，我们并不能完全以受教育程度高的人所做出的认识为主要评判依据，但受教育程度对孝道的重要影响不断得到佐证。最后，是否有（过）子女对被访者对这个问题的认识在 0.001 水平上有显著的负向影响，即有（过）子女的人对这个问题的认识要更趋于同意。这是其中非常有意思的一个现象，有子女之前对生男孩以传宗接代这样的问题仅仅停留在认识阶段，有了子女后便有了切身体会。在男女平等意识已比较普及的情况下，父母的爱对任何子女应该都是一样的，因为无论男女都是自己生命的延续；还有受制于计划生育政策和其他因素的影响，只有一个孩子而且是女儿的父母们别无选择，只能将所有的爱给予他们唯一的孩子，他们对于生男孩以传宗接代这样的问题也许是嗤之以鼻的。但是，实际情况却不是这样的，这再次反映传统孝道观念嬗变的复杂性，从观念层面来看，对孝道的认识不可能一成不变；从认识主体角度而言，有了不同人生经历后对其认识也有所不同。因此，在维系孝道核心理念的情形下，在政策设计方面，对其外延拓展要有合理的把握，要考虑到不同人群的反映和接受程度，同时也要考虑不同生命阶段主体的相应认识，否则，孝道体系有可能很难被普遍化。

　　笔者还对被访者整体的孝道观念所受影响因素进行了考察，自变量和上述自变量相同，因变量是将六个问题的取值相加，值越大，代表越不同意传统孝道观念，值越小，则表示越倾向于传统孝道观念。经统计发现：总观点的均值为15.962，标准差为4.138。其中有一名被访者总的取值为36，表明其相当不同意传统孝道观念，但所占比重仅为0.03%；有67个被访者总的取值为6，表明其非常同意传统孝道观念，所占比重为2.09%。被访者整体孝道观念的基本情况如图6-11所示：

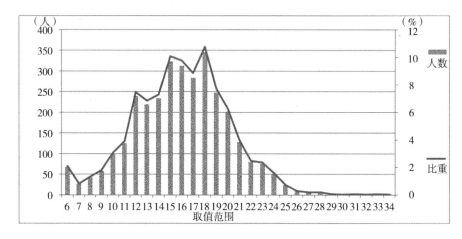

图6-11 被访者整体孝道观念基本情况

回归结果如表6-17所示：

表6-17　基于CGSS2006数据的被访者整体孝道观念定序logit回归结果

	对传统孝道的整体认识
性别	0.079
	(0.068)
年龄	-0.002
	(0.003)
样本类型	0.141
	(0.077)
受教育程度	0.027*
	(0.011)
政治面貌	-0.209*
	(0.099)

	对传统孝道的整体认识
宗教信仰	−0.358***
	(0.102)
有无子女	−0.288**
	(0.106)
2005年总收入	0.027*
	(0.011)
Log likelihood	−8175.354
LR chi2 test	64.79***
Pseudo R²	0.004
N	2930

注：*表示在0.05水平上显著，**表示在0.01水平上显著，***表示在0.001水平上显著；括号内数字为标准误；cut1—cut26的切点参数值略。

依据回归结果分析，第一，受教育程度对被访者整体孝道观念在0.05水平上有显著的正向影响，即受教育程度越高，越不认同传统孝道中的一些内容。不过这只是一个整体性的分析，因而不能将此作为唯一的根据进行判断，还必须结合表6-16的回归结果进行综合判断，因为在前边具体的分析过程中发现，受教育程度分别对被访者五个具体的孝道认识有不同程度的正、负向影响。总的来看，受教育程度是对被访者孝道观念影响最大的外在因素。第二，政治面貌对被访者整体孝道观念在0.05水平上有显著的负向影响，这似乎说明，越有明确的政治理念以及属于某个政治团体、组织的人越比较认同传统的孝道观念。其实，政治理念和孝道理念之间确实存在内在相通的地方，一个简单的事实是：将传统孝道伦理体系维系家庭有序运作的功能聚合起来，它当然也有维护社会稳定的强大功能，由此和一些政治理念产生了共鸣。第三，传统孝道观念包含了丰富的内涵，对精神因素的注重绝不逊于对物质因素的倚重，而且在孝敬双亲方面绝不止于其有生之年，而是延续到其去世以后，一些理念和行为不仅仅只有形式方面的意义，而是要通过各种方式将对"善"的推崇充分展现出来。正是在这点上，宗教信仰对传统孝道观念整体上又有了非常大的影响，这一点在回归结果中也显现出来了。第四，回归结果显示：有（过）子女的受访者较之无子女的受访者更认同传统孝道观念，这再次展现出一些人生经历对孝道观念的重要影响。传统孝道调整的是纵向的代际关系，只有在较为本真的境域中进行体验和类比，对孝道的认识才会更为真切。第五，2005 年总收入对被访者整体孝道观念在 0.05 水平上有显著的正向影响，其中原因在受访者对赡养父母和让父母荣耀的认识中已进行了具体分析，而这两个构成在相当程度上体现了传统孝道观念在孝行方面对物质因素和精神因素的具体要求，这里的分析结果和前边具体的分析结果并不相悖，只是一种整体性总结，但无论何种原因，还是反映出一些孝道观念在一定程度上受到了经济因素的影响。

四　小结

在本章中，笔者依据 CGSS2006 问卷中的数据对被访者的孝道观念进行了研究。主要目的有：一是在目前以 CGSS2006 孝道问题的研究中还没有针对孝道观念进行的研究，因而还存在一定的研究空间；二是孝行在很大程度上受到孝道观念的影响，针对孝道这个具体问题，通过相应政策工具改变主体行为是一种方式，但通过改变主体观念进而使其行为发生变化可能更为有效和恒定。不仅如此，在设计相应政策体系时，一些政策构成需立足于传统孝道的现状才能合理和可行，这其中就包含了孝道观念方面的内容。正是基于这些原因，笔者开展了此项研究。通过研究发现：即使是一些有明显保守色彩的孝道观念在当下依然受到不同程度的推崇，显示出传统孝道观念的一种根深蒂固的持久的影响力；但是，通过分析发现，嬗变的因素亦潜伏在其中。通过定量研究的方法并不能对所有影响孝道观念形成和发展的因素进行精确测量，因为问卷所提供的有限信息中并没有涵盖所有影响孝道观念的因素，另一方面的原因是对孝道观念的定量研究是一件非常复杂的事，要想通过科学主义的方式对其进行精确的测量本来就存在诸多障碍，因此，本章所做的一些研究只能视为一种尝试。虽然如此，通过定量研究还是能发现其中一些非常重要的影响因素，以此为基础，根据现实情况，合理发展传统孝道，在现代社会不仅有重要的现实影响，还有非同寻常的历史意义。

第七章　老龄化进程中以传统孝道为基础的代际伦理体系构建的对策探讨

将历史和现实结合起来，从公共管理生态角度进行审视，在老龄化应对过程中构建以传统孝道为基础的代际伦理体系具有非常重要的意义，而要做到这一点，不仅需要用分析思维对老龄化进程中的许多具体问题进行深入分析，更需要用综合思维对一些具有整体性规律的问题进行系统的研究。在此基础上，还需从终极视域对与涉老政策相关的代际伦理价值体系进行探究，这不仅是快速发展的老龄化提出的现实需求，更是民族文化传承的必然要求。老龄化进程中代际伦理体系的构建虽然面临诸多难题，但具有厚重基础的传统孝文化为老龄化进程中代际伦理体系的构建提供了异常丰厚的文化资源，老龄化进程中代际伦理体系的构建是站在更高基点上的一个吐故纳新的过程，因此，思维方式的转化与研究方法的创新可能在其中起着更为重要的作用。与此同时，这也是孝文化传承过程中一个重要的承上启下的环节，在传统孝文化几乎停滞的历史阶段，以传统孝文化为基础的代际伦理体系的构建在新时期意义重大。在对传统孝文化存在状况及嬗变过程中相关问题进行考察后，以其中的一些认识成果为研究基础，立足于涉老政策并将可行性原则融入其中，笔者尝试性地提出了一些政策建议。

一　以传统孝道为基础的代际伦理体系构建过程中应遵循的基本原则

（一）从单维度要求向代际平等理念过渡

鉴于传统孝文化的丰富性和厚重性，以及传统孝文化的社会影响仍然具有一定的延续性，在应对老龄化过程中，建立适应社会需求的代际伦理体系依然可在传统孝文化中获取重要的资源，正是因为这样的原因，老龄化进程中代际伦理体系的构建从狭义上也可理解为传统孝文化在新时期的进一步发展，其目的就在于通过合理调适使传统和现代能超越孝文化在一定时段的断层又出现连续性发展。之所以提出老龄化进程中代际伦理体系构建这样的命题，而不是完全倚重传统孝道来解决老龄化进程中代际伦理关系方面出现的问题，是因为传统孝道不能涵盖老龄化进程中代际伦理关系方面所出现的一些新问题，难以满足当代社会对代际伦理体系所提出的现实需求。从字源含义或从汉字构成的角度审视"孝"，《尔雅》《说文解字》中都明确指出"孝"包含了"善（事）父母""子承老"等原初含义[①]，从中得出"孝"的实施方向基本上是单维度的，这种指导思想贯穿于整个传统孝道中，无论是在生活细节方面还是在重大的人生选择方面，无不体现出父母、老人一元主导的鲜明倾向。虽然尊老敬老作为一种优良传统一直延续至今，妇女儿童等弱势群体的利益要得到优先考虑在很大程度上彰显了人类在前行过程中道德水平的不断提高，因为老年人也是弱势群体，他们的权益在当代社会也应得到切实保障。尽管如此，传统孝道的单维度实施原则无疑和当下的一些主导性社会理念是相冲突的，现代社会更倡导一种平等、相互尊重的理念，在此基础上才能构建一种真正契合时代精神的代际伦理体系。

（二）从泛孝主义向家庭伦理回归

传统孝文化体现出了明显的泛孝主义特征[②]，在传统社会，孝伦理超越家庭范围更多时候不是一种自发的现象，而是出于人为的引导。但是，私人生活和政治生活的生硬结合容易使孝伦理在实施过程中自律和他律的天平出现倾斜，如果孝伦理他律体系和道德主体自律意识相统一，这当然有利于孝伦理的存在和发展。如若自律和他律体系的平衡被打破，个体内心的道德热情被沉重如山的规范所压倒时，孝伦理的维系力量更会向外在

---

① 胡奇光、方环海：《尔雅译注》，上海古籍出版社 2012 年版，第 176—177 页；（汉）许慎：《说文解字》，中华书局 1963 年版，第 173 页。

② 叶光辉、杨国枢：《中国人的孝道：心理学的分析》，重庆大学出版社 2009 年版，第 24—28 页。

的他律体系转移，更容易随着外在的变化而发生变化，尤其是外部社会出现巨变时，支持其存在的精神力量极易坍塌。当然，家庭是整个社会体系的重要构成基础，它必然和各种社会生活有着错综复杂的关系，孝伦理因此不可能只限定在家庭范围内，超越家庭界限也是正常现象。问题的关键是：将与孝伦理并无实质关联的事物生硬地纳入孝道系统，或刻意地将其泛化之后用来规范其他社会行为在当下并不适宜，也不能真正促进传统孝道的发展。孝道的泛化更多是一种历史现象，当下的主要问题并不是孝道的泛化，而是孝道的式微，但在以传统孝道为基础的代际伦理体系构建过程中，不论是在研究领域还是在实践过程中，要尽可能防止这种倾向出现。将传统孝道功能无限放大，将其地位过分抬高非但不能有力推动孝道在当下的发展，还容易使人联想到历史上孝道推行过程中的一些教训，这极有可能引起一些反弹。因此，在以传统孝道为基础的代际伦理体系构建过程中，必须要限定其适用范围，即应主要局限在家庭范围内，这是构建以传统孝道为基础的代际伦理体系的一个重要前提，离开这个前提，此项工作将难以持续进行。

（三）从工具主义向道德本性靠近

"孝"最初以家庭伦理形式出现，在先秦时期也具有一些素朴的平等思想，并未一味强调子女对父母的绝对顺从，而是将父慈的责任与子孝的义务对应，从汉朝开始将之实施范围扩大化，其实在相当程度上是维护封建等级统治的需要。① 之后在长期的社会实践过程中，"孝"的工具性特征不断增强。纵观传统历史，"孝"固然是一种无可替代的理念及伦理规范，但在更多时候成为统治者管理国家的一种工具，这一方面为维系国家稳定产生了巨大的效能，同时也不可避免地产生了诸多负面影响。将父子关系与统治者和臣民的关系进行类比，将"孝"与"忠"混淆，用道德说教的方式增强民众的服从意识在维护统治方面成本更低，也更为有效。不可否认，这种策略的确实现了一定的政治目的，但负面影响也是显而易见的，工具主义特征的增强极大地削弱了孝伦理本身所具有的道德色彩，从而使孝伦理更容易受到政治等其他因素的左右，而其自身的稳定性反而

---

① 魏英敏：《"孝"与家庭文明》，《北京大学学报》（哲学社会科学版）1993年第1期。

不易维护。基于这样的教训，这里必须澄清一个逻辑关系：不是仅仅为了应对老龄化才重新认识"孝"的价值并将之作为应对老龄化的一种工具，这无非是在重复以往工具主义的路径。而是应上升到文化的高度并超越狭隘的工具主义思维模式，尽可能回归到孝文化所具有的道德本性，以筛选出具有普适性的传统孝文化为基础，构造真正适应现代社会需要的能给老年人更多人文关怀的代际伦理价值体系，这才是笔者研究老龄化进程中代际伦理体系的初衷。如果利用公共政策等进行引导，尊老敬老能在现代社会成为一种整体性社会理念，传统孝伦理在和现代文明理念相融通的境况下方能显现出巨大的文化张力，在坚实的伦理体系依托下家庭养老的基础性地位才能不断得以固化，养老压力也必然得到有效分流。这充分说明，站在更高制高点上的代际伦理体系的构建必然会带来工具主义的效应，犹如一个人事先并未考虑功名利禄而是全力投身于自己所热衷的事业，成功之后固然实现了自己的人生目标，但名利也自然而来的现象一样，在以传统孝道为重要基础的代际伦理体系构建过程中，在一种良好的文化氛围的塑造进程中，与老龄化相关的公共管理及政策有了较好的文化环境，其效能自然会极大地发挥出来，这也是一个事实。更为重要的是，在当下经济及社会发展亟须相应价值体系支撑之时，包括孝文化在内的传统文化发展也有文化传承方面的重要含义，这就远远超越了狭隘的工具主义的范畴，如果仅仅从工具主义思路出发很难使其具有更为深刻的内涵，没有深厚文化基础的代际伦理体系在实践过程中效能会受到一定的削弱，由于补缺性特征明显因而很难保持较为恒定的存在状态。

（四）从保守主义向开放思维转化

在中国历史发展过程中，我们的先辈以非凡的智慧、坚忍不拔的毅力克服了种种难以想象的天灾人祸所造成的瓶颈时期，充分发挥了人的潜力，在这片辽阔的土地上演绎出了一幕幕精彩的历史剧，在此过程中创造了举世瞩目的灿烂文化。在数千年时间里，这种创造活动犹如一台不停歇的发动机，释放出了巨大的能量，使得中华文明在较长的历史时期内保持了持续性的发展。不独如此，中华文明所释放出的辐射力量还散播到周边地区，在较长一段时间里一直扮演着地区文明引领者的角色。先辈在深沉的历史使命的推动下，面对一个个重要的时代命题进行了相应的实践活动，随后出现了一系列璀璨的成果，并通过各种途径不断传播至周边地区，从而形成了颇具地域特征的儒家文化圈，这既取决于得天独厚的地理环境，也与较为相近的文化心理有关。当然，周边这些国家也有自己独特的文明体系，但在一定时期内，被其接纳的部分中华文明确实产生了较大的影响力。在接受中华文明的过程中，周边一些国家结合自己固有的文明特征和现实需要选择了不同的侧重点，以朝鲜半岛国家为例，在接受儒学过程中明显对孝文化倾注了过多感情，而且在孝道规范的绝对性以及实施的严格性等方面较之中华本土有过之而无不及。[①] 在各种历史和现实因素以及不可控力量的综合作用下，孝文化在韩国依然得以延续，仍然广泛融入到家庭及社会生活之中。

当然，仅仅依靠道德力量很难做到这一点，事实上，韩国官方和民间各种力量一直都在努力，采取了各种措施在积极推广孝道：全力推动关于孝道的学术研究；成立相关基金组织以褒奖孝行；注重学校在推行孝道中的中介作用；还有相关志愿者活动。另外，韩国非常注重对孝道的立法，并注重其中的程序性和合理性，在社会许多阶层有意识的推动下，韩国将道德推动力量和法律维护力量有机融合起来，使孝道在现代社会延续有了较为可行的途径。[②] 维护和推广孝道的步伐在韩国一直没有停止，据2015年8月底消息，韩国修改完成的民法修订案试行方案中就如何对不孝行为进行惩罚等进行了规定：子女若没履行对老人的赡养义务，或对父母有虐待与其他不当行为，父母有权将原先赠予其之财产收回。[③] 杨菊华、李路路通过比较研究发现：尽管受到现代化浪潮冲击，但在东亚地区，韩国仍然保持了最强的家庭凝聚力。韩国在现代化发展过程中并未完全抛弃传统，相反，传统文化在韩国得到了较好的保持；但中国大陆在各种因素交错作用下传统文化的影响越来越弱，这在相当程度上影响了当下的家庭凝

---

① 朱七星、许能沐：《中国·朝鲜·日本传统哲学比较研究》，延边人民出版社1995年版，第1—79页。

② 韩光忠、肖群忠：《韩国孝道推广运动及其立法实践述评》，《道德与文明》2009年第3期。

③ 《韩国拟定不孝子防止法：子女不孝父母可要回财产》（http://www.cankaoxiaoxi.com/world/20150901/925587.shtml）。

聚力。①

因此，我们必须要正视近代以来包括孝文化在内的传统文化已被严重削弱的事实，要跳出保守主义的思维框架向更为开放的思维模式转化。这种保守主义思维主要包括两层含义：一是传统孝文化一直是在一个相对封闭的文化环境中产生和发展的，虽然经常超越国界产生了地域性影响，但从产生和发展的机制来看，处于核心位置的思想却很少受到外来思想的左右，孝文化的这种演化模式虽然产生了高度的文化自信，但也容易滋生保守主义的思维倾向。保守主义的第二层含义是在当下要求向传统孝文化全方位回归的思维倾向，这种思维同样不利于以传统孝文化为基础的代际伦理体系的构建。因为当下代际伦理体系的构建必然要有符合时代精神的内容融入其中，且在实施模式等方面都要有不同以往的创新，否则，老龄化进程中代际伦理体系的构建就缺乏坚实的根基。在当下代际伦理体系构建中要超越保守主义思维模式，就必须要正视传统孝文化和现代社会接轨过程中产生的诸多不适应；同时要以更为宏阔的视野、虚怀若谷的态度向一些传统和现代成功实现融合的国家和地区学习一些可行的经验。不能故步自封，亦不应妄自菲薄，在学习成熟经验的同时也要看到自己的优势，立足自我，在基础理论和具体方法等方面及时创新，适应当下社会需求的代际伦理体系才能真正出现。以传统孝道为基础的代际伦理体系构建过程中的几个基本要求如图 7-1 所示。

总之，在以传统孝道为基础的代际伦理体系构建过程中，从基本理念、原则、路径以及方法等方面都要根据我国当下的情况及时进行超越。因为老龄化进程中以传统孝道为基础的代际伦理体系绝不等同于传统的孝道，传统孝道有促使其产生和发挥作用的特定文化生态系统，这种文化生态系统与当下更为复杂的文化生态系统有很大的不同，没有超越就只能是一种简单的回归，但完全依靠传统理论和思维无法解决当下的难题，这是很现实的问题。因此，在传统和现代相结合的过程中必须要进行创新，这就是老龄化进程中构建以传统孝道为基础的代际伦理体系的内涵所在。

---

① 杨菊华、李路路：《代际互动与家庭凝聚力——东亚国家和地区比较研究》，《社会学研究》2009 年第 3 期。

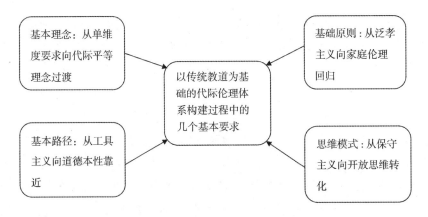

图 7 - 1　以传统孝道为基础的代际伦理体系构建过程中的基本原则

二　老龄化进程中以传统孝道为基础的
代际伦理体系构建的具体对策

（一）对传统孝道的基础理论进行超越和发展是其中一个关键

首先，结合目前研究状况[①]，研究人员对以"孝"为主题的研究仍然比较感兴趣，研究视角较为多元化。总的来看，深入挖掘"孝"的内涵是一种主要的研究途径，而且在研究中利用现代哲学、伦理学、心理学等理论反复为"孝"释义，对其内涵的解析更为深入，一些研究更趋复杂和烦琐。其次，对"孝"的各种社会影响进行较为全面或比较深入的分析亦方兴未艾，不断有新的成果问世。在数千年孝文化传承、演化过程中，在每一历史阶段孝文化都留下了深刻的历史烙印，选取其中某一重要时间段，从不同学科角度进行深入研究直到现在仍然有较大研究空间，但无论选择哪种具体的研究对象，基本思维模式都比较相似，主要内容基本在考证或解释的基础上展开。最后，如何使历史和现实衔接也是很多研究者感兴趣的话题，这方面研究重要的理论意义和积极的现实意义兼有。表面看来，这些研究异彩纷呈，但基本的研究思维依然比较相似，而且其中一个关键问题并未获得根本性解决，即基础理论创新方面并无实质性突破，绝大多数研究其实都是围绕传统孝道理论进行的，反复对其进行释义

---

① 可参见第一章文献综述部分相关内容。

成为主要的研究路径。而如何在孝道基础理论方面有新的突破，并使其和现代社会生活真正相适应，目前还鲜有重要的研究成果问世。因此，以传统孝道为基础的代际伦理体系构建的一个重要前提就是要在基础理论方面有质的突破。

（二）要对与代际伦理体系构建直接相关的问题积极进行回应

基于以上分析，在老龄化加剧时期，在以传统孝道为基础的代际伦理体系构建过程中，试图通过各种途径将传统孝道融入现代社会生活中的这种简单回归的思维是不现实的。在此之前，必须要进行一项基础性工程，即要为传统孝道不断注入与当代社会发展相适应的理念和新的内容，在此项工作进行过程中，以下几种现象尤其要予以关注。

1. 现代家庭规模较之传统家庭规模变小

传统孝道得以延续的一个重要原因与中国传统家庭结构有直接的关系，对此先结合相关研究成果从历史视角进行整体性考察，然后再从比较的视角予以简单分析。从历史视角进行审视，西汉至清朝的户均人口数如图 7 - 2 所示。

从图中可见，户均人口最多的时期为西晋，6.57 人；其次为唐，6.32 人①；最少为宋，2.11 人；从西汉至清朝的户平均人口数为 5.09 人。再考虑到传统社会战争频繁，社会生产力较为低下，医疗水平整体上也不高，还要受到地震、水患、干旱等各种天灾的影响，人们的生存时常面临着诸多不可预测的危机。在这种境况下，和现代社会一些国家或地区承受着巨大的人口压力恰好相反，传统社会在较长一段时期内人口的持续增长一直是一个历史难题。整体的人口状况会直接影响到传统家庭的规模，因而将多种因素综合起来考虑，中国古代的家庭规模不可能非常大，正是因为这样，在很多时候才需借助宗族的力量，因为无论是在生产方面，还是在应对各种天灾人祸时单个家庭的力量都非常有限。虽然如此，传统家庭规模较之现代家庭规模仍然较大，这是将历史和现实进行比较后得出的结

---

①　相比较而言，此处唐的户均人口数应更具考察意义，因为这是根据梁方仲（1980）甲表 1 中公元 705—820 年（公元 780 年无数据）不同时间点户均人口数所得到的一个平均数，而西晋仅为公元 280 年的数据。

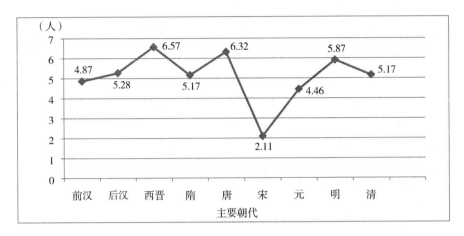

图 7 - 2 中国传统社会不同历史时期户均人口数

注：所有数据均来自梁方仲：《中国历代户口、田地、田赋统计》，上海人民出版社 1980 年版，第 4—12 页的甲表 1。此表中前汉为公元 2 年的数据；后汉对不同时期数据进行了平均；西晋为公元 280 年的数据；隋为公元 609 年的数据；唐、宋、明亦是平均数（三个朝代空缺年份均无法统计）；元为公元 1291 年的数据；清仅有 1911 年两份数据，此处未进行平均而是选择了修正后的数据。此表并未对每一历史阶段的户均人口数进行详细展示，而是选取了一些大一统王朝（在选择过程中尽可能考虑了其在中国历史发展中的重要作用），整体看来，还是展现出了连续性特征。

论。国家卫计委 2014 年发布的数据显示：中国的家庭规模一直在变小。[①]具体情况如图 7 - 3 所示。

而 2015 年发布的数据显示：2—3 人为主的小型家庭已经成为主导型家庭模式，家庭规模整体偏小。[②] 具体情况分别如图 7 - 4 和 7 - 5 所示。

虽然家庭规模日益缩小，家庭却依然存在，但问题的关键是传统孝伦理却越来越难以在这种小型家庭范围内直接实施，因为在家庭小型化的过程中，一些老年人不再和子女一起居住。各种现实因素综合作用后导致了老人无法和子女生活在一起，这在传统社会并不是一种比较普遍的现象。因此，适用于传统社会家庭结构的孝伦理必须要不断实现更新，以此为基

① 甘贝贝：《家庭发展报告显示家庭持续"迷你化"我国家庭平均每户 3.02 人》（http://www.jkb.com.cn/news/familyPlanning/2014/0515/341357.html）。

② 《中国家庭发展报告》（http://news.xinhuanet.com/video/sjxw/2015 - 05/18/c_ 127814513.htm）。

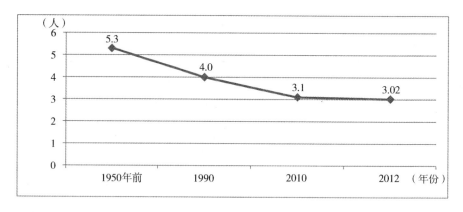

图 7 - 3　当代中国家庭户均人数变化

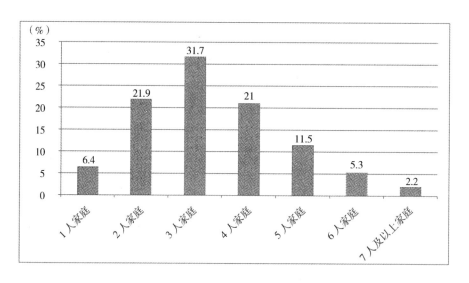

图 7 - 4　当代中国家庭规模构成

础的代际伦理体系要结合现实情况建立和这种现象相适应的基础理论和伦理规范，其功能的发挥才能有据可依。

2. 现代家庭类型较之传统社会更为多样化

现代社会的家庭无论在形式还是结构方面都发生了很大变化，不仅如此，传统社会未曾有的家庭类型也逐渐涌现出来，或在传统社会影响甚微的家庭类型现在也占据了一定比重，这使得现代社会的家庭类型更具多样化。在家庭规模小型化和类型多样化的过程中，表面看来，一些家庭随着成员的减少家庭关系可能更趋简单，但事实上由于情感、经济

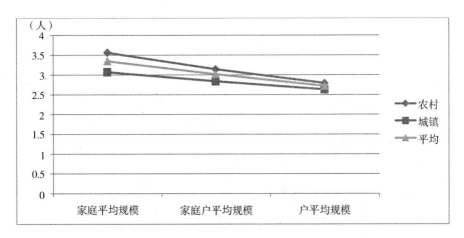

图 7 - 5　当代中国家庭、家庭户及户平均规模

等各方面的因素将分离出的成员又通过不同形式联系起来，由于并没有直接生活在一个家庭之内，有些关系可能更趋复杂化。王跃生的研究发现：核心、直系以及单人户家庭为中国当代家庭的主要类型，复合、残缺家庭等也占据了少量比重，总之，家庭小型化是其中一种发展趋势，但传统家庭仍在形式上仍得到了一定程度的维护。[①]　具体情况如图 7-6 所示。

　　总之，当代家庭的结构和类型较之传统社会发生了很大变化，家庭功能也发生了较大变化，一些原来家庭承担的功能逐渐让渡给社会，家庭的代际关系因而受到了一定影响，这一点从老人居住模式上就可传递出一些重要的信息。在这种情形下，相应代际伦理体系也要在宏观和微观层面针对这些家庭出现的新变化进行研究，以使其内容更为丰富，其对现实生活的指导意义才能不断增强。

　　3. 老人居住模式更趋向独立化

　　王跃生对 65 岁以上老人的居住模式研究后发现：虽然农村地区 65 岁以上的老人多与已成家子女一起生活，但老人独立生活模式有增加之趋势；老人与子女共同生活与独立生活的模式并存于城镇。[②]　国家卫计委 2014 年 10 月—2015 年 2 月的调查数据显示：老年人中独居老人与空巢老

---

　　① 王跃生：《中国城乡家庭结构变动分析——基于 2010 年人口普查数据》，《中国社会科学》2013 年第 12 期。

　　② 王跃生：《城乡养老中的家庭代际关系研究——以 2010 年七省区调查数据为基础》，《开放时代》2012 年第 2 期。

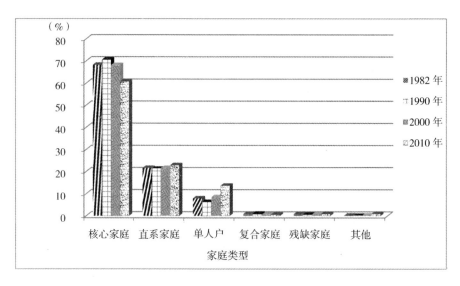

图 7 - 6　1982—2010 年中国家庭类型变化

注：图中所用数据系王跃生（2013）根据相应人口普查数据计算所得，具体来源见脚注文献。

人分别占据了 10% 与 50% 的比重。① 而根据笔者对甘肃陇东地区以及重庆一些地区的了解，在城镇，绝大多数老人不与子女一起居住，虽然在生活方面仍有很多交集，但独立性在不断增强。在农村地区，以往老人多与成家的儿子居住在一起，现在由于大量农村青壮年劳动力外流，老人形式上与儿子住在一起，其实主要是负责照顾家里的留守儿童，且经济上多与子女分开。由于养老主要依靠儿子的传统观念在这些地区仍有根深蒂固的影响，没有儿子的老人一般情况下不会与女儿女婿住在一起，他们宁愿独自居住，越来越多的老人事实上在独立生活。这种情况和传统社会同爨共居的生活模式相比已发生了较大变化，这再次说明了传统孝伦理在当代社会必然要出现种种局限性。总之，更多老年人正在走向独立的生活模式，但又要尽可能防止一些子女因此而放弃自己应承担责任的家庭风险，当代的代际伦理体系必须要针对这些现象进行深入的研究并提出相应的规范和要求。

_____

① 《中国家庭发展报告》（http：//news. xinhuanet. com/video/sjxw/2015 - 05/18/c_ 127814513. htm）。

（三）构建覆盖整个社会的基本规范是其中的一项基础性工作

在现代家庭的形式、结构、功能出现一系列变化的过程中，除对与代际伦理直接相关的一些问题进行回应外，还需要在维系传统孝伦理孝老敬亲等核心理念的基础上对当下代际伦理关系中出现的其他一些重要问题进行深入研究。在老龄化进程不断加快的今天，老年人养老存在诸多问题，但其中一个重要的问题是对老年人及老龄化社会的认识。一些人在思维深处认识到的是老龄化的负面影响，通过科学的认知方式对老龄化进行合理解析因而具有非常重要的意义。但是，亲情淡漠、人文精神缺失所带来的对老年人的漠视甚至歧视却需要能为社会所普遍接受的伦理体系去进行化解。在老年人越来越多，更多中年人即将老去，年轻人最后也不可避免地走向衰老的社会发展过程中，构筑能促进代际关系和谐的伦理体系不仅有助于当下老龄化的应对，也对许多非老年人群当下及未来的生活有不同程度的影响。但是，相对于传统孝道体系对整个社会全覆盖的状况，当代社会却缺乏一个整体的伦理体系来调节和规范代际关系，整个社会亟须合理的代际伦理价值观的引导。另外，在老人居住模式越来越倾向独立化的时代，要针对此种现象设计出相应的伦理体系以避免子女因老人独立居住而推卸自己应承担的责任，还要根据现实的变化不断丰富代际伦理体系的内容。从细节上探究，还有很多涉及代际伦理关系的问题需要我们关注。正因为如此，当下代际伦理体系在构建过程中首先要针对一些传统孝道不能涵盖的较为普遍的现象进行研究，进而提出相应的规范，争取使其得到整个社会的认可，这是一项最为基本的工作，但其重要性绝不容忽略，如果连一些基本的规范都没有，整个社会就没有可遵循的依据。

尽管传统孝道在当下仍有一定程度的影响，但和传统社会相比，目前孝道也不是一种整体性的社会观念，其延续因地域、个体的不同而呈现出有差异的存在状态。对传统孝道的认知也比较复杂，一般而言，年龄越长，传统孝观念对其的影响相对越大，就一些年轻人而言，虽然他们秉承了传统孝道的一些重要理念，对孝道在家庭生活等方面的一些调节功能仍给予了比较积极的评价，但在一些基本理念方面也出现了较大变化，年轻人更愿在一种平等的代际关系中论及孝道。这种变化在很大程度上受到了现代文明理念的影响，同时一些当下流行的价值观强势袭来，也对年轻人的孝道观念产生了较大影响。更为重要的是，许多不确定性因素已潜移默化地融入到了年轻人的孝道观念中，由于年轻人的价值观尚未定型，因而在未来生活中还存在诸多不确定的变化。但是，若有传统孝道体系一样强大的代际伦理体系渗透到社会各个角落，在这种氛围中，即使一些年轻人有价值观重塑的过程，有主导性价值观做引导，其重塑也不会出现很大的偏差。总之，当代社会出现的巨大变化和孝道观念的嬗变交织在一起，致使传统孝道越来越难以对代际关系中一些新的现象进行规范和调节，这从一个侧面反映出现代社会对新型代际伦理体系存在的需求。虽然许多代际矛盾确实不能完全依靠道德的力量去解决，但是，如果连最基本的覆盖整个社会的代际伦理规范都没有，只会加剧这些矛盾，而且新的问题还会不断出现。

（四） 各方权益要尽可能平衡

在传统孝道中，子女对父母、老人孝道的实施几乎是无条件的，但在当代，经济因素或其他付出在维系代际间关系中的作用明显增强。根据笔者的一些调查，一般来讲，这种付出其实是有时间序列的，如果没有父辈的付出，很难得到子女的回报，但问题是这种付出日渐成为一种持续性行为，许多老年人在晚年仍为子女尽力付出。除经济上一些力所能及乃至超出自己能力的支持外，更多的表现是为子女带小孩，在城镇，老人退休后仍在尽力为子女发挥余热，农村留守老人很多在照看留守儿童，老人这种付出超越了直接的父代与子代的范围，在这种情况下，才能出现较为正常的代际关系。总之，当前代际关系不能简单用互惠型进行概括，但仍有相当的感情因素在其中。和传统孝道实施过程中非常明显的单维度倾向相比，当前代际伦理关系出现了另外一种极端，即老人在不断付出，子女的付出明显过少。为了维系代际关系的平衡，这就需要新的代际伦理规范对其进行调节，如若原原本本引入传统孝道体系可能更多会流于形式，因为现在大的社会发展形势已无法再让子女无条件地实施孝行。因此，以传统孝道为基础的代际伦理体系要在尊重现实的基础上对双方权益及责任予以适度平衡，这种代际伦理体系才有可能在现实中切实发挥效能。

（五）应有必要的元伦理学为相应的代际伦理体系提供坚实的理论支撑

当代社会生活的丰富性和代际关系的复杂性对相应代际伦理体系所提出的要求远远超越传统孝道的范畴，因而不能仅仅列出一些简单的规范或要求，而是要根据伦理学的基本构成将基础性工作都尽可能做足。整体来看，传统孝伦理基本以规范伦理学为基础，比较缺乏元伦理学层面的论证。其实这是和中国传统哲学整体的风格相一致的，中国传统哲学围绕生存论展开了一些重要论述，在中国哲学重要的构成部分儒学体系中，其核心内容与人的行为方式、生存模式等息息相关，先秦时期一些重要著作至少在叙述风格上更像将思想高度凝练后的格言式总结，其中缺乏系统的方法论指导，鲜有严密的论证体系贯穿其中。但是，这并不是说中国哲学没有本体论和方法论，而是当时的生存状态在很大程度上决定或影响了人的思维模式，更为直观的体悟式思维模式其实反映出许多哲人的兴趣基本集中于生活世界的问题上，这些问题往往与人的生存直接相关。因此，早期的儒学更多渗透出了浓厚的道德色彩或政治方面的特征，只有在非常必要时才有一些形而上的论证。而孝道理论很少有独立的体系，更多时候是融入到儒学等不同思想体系中的，这种存在状态决定了它必然要受到儒学及其他派别思维模式的影响。因此，传统孝道体系呈现在我们眼前的更多是一些直白的、素朴的规范，基本没有元伦理学构成。现代社会当然也需要许多适用于代际伦理关系的规范，但仅仅有这些规范还是不够的。在当代社会，如不能从元伦理学角度对与代际伦理关系相关的问题予以合理的分析和说明，建立在传统孝道基础上的代际伦理规范就会缺乏可靠性和确定性，在理论层面就会缺乏坚实的根基。何怀宏对于元伦理学的意义给予了简洁而有力的说明：对道德概念之内涵、思考过程中的逻辑予以澄清；也有助于进行合理的道德抉择；更有利于我们用冷静的理性拒斥各种极端理论。[①] 王海明认为：不能将规范伦理学与元伦理学截然分开，二者是科学的伦理学的不可分割的

---

① 何怀宏：《伦理学是什么？》，北京大学出版社 2002 年版，第 42 页。

构成部分，应将元伦理学视为导引，规范伦理学视为正文。① 因此，在以传统孝道为基础的代际伦理体系的构建过程中，从可普及性角度而言，规范伦理学是其中的主体部分，但绝不能因此而忽略理论层面元伦理学的支撑作用。

（六）在学术性和可普及性适度平衡的基础上凸显创新性

以传统孝道为基础的代际伦理体系在构建过程中首先要提出一些简单易行的规范，这虽然是一项重要的工作，但也仅仅是一个基础，还要在总结历史经验并立足现实的基础上从多学科的角度出发构建相应的理论体系，这就需要从专业角度对其中存在的具体问题进行分析研究。针对传统孝道理论体系相对较弱的缺陷，当下代际伦理体系的构建必须要将基础理论夯实，也要能为普遍的经验所解释，否则就难与生活接轨。只有把基础工作做实，后续工作才能有序展开。这里还要注意一点：以传统孝道为基础的代际伦理基础理论的研究并不完全等同于对传统孝文化的研究，因为二者的社会背景有巨大差异，虽然在研究过程中要借鉴传统，但立足现实从形式和内容上有根本性创新是其中最为核心的一个环节，如果脱离现实对孝文化进行研究，又会返回到释义学的路径中，而相关的理论研究已进行了较长时间，研究空间已无较大开拓的可能。总之，在以传统孝道为基础的代际伦理体系构建的过程中，要勇于超越自我，敢于面对新的挑战，跳出为研究而研究的思维框架，更为重要的是在整个研究过程中要有理性和比较合理、完善的方法论做指导，反观传统孝伦理体系，其中就非常缺少科学方法的引领，当下关于代际伦理关系的基础性理论研究要实现对传统孝道的超越，没有合适的、科学的方法是很难做到这一点的。但是，以传统孝道为基础的代际伦理体系构建并非单纯的学术研究，其最终目的是要推广应用到社会生活中，因而在研究过程中从学科基础角度对相关问题展开深入的分析论证是不可或缺的环节，同时也要注重成果的可推广性，研究中学术性和可普及性要相互融合，二者之间的关系要保持基本的平衡。

---

① 王海明：《伦理学方法》，商务印书馆 2003 年版，第 27 页。

（七）成立专门机构对其中一些基础性问题进行研究

鉴于当前代际伦理体系构建的复杂性和任务的艰巨性，哲学、伦理学、人口学、公共管理等不同学科的专业工作者要对以传统孝道为基础的代际伦理体系构建过程中的一些基础性问题进行持续而深入的研究。但其中有几点需要注意：首先，各个领域要有明确分工，更要强调协作，要始终围绕与代际伦理体系构建相关的主要问题进行研究，否则极有可能会出现无序化的研究局面。因而需要采取相应措施让分散于各个领域、不同机构的优秀研究人员围绕比较确定的主题进行研究，而且还要有科学的、完善的激励以及淘汰机制，始终让优秀的研究人员成为引领整个研究有序进行的主体性力量。其次，需要引入长效性机制以推动研究工作的持续进行，此项研究并不是针对一个具体的静态对象进行研究，而是要根据大量涌现出的新问题及时进行研究，它是一个持续性的项目，和一般研究项目在很多方面都有明显的不同。最后，它并不是只针对某个地域或时段的现象而进行的研究，而是一项全国性工程，一方面要以各项较为深入的具体研究为基础，另一方面也需要进行整体性的归纳和总结，是一项复杂的、规模宏大的工程。基于这些原因，这并不是能由几个专家或几个单位出面就可以解决的，因此，国家有关部门可从民族文化持续发展和社会和谐稳定的高度出发，成立专门的组织机构负责此项工程，并在资金来源、专家队伍建设、任务分工、成果鉴定和推广等方面有科学的规范及管理，此项工作方能较为顺利地展开。

三　相应理论体系与生活世界接轨的途径

构建以传统孝道为基础的代际伦理体系之终极目的就是要让其真正融入到当下的社会生活中，成为整个社会普遍遵守的理念和规范，老年人在社会中的地位才有可能得到尊重，其权益也才有可能得到保障。从这个角度而言，老龄化进程中相应代际伦理体系的构建仅仅是一个前提，更为重要的是要采取有效措施以使其真正与生活世界接轨。具体而言，应从以下几个方面着手。

（一）构建整体性、连续性的教育体系

1. 对推行以传统孝道为基础的代际伦理体系过程中的教育模式进行探索

教育与孝道的密切关系并不是一个新的发现，在数千年传统社会中它已是一种非常普遍的孝道传承模式，也是非常成功的孝道推广经验。在生活经验的基础上，传统社会重视每一人生阶段的孝道教育，在孩子启蒙教育中就包含了孝意识的灌输，并未将孝道教育的任务完全推给学校和社会。之所以如此重视"孝"，是因为它是"仁"的一个基础性构成，故孔子曰："孝弟也者，其为仁之本与！"（《论语·学而第一》），只有做到孝，不断趋向"仁"，人方能成为人，在终极意义上体现出的人的本质。但在纷繁复杂的尘世中，人之本性要受各种因素的影响而被遮蔽，因而需要不断提高个人修养才能回归本性，其中还需借助教育的力量，至少在孝道的认识和传承方面是这样的。因此，在传统社会，围绕孝道体系，各种正式、非正式的教育方式相结合，为孝道成为一种整体性的社会理念起了极大的推动作用。在传统社会，孝道思想贯穿于各类经典著作、不同形式的民间题材作品乃至浩繁复杂的乡规民约、家训等各种文本中，这为各种形式的教育提供了较为充足而灵活的教育内容。考虑到传统社会并没有现代社会如此完善的教育体系，能系统接受教育的人并不是多数，正是各种形式的教育相互作用后才产生了强大的合力，孝文化才能得以持续传承。在中国传统哲学中，在知行关系方面更强调行的重要性，故在中国传统哲学中缺少烦琐的论证体系，只是言简意赅地提出在生活世界中应遵循的规范，这些简单的规范之所以能发挥较大的功效在很大程度上应该来自家庭中长辈的言传身教，以及社会中不同个体身体力行所起到的示范作用。因此，在现代社会提倡以传统孝道为基础的代际伦理体系，在实践操作方面，我们仍然可以在传统孝道推广经验中汲取力量，在代际伦理理论与生活世界接轨过程中，不要仅注重形式，更要从功效性角度着眼探寻如何提高教育实效性的可靠途径。

2. 通过政策力量让各种形式的教育发挥合力

在针对孝道的所有教育中，家庭教育具有无可替代的重要性，孩提时期形成的一些理念对其可能会有终身影响，父母言传身教在孩子孝观念的

形成方面起到了决定性作用，父母怎样对待老人会对孩子留下深刻的烙印，从这个角度而言，至少在孝观念形成中，最好的老师其实还是父母，最好的学校就是家庭。客观而言，并不是所有父母都能做到这一点，这一方面取决于父母个人的修养，同时在相当程度上也需要学校教育的配合，这也是传统孝道普及过程中给予我们的一条重要经验。相关研究揭示出：教育在中国有比较悠久的历史，一些典籍对夏、商、周时期的学校教育就有了记述，而道德教化是其中非常重要的内容；春秋战国时期，传统学校教育形式更趋灵活和丰富，从而成为中国第一个思想黄金时期的助力器；在汉代建立了具有重要历史意义的太学后，之后许多重要朝代都积极兴办类似的教育机构，而在其中儒学是重要的教育内容①，依附于儒学之中的传统孝道从而保持了一个连续性的发展态势。而且在科举制发展过程中，一些儒学经典不仅是教学也是考试的主要内容，这在很大程度上有力地促进了孝道思想的传播。和现代学校教育有很大不同，中国古代的学校教育并不以教授专业技术而以传承思想为主，在这种教育理念中，孝文化在各种类型的学校教育中得到了持续性传承，在数千年时间里未曾出现过大的中断，这不能不说是一个文化传播与继承的奇迹。当然，其中也有一些教训，例如，充满争议的八股取士带来了诸多负面效应，在此过程中，孝道理论不断趋向固化，越来越缺乏创新，这给我们的重要启示是：教育模式本身也要不断发展，否则就会成为阻碍性的力量。

　　传统孝文化通过教育进行传播的具体模式显然不可完全复制到现代社会，但仍能给我们诸多启迪。虽然教育在孝文化传播、孝意识培养、孝行推广等多个方面都有重要的作用，但目前在学校教育中尚无比较系统的与孝道相关的内容，这就需要从公共政策角度着手，采取积极措施来弥补孝道及未来以此为基础的代际伦理体系在教育方面存在的缺失。因为将历史经验和现实因素结合起来进行分析可发现：通过公共政策引导从各种途径着手使以传统孝道为基础的代际伦理体系渗入到社会各个角落是治本之策。目前要做的工作是要在不同阶段的教育过程中，将发展后的适用于现代社会生活的孝道内容渗透到德育或相关教材中，以形成一个较为系统的

_____

① 栗洪武、陈磊：《中国古代学校教育传承与创新中华文化的历史规律》，《教育研究》2015 年第 10 期。

关于孝道教育的体系。或者根据不同阶段学生的特征，在不同时段设置专门的孝道和以此为基础的代际伦理课程，这也是比较可行的方式，在长期性、反复性的教育过程中，学生才有可能形成比较恒定的理念。为了避免长期性教育过程中所出现的单调和重复，在注意连续性的基础上还需适当地对有关内容进行合理更新，同时在教学过程中也要尽可能实现教学方法的多样性和灵活性。但是，教育仅仅是一种途径，如果整个社会大环境未发生根本性改变，物质主义的价值观仍然是一种主导性社会理念，教育的效果将会大打折扣，因此，孤立地依靠教育无法从根本上解决问题。

3. 其他社会系统对教育要进行有力的支持

在孝观念的形成过程中，教育是一种重要的手段，但它并不是孤立进行的，只是其中一个重要环节，它与其他社会系统之间也有密切的互动关系，以传统孝道为基础的代际伦理体系要通过多种途径才能对社会产生影响，反过来才有可能对家庭代际伦理关系及家庭孝道教育产生作用。总之，教育是传承传统孝道及传播以此为基础的代际伦理体系的一种重要方式，但并不是唯一的方式，在看到教育重要作用的同时也要认识到其他各种社会构成系统对教育的影响，只有在整体的良性互动过程中，包括教育在内的各个系统的功能才能得到最大限度的发挥。

（二）制度、政策层面的保证

1. 制度变迁角度下传统社会经验的汲取

人类社会的复杂性决定了无论社会理论还是社会制度的构建必须要以尊重一些最基本的元事实为基础，而且在将筛选出的观念变为制度之进程中可透视出制度变迁的本质，在此过程中还必须要面对一些难题。[①] 在中国传统社会，在制度实施过程中当然也面临这些事实和难题，但何以在各种冲突和矛盾中，在长期的制度变迁过程中却成功使孝文化广泛渗透到社会各个领域同时又保持了持续性影响力呢？仅仅依靠主体的道德自律或通过教育的方式确实很难实现这一点，透视一些历史经验也许可以获得一些答案。孟宪实对唐朝推行孝道过程中的一些政策引导措施进行了概括：在唐朝，百姓有沉重的服役负担，即便如此，国家依然能放弃部分利益而实

---

① 唐世平：《制度变迁的广义理论》，沈文松译，北京大学出版社 2016 年版，第 1—19 页。

行"侍丁"制度，解决了高龄老人养老的后顾之忧，这使得孝道得到了较好的推广。唐玄宗时期为了避免父母健在而子女与其分家所导致的老人养老风险陡增的社会现象，实施了家有十丁则免两丁，五丁则免一丁的鼓励政策，正是满足了人的趋利本性，此项政策的实施使政府让家庭成员尽可能共居的目的得以实现，孝道的践行从而有了重要的政策保障。[1] 事实上，在推广孝道时，不同历史时期的政府在直面许多矛盾的基础上都积极采取措施以尽可能缓和或解决其中一些矛盾，许多朝代都采取了相应政策措施褒扬孝行，如对孝子的物质、精神奖励，对不孝行为的严厉惩罚等，由此构成了一个蔚为壮观的涉老政策体系。[2] 从横向来看，相应政策基本都立足于当时社会现实进行构建；从纵向分析，不同时期政策叠加到一起，又体现出了一些连续性特征，甚至在经历了某些停滞期后还有一些回归意识渗透其中。用最简单的语言概括大多数涉老政策的实施特征，其实遵循了一个基本原则：就是对普遍认可的孝行尽可能全面推广，对与孝观念、孝行相悖的行为尽力遏制。正是基于这样的原则，与孝道相关的政策体系才产生了超乎想象的恒定性，并释放出了巨大的政策能量。

2. 运用融合型思维进行政策设计和政策引导

首先，必须要厘清一个逻辑关系，不能按照固定思维先构建一套伦理体系，然后再通过各种手段将其推广到家庭和社会生活中。在目前社会发展速度加快，思想更趋多元化的时期，不可能完全从理论层面构建一个面面俱到、包罗万象且非常合理的代际伦理体系。以传统孝道为基础的代际伦理体系从存在形式上看必然是动态发展的，从内容构成上看也必须要有更新的机制在其中，不然又将被无情地淘汰，因此，制定和实施相关政策体系时必须要有发展的思维。其次，以传统孝道为基础的代际伦理体系固然有一些纯理论构成，即演绎法是其中不能舍弃的法则，但在很多时候还需根据生活经验不断提炼一些有关代际伦理的核心理念和基本规范，再将其融入当中并予以推广，其实这是一条归纳的路径，相应的政策设计和实施也可从这种融合型思维模式中汲取经验。最后，在传统孝道已不占主导地位并且面临诸多挑战的境况下，通过政策手段进行引导，使孝观念成为

---

① 孟宪实：《唐代退休官员享受什么待遇》，《人民论坛》2014 年第 33 期。

② 参见李岩《中国古代尊老养老问题研究》，中国社会科学出版社 2016 年版。

一种普遍的社会观念，孝行能得到有力的支持，这在很大程度上能使整个社会形成较好的尊老敬老氛围，反过来又会为以传统孝道为基础的代际伦理体系的构建和实施不断注入动力，这再次从一个侧面反映出传统孝道与以其为基础的代际伦理体系的密切相关性。

3. 孝老敬亲的理念应融入到相关公共政策的设计和实施中

以传统孝道为基础的代际伦理体系的实施需要相应公共政策作保证，其实二者在一些方面高度融通，因而以传统孝道为基础的代际伦理体系与其他社会系统之间还有诸多互动机制。

首先，在相关公共政策的设计和实施过程中，要对其中的涉老因素给予充分的考虑。新加坡在这方面已有了比较成熟的经验，除了通过法律途径对子女赡养父母予以保障外，在公共政策方面也有很有特色，比如通过津贴补助鼓励子女与父母同住或就近居住以强化家庭凝聚力，还在很多小区修建了养老院、老年公寓及日托中心等设施，通过这些措施，使年轻人照顾老年人更为方便可行①，这些经验尤其是政策理念很值得我们学习和借鉴。反观我们的情况，一些政策设计在涉老因素方面的考量明显存在不足，目前我国的养老仍以家庭养老为主，但却缺乏相应的支持系统，因此，必须要从公共政策入手不断强化这些支持系统。相应的政策事实上是一个系统工程，既有宏观层面着眼于社会公平以缩小城乡养老保障差距等方面的政策设计，也有在政策设计时针对较为普遍或具体的问题着力进行解决的措施。例如，由于青壮年劳动力大量涌入城市，许多农村地区的老龄化非常严重，针对大量农民工涌入城市，农村留守老人增多的情况，是否可通过制度、政策的作用在保证其收入不过多受影响的情况下设立专门针对农民工的探亲假以让其多一些回家探亲的机会？针对户籍在农村而随子女到城市短期或长期生活的老人，能否在医疗保障及其他与老人生活密切相关的政策方面优先设置绿色衔接通道？诸如此类建议关键要通过政策力量真正予以落实。总之，在进行相关政策设计时应坚持的基本理念是：在一些涉及老人生存的根本性问题或具有强烈人文关怀的重要问题面前，要在政策设计和实施的优先性和可行性等多个方面进行综合考虑，以尽可

① 《新加坡式的以法治孝：法律与政策共促子女尽孝》（http：//gb.cri.cn/42071/2013/07/09/6651s4175680.htm）。

能使这些问题得以缓解或解决，与此同时，各地、各部门要针对具体情况在细节方面对老人养老及相关问题予以政策支持和保障。

其次，老人独居不仅在城市已成为比较普遍的现象，事实上农村老人的独居比例也不断在增加，但相应的社会保障体系却不能满足需求，在此种情况下，家庭养老功能还在不断弱化，未来社会养老将面临更大的压力。鉴于家庭养老目前仍是主导性养老模式，且在亲情慰藉等方面具有社会养老所无法替代的优势，因此，应采取相应的公共政策对家庭养老进行引导和支持。当然，家庭养老也有不同模式，但主要模式还是以子代赡养为主，基于这种模式的普遍性，在政策方面进行积极引导有非常重要的意义。例如，各地根据实际，可不同程度借鉴一些成熟经验，对子女和老人共同居住的家庭在购房尤其是租房方面实行优惠，或者专门建造针对此类家庭居住模式的房屋并不断完善其中的政策优惠措施，相应政策应向其中的弱势群体倾斜是一个重要原则。在相应政策制定和实施过程中不可避免地会出现很多问题，但主要还需通过不断完善政策的方式进行解决。总之，在老龄化强势来袭的今天，不能将老人独居视为一种正常现象并任其自然发展，应在公共政策方面采取积极措施进行引导，使有同居意愿的子女尽可能和父母住在一起，子女尽孝道才能有更多可能。

（三）文化层面的支撑

以传统孝道为基础的代际伦理体系的构建和实施都需要良好的文化环境，但目前在对孝文化的宣传方面还存在不少问题，我们还没有充分认识到对孝文化的宣传在传承传统文化及在老龄化社会中的重要社会意义，还没有将其作为一种整体的文化工程来实施。基于这种缺失，应采取相应措施来实施这项工程。

首先，要在宣传内容上达成一致。宣传的内容不是对传统孝文化的整体宣传，而应是经过筛选的、具有普适性特点的孝理念和相应规范，否则极易引起反弹。例如，笔者在不同地方看到了一些公园有以"二十四孝"为主题的壁画，但并无多少游客驻足其前仔细观赏，更不要说对其进行深刻领悟，笔者猜测极有可能是"二十四孝"中一些极端主义道德行为所导致的一种情绪抵触，虽然"二十四孝"是在故事境域中演绎的，但还是让很多人产生了一定的距离感。就实际情况来看，传统孝文化中确实有相当的负面构成，如不加筛选随意进行宣传，结果可能适得其反。其次，在宣传过程中要不断融入与时代精神相符的内容以增加生活气息，这也是笔者提倡构建以传统孝道为基础的代际伦理体系的重要原因。再次，在宣传方式上也要不断创新。例如，中央电视台根据观众需求适时打造了一些诸如《星光大道》等老少皆宜并广受欢迎的节目，同时也出现了《等着我》等催人泪下并创造了收视奇迹的节目，因此，只要有想法，同样可以创建以孝老敬亲为主题的节目。在宣传形式不断翻新的今天，要尽可能使新颖的宣传方式与好的内容密切结合起来，仅仅提出几个口号，在墙上画几幅以"孝"为主题的画在当下很难起到实效，因为现在社会环境和传统社会相比发生了翻天覆地的变化，但是，就实际情况来看，即使运用这些简单方式进行宣传我们也做得很不够。最后，在宣传路径上并不能完全采取自上而下的被动方式，有条件的地方完全可以自发加入到这种行列。现在许多农村地区物质生活和以前相比发生了惊人的变化，但与现代乡村生活相适应的农村文化体系却未同步发展，随之而来的是精神生活的空虚，其实在孝文化传承方面一些地方已有了很好的经验，但是缺乏系统的总结和推广。例如，宁夏中卫的南长滩村生存环境并不好，村民之所以能繁衍生息下来，是因为在长期的生存过程中尊重并严守规矩，这在很大程度上出于他们在生存过程中对自然法则的敬畏，也是他们在严酷的生存考验中能存活下来的重要原因之一。在他们的规矩中，孝道是其中一个重要的内容，因而有"孝道为先"这样的要求，落实到生活中一个非常现实的要求就是父母年老之后最小的儿子要留在家中尽赡养义务。一些人在重要的命运抉择关口依然放弃了有可能改变自己一生的机会而视养老为第一要务，老人得到了悉心照顾无憾地离开了这个世界，而其中的孝老佳话却永驻人间。[①] 浙江江山市的大陈村也积聚了丰厚的孝文化，村民们用自己的行为诠释了如何"立身行道，以显父母"，因此，仅这个村就有超过百位为国捐躯的先祖，他们对"孝"并没有做狭义的理解，而是牺牲小家成全大家，孝德永彰已成为村民世世代代恪守的普遍理念。[②] 笔者在观

---

① 《〈记住乡愁〉为什么会选中宁夏中卫南长滩》（http：//news. xinhuanet. com/local/2016 - 01/25/c_ 128665494. htm）。

② 《〈记住乡愁〉第一季 20150202 第三十三集大陈村——孝风永彰》（http：//news. cntv. cn/2015/02/02/VIDE1422882122915986. shtml）。

赏这些电视节目时，深深为中华传统孝文化之博大精深所感染，同时也为孝文化在未来的传承充满信心，因为直到现在在一些乡村"孝"依然是普遍遵守的生存法则，还在发挥积极的文化功能。因此，只要不断进行挖掘，通过各种途径积极给予传播，将有更多的资源会不断被挖掘整理出来。

四　小结

在对前几章进行系统总结的基础上，本章首先提出了传统孝道在当前社会必须要不断融入新的内容才能持续发挥功能，将历史和现实结合起来考虑，传统孝道仍是当下代际伦理体系构建的重要基础，因为传统孝道在当下仍有根深蒂固的影响且相当一部分内容具有普适性特征。但是，必须要有发展的思维，也就是说，这种孝道并不是一成不变的孝道，而是发展了以后的孝道，不过其本质并没有超越传统孝道的范畴。其次，在以传统孝道为基础的代际伦理体系的构建过程中，在基本要求方面要和现代社会的文明理念接轨，并要将其主要限制在家庭伦理范畴之内，使其不断向道德本性回归，还要有开放性思维以使其不断获得新的内容和持续发展的动力。在基础理论研究方面要跳出释义学的研究范式，在借鉴历史经验基础上更要立足现实，使理论研究和生活世界密切衔接，将深刻性和普适性适度结合起来，并要对与代际伦理关系直接相关的问题进行回应以建立适应当下需求的基本理论和规范。要完成此项涉及面广且持续时间长的系统性工程，还要成立具有合理运行机制的专门研究机构，所进行的研究既要关注如何保持传统孝文化在当下的连续性发展问题，也要尽可能凸显创新性。最后，还要从建立整体性、连续性教育体系以及具有引领作用的公共政策体系着手以实现理论和生活世界的接轨，并要从文化层面对二者的相融进行有力的支撑。总之，利用多种途径并尽力使理论与现实产生密切的交互机制，适应时代需求的以传统孝道为基础的代际伦理体系才有可能融入到社会生活之中并产生积极的效能。

结　语

本研究以公共管理、公共政策为主要研究视角，对老龄化进程中的代际伦理关系进行了研究，在对相应研究文献进行梳理且在充分考虑现实需求的基础上，提出了以传统孝道为基础构建老龄化进程中代际伦理体系的研究命题。之后将理论分析和调查研究密切结合，并利用质性访谈法及定序 Logit 回归等定量分析方法对其中一些问题进行了分析，最后提出了相应的政策建议。

一　本研究的创新点

（一）适度进行了多学科融合

虽然在社会科学研究中多学科交叉与融合已不是一个新的尝试，但在写作过程中这种模式仍然会受到一定的限制，因为在所属学科范围内找出合适的切入点然后再进行深入研究依然是目前普遍遵循的范式。因此，至少在一般的写作过程中，一些跨界研究并非可随心所欲进行，仍然受到种种制约，也就是说，学科间的交叉与融合是有一定限度的。基于这种原则，在本研究中，以公共管理、公共政策为主要依托学科，根据研究需要，适度融入了哲学、伦理学等一些理论作为支撑，围绕如何在老龄化快速发展的社会阶段构建与其相适应的代际伦理体系这个核心命题，建立了一个比较清晰的逻辑框架，希望在此框架中能使相应问题得到较为深入的分析和说明。总之，在研究过程中，在以主导学科为依托的前提下，笔者根据研究需要尽可能使相应学科实现自然结合，以使整个研究体系的结构比较清楚地呈现出来，同时力争使相应问题能得到较为合理的解决。

（二）　深化了公共管理生态内涵并指出这是本研究展开的重要前提

对老龄化进程中的代际伦理体系进行研究既要立足老龄化本身，又要对其进行超越，因为相关代际伦理体系从整体来看属于社会价值构成体系，这就要求在研究老龄化时必须对老龄化外围相应的文化生态系统进行深入的研究。基于这样的逻辑，本研究首先对行政生态等相关理论的演化及研究现状进行了全面梳理，进而提出了在老龄化应对过程中对公共管理生态进行关注的重要意义。就相关研究情况而言，虽然个别论者提出了公共管理生态的概念，但在内涵的深化方面还存在许多空间。在本研究中，出于老龄化进程中代际伦理体系构建的需要，笔者对公共管理生态的内涵进行了深化，并进一步指出这是研究老龄化进程中代际伦理体系的一个重要前提，这在一定程度上发展了公共管理生态理论，也夯实了老龄化进程中代际伦理体系构建的理论基础。

（三）　指出了进行思维模式转化在本研究中的必要性

本研究以老龄化的快速发展为整体研究背景，就实际情况来看，老龄化对社会发展带来了巨大而深刻的影响，这对老龄化的研究及应对提出了更高要求。在研究领域，将老龄化片段化后置于不同学科领域进行研究固然有一定的合理性，但同时也需要对老龄化的本真存在状态进行较为完整的认识，一些学者对老龄化与社会各个系统之间复杂的、多层次的互动关系进行了深入分析，这在理论层面和现实生活中都有非常重要的意义。笔者在对当前老龄化研究过程中的思维模式进行分析的基础上，提出要从本体论、认识论角度向哲学思维转化的必要性。因为哲学从终极视域对生命、人生及生活世界进行更为深刻的认识，更为重要的是中国传统哲学中的"孝"为当下应对老龄化提供了丰富的文化资源，而且主体间性理论为老龄化进程中代际伦理关系的研究提供了重要的理论支撑，总之，哲学之思使老龄化进程中代际伦理的研究有了终极关怀方面的重要含义。正是基于这些重要的原因，笔者通过分析研究指出：在相关研究中，从分析、综合思维向哲学思维转化是老龄化进程中以传统孝道为基础的代际伦理体系构建的重要基础。

（四）开展了相应调查和分析，对传统孝道的嬗变和存在状况有了一定认识

鉴于传统孝道根深蒂固的影响，在构建适应老龄化社会代际伦理体系的过程中，传统孝道依然是非常重要的基础。由于传统孝道内容的丰富性以及中国当代社会各种因素的复杂性使得传统孝道在当下不可能以同一种模式存在，任何对传统孝道嬗变及存在状况先入为主式的判断都将会导致一些错误结论。因此，相应的调查工作几乎成了相关研究不能逾越的环节，只要调查的主体不同，地域相异，笔者认为都是有意义的工作，它都能使我们对孝道嬗变和存在状况的认识更为全面，在此基础上才能有比较理性的判断。基于这样的原因，在研究过程中，笔者不仅开展了质性访谈，同时还进行了针对"90后"大学生的一项问卷调查，并对访谈和调查进行了一些较为深入的分析。在此基础上，还以 CGSS2006 关于孝道观念调查的问题为分析依据，对传统孝道观念的嬗变进行分析，这在一定程度上丰富了我们对传统孝道变迁和存在状况的认知。

（五）将发展的思维融入到研究过程中，并对相应对策进行了探讨

在本研究中，通过理论研究和调查分析指出：在老龄化进程中，构建与之相适应的代际伦理体系不能采用完全的回归路径，但至少在当前，传统孝道仍无法从根本上对其进行超越。基于这样的现实，提出了对传统孝道进行发展后将之作为当下代际伦理体系构建基础的整体构建模式。在此过程中，还提出了以传统孝道为基础的代际伦理体系构建过程中应遵循的基本原则：① 从单维度要求向代际平等理念过渡；② 从泛孝主义向家庭伦理回归；③ 从工具主义向道德本性靠近；④ 从保守主义向开放思维转化。并充分结合了相关哲学、伦理学原理，将多学科适度进行融合后，主要从公共管理、公共政策角度对老龄化进程中以传统孝道为基础的代际伦理体系构建的对策进行了探讨。在整个对策探讨中，涵盖了构建过程中理论层面需要解决的核心问题以及现实生活中需要进行的一些基础性工作等不同内容，并就如何为解决其中一些问题提供保障性措施以及理论和现实衔接的途径进行了探讨。

（六）指出了相应研究和实践需以文化传承理念作指导

在质性访谈、调查分析并运用 CGSS2006 相关数据进行研究的基础上，笔者发现当前代际伦理关系方面确实存在一些问题，并针对这些问题提出了一些政策建议。更为重要的是，笔者特别指出在相关研究中必须要摒弃工具主义的思维倾向，不能仅仅为了应对老龄化而简单地引出孝道，传统孝道本来就是一种文化，已水乳交融般融入到了社会生活中并根植于我们民族的思维深处。与此同时，我们还要正视社会生活中终极关怀缺失所带来的一系列失范现象。总之，理论和现实结合后就会发现：将文化传承的理念渗入相应政策设计中几乎成了一种现实的、必然的选择，还应将这种理念融入相应政策的落实过程中，传统孝道在现代社会才能真正得以延续。当然，紧密联系现实对传统孝道进行合理的发展是其中一个不可或缺的环节，以经过合理发展的孝道为重要基础，适应老龄化社会需求的代际伦理体系之构建才有可能变为现实，有可靠的伦理体系作依托，老龄化社会老年人的生存状况才能得到进一步改善。

二　本研究的不足

（一）相应调查的广度和力度不够

本研究中虽然有笔者所进行的调查研究作支撑，但是，相对于传统孝道嬗变和存在状态如此复杂的研究对象和社会现象，现有调查无论从广度还是深度都是不够的。就现有调查所反映的一些现象来分析，尽管整体上传统孝道的影响不断被削弱，但具体来分析，情况却比较复杂，不同主体对孝道的认知和实施明显不同，孝道在不同地区的存在状况也各有差异。只有尽可能掌握更多信息，对传统孝道的嬗变和存在状况才能有更真切的把握，相应的理论分析也才能有更为坚实的生活基础。

（二）定量分析在方法和数据方面存在欠缺

虽然本研究中运用了质性访谈法，也运用了定序 logit 等定量分析方法，但由于数理基础知识积累比较欠缺，未能将更多定量分析方法融入到相应研究中。另外，由于在全国范围内全面、深入、持续性的针对孝道的调查数据目前远远不能满足研究需求，这在客观上也制约了本研究的深入进行。

（三）主要研究学科的基础知识积累仍需进一步扩充

本研究虽然根据研究需要适度融入了不同学科的知识，但主要学科仍以公共管理和公共政策为主，和哲学、政治学等传统学科相比，公共管理和公共政策仅仅是一些新兴学科，即使如此，到目前为止也积累了比较丰富的理论成果，而且还有许多新的研究成果不断涌现出来。虽然就内容需要来看，本研究中所使用的相关理论足以能说明问题，但如能对公共管理和公共政策的一些前沿性理论有较为系统和深入的掌握，研究视野将会更为开阔。

三 未来有待开拓的空间

（一）在传统和现代的衔接方面依然需要拓展研究

在传统和现代的接轨方面依然有很多研究空间需要填补，即使从公共管理、公共政策视角研究诸如代际伦理此类比较普遍的问题时这也是绕不开的话题。因为纵然有各种人为的去除过程，加之在当下更要面对浪潮汹涌而来的现代化浪潮，但像中国这样有丰厚文化积累的国家还是无法从根底上将传统文化的深刻影响人为根除，因此，在研究相关问题时，这是必须要面对的一个问题。在笔者看来，在如何处理传统与现代的关系上，"昌明国粹，融化新知"的指导理念依然有其实用价值。这是吴宓等人在20世纪初留学美国时和热爱中华传统文化，同时又有较好西学功底的同窗交流后共同提出的观点，即并不完全以文化保守主义的态度对待传统文化，同时也不轻易否定传统，而是要将承接性作为重要的衔接点，以在传统与现代之间架起沟通的桥梁。[①] 从传统孝文化和现代社会衔接的角度来看，其中确实还有许多重要的问题需要深入研究，例如，如何从合理性角度出发对传统孝文化进行筛选，如何使发展后的孝文化和以此为基础的代

---

① 吴学昭：《吴宓与陈寅恪（增补本）》，生活·读书·新知三联书店 2014 年版，第 23 页。

际伦理体系广泛融入到社会生活中以真正焕发功能，如何在维系一些普适性理念的前提下不断为其注入新的内容，等等。

（二）学科融合的力度还需加强

本研究提出了在老龄化进程中不能从实用主义出发仅仅为了应对老龄化而提出孝道，并在此基础上进行政策设计，这将不可避免地使相应政策呈现出明显的补缺性特征，其整体性功能就不能充分发挥出来。基于此种原因，必须要有传承文化的理念作引领，因为以历史视野回溯并用哲学思维透视，传统孝道更多呈现出的是在民族生存理念和生活哲学等方面的内涵，在当下，更是作为一种文化形态而存在。虽然在不同历史时期，为了在更广的范围内推行孝道以使之成为一种恒定的家庭和社会理念，也出现了一些政策措施，然而孝道本身并不是政策，所以，在构建与老龄化社会相适应的代际伦理体系时绝不能简单将其视为政策作用的对象或政策所要实现的目标，而是要在遵从其本来属性的基础上再进行相应的政策设计。从这个角度而言，在此过程中以文化传承理念作引领并非主观设定，而是其客观本性使然。因此，在未来相关研究中，如何使发展后的孝道和以此为基础的代际伦理体系在老龄化应对过程中发挥更为积极的功能，在学科融合的力度上还需进一步加强，而不能单单从公共管理或公共政策的角度去分析，因为这并不是一个简单的公共管理或公共政策问题。例如，本研究中提出的孝道本身的创新问题，这仅仅是从公共政策角度提出的建议，具体如何创新，在未来还需超越公共政策范畴并聚焦于主要问题以便进行深入研究。到那时，学科的融合不再是适度融合，而是纵深层次的交融。其简单关系如结语图1所示。

总之，在未来相关研究中，以核心研究问题为引领力量，要进一步突破学科界限，学科交叉力度将会更大，与此同时，在研究方法方面也要更为多元化，更多问题才能有实质性解决。

（三）代际伦理体系仅仅是社会整体价值体系的一个具体构成部分

从理论形态上来看，传统孝道存在的独立性较弱，它的理论基础和理论发展均与其依附的儒学等理论体系密切关联。因此，传统孝道之所以能

结语图 1   未来研究中各种学科的交叉关系

在社会上得以广泛传播，从某种意义上讲与其存在形态是有密切关系的，即孝道只是传统价值体系的一个有限组成部分，在理论层面专门围绕孝道进行的研究相对较少，更多时候是儒学等思想体系在整体演化过程中带动了其中孝道体系的发展。诚然，在生活世界中，确实有一系列为了推行孝道而出现的政策、法律、规范等，但是，从整体上来看，它依然是传统社会所倡导的主流价值体系的一个具体构成部分。基于这样的历史经验，在本研究中，笔者指出在代际伦理体系构建过程中需要对一些明显和现代社会要求相悖的理念实现充分转化，这仅仅是一些具体的建议，相应代际伦理体系更需得到与时代发展要求相符合的整体性社会价值体系的有力支撑。这其实意味着除专门针对当下代际伦理关系进行深入研究，进而提出相应政策建议外，还需研究如何构建针对其他领域的价值体系，这些价值体系固然有其清晰的边界和特定的适用性，但整体上审视又是整个社会价值体系的有机组成部分。不仅如此，各个价值构成系统之间还存在密切的互动作用，在这种存在状态下，每个系统各自的独立性并未破坏，相反还能较好地发挥系统合力，从而使整个社会在明晰价值理念的引领下有序发展。整个社会各种价值构成系统的存在状态和作用机制分别如结语图 2 和结语图 3 所示。

从这个角度而言，构建适应老龄化社会的代际伦理体系仅仅是其中一个具体的工作，还有更多类似工作需要大面积展开。

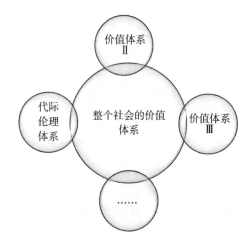

结语图 2　整个社会价值体系的存在状态

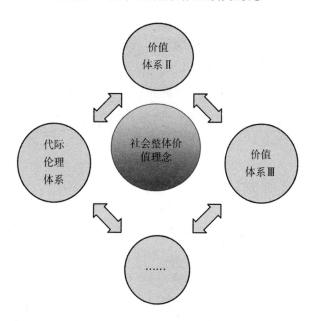

结语图 3　社会各种价值体系的作用机制

附　　录

关于当代大学生孝道情况的问卷调查

同学，你好！本次匿名调查是为了进行相关研究，请如实填写，希望能得到配合，谢谢！

注意：① 下列题目有些是选择题，有些则需简单作答，请按要求选择或填写。② 所有问及父母的情况，如个别同学只有一位亲人在世，就只写在世亲人情况，如有父母均已离世的情况，相关题目则不用作答。

1. 你的年龄（　　　　）

2. 你的性别（　　　　）

A. 男　B. 女

3. 你的民族是（　　　　　　）

4. 你的政治身份（　　　　　　）

A. 群众　B. 团员　C. 民主党派　D. 党员

5. 你的宗教信仰是（　　　　　　）

A. 无宗教信仰　　　B. 基督教　　　　C. 天主教

D. 佛教　　　　　　E. 伊斯兰教　　　F. 道教　　　G. 其他

6. 上大学之前你主要生活于（　　　　）

A. 城市　B. 农村

7. 你来自哪个省（市、自治区），请写到街道或村一级

　　家庭地址：

8. 你高中学文科还是理科（　　　　　　）

A. 文科　B. 理科

9. 你家庭年收入（　　　　　　）

A. 5 万元以下　　　　B. 5 万—10 万元　　C. 10 万—20 万元

D. 20 万—50 万元　　E. 50 万元以上

10. 你父母是否都健在？（　　　　）

A. 父母均不在　　　　　　B. 父亲在

C. 母亲在　　　　　　　　D. 父母均健在

11. 你父母的健康状况怎样？（　　　　）

A. 欠佳　B. 良好　C. 健康

12. 你父亲的受教育程度（　　　　　）

A. 不识字或很少　　　B. 小学　　　　　C. 初中

D. 高中　　　　　　　E. 大学　　　　　F. 研究生

13. 你母亲受教育程度（　　　　）

A. 不识字或很少　　　B. 小学　　　　　C. 初中

D. 高中　　　　　　　E. 大学　　　　　F. 研究生

14. 你父亲的职业：

15. 你母亲的职业：

16. 你是否独生子女（　　）

A. 否　B. 是

17. 如果你不是独生子女，兄弟姊妹几个（　　　　）

18. 家庭给你的生活费用每月（　　）

A. 1000 元以下　　　　B. 1000—2000 元

C. 2000—3000 元　　　D. 3000 元以上

19. 你每月消费（　　　　）

A. 1000 元以下　　　　B. 1000—2000 元

C. 2000—3000 元　　　D. 3000 元以上

20. 你认为经济因素在维系父母和子女感情中的作用是（　　　）

A. 不起决定作用　　　B. 一般

C. 比较大　　　　　　D. 非常大

21. 你认为传统孝道在当代的价值是（　　）

A. 不了解　　　　　　B. 具有阻碍作用

C. 中性　　　　　　　D. 具有积极作用

22. 你看过《论语》吗？（　　）

A. 没看过   B. 很陌生

C. 了解主要观点   D. 比较熟悉

23. 你看过《孝经》吗？（   ）

A. 没看过   B. 很陌生

C. 了解主要观点   D. 比较熟悉

24. "二十四孝" 你了解其中几个故事（   ）

25. 你觉得在现代社会有无必要让"孝"成为一种普遍的社会意识和行为（   ）

A. 没有   B. 有

26. 在现代社会重新宣扬孝道，你认为（   ）

A. 是一种历史倒退   B. 没有多大意义   C. 有积极意义

27. 根据你所了解的情况，你认为周围乃至整个社会孝敬父母这方面的状况（   ）

A. 存在很大问题   B. 一般

C. 较好   D. 很好

28. 你觉得怎么才算孝敬父母？此题可多选（   ）

A. 尽可能满足父母物质需求   B. 精神慰藉

C. 通过自己的成就让父母荣耀   D. 父母百年之后的追思行为

F. 通过生育子女让家族血脉得以延续

29. 在孝敬父母方面有时需要牺牲自己利益，你会怎么做？（   ）

A. 视情况而定   B. 尽可能平衡

C. 尽量以自己为中心   D. 尽量以父母为中心

30. 你觉得你孝敬父母吗？（   ）

A. 否   B. 一般   C. 是

31. 在孝敬父母方面父母对你满意吗？

A. 否   B. 一般   C. 是

32. 你每周给父母打几次电话（   ）

A. 0 次   B. 1 次   C. 2 次   D. 3 次

E. 4 次   F. 5 次   G. 6 次   H. 每天均要联系

33. 家不在主城区的同学，不含假期，你每学期回家几次？（   ）

34. 你喜欢（回）家的主要原因是（   ）

A. 其他原因　　　　　B. 不喜欢集体环境

C. 喜欢和父母、家人在一起

35. 未来你父母年老体衰，你会尽你所能长期性对他们生活负责吗？（　　）

A. 否　B. 要看具体情况　C. 是

36. 你孝敬父母出于什么原因？（　　）

A. 迫于外在压力　　　B. 服从社会的一般规范

C. 发自内心的真诚感情

37. 孝敬父母的前提是否父母在自己能力范围之内在物质和精神层面对孩子要好？（　　）

A. 否　　　B. 是

参考文献

中文参考文献

（汉）许慎：《说文解字》，中华书局 1963 年版。

陈勃：《对"老龄化是问题"说不：老年人社会适应的现状与对策》，北京师范大学出版集团、北京师范大学出版社 2010 年版。

陈功：《社会变迁中的养老和孝观念研究》，中国社会出版社 2009 年版。

陈桐生译注：《曾子·子思子》，中华书局 2009 年版。

陈振明：《公共管理学》，中国人民大学出版社 2005 年版。

陈振明：《公共政策分析》，中国人民大学出版社 2003 年版。

冯友兰：《中国哲学简史》，赵复三译，新世界出版社 2004 年版。

傅佩荣：《哲学与人生》，东方出版社 2006 年版。

高望之：《儒家孝道》，高亮之、高翼之译，江苏人民出版社 2010 年版。

格林图书编绘：《儿童成长必读·弟子规》，现代出版社 2011 年版。

格林图书编绘：《儿童成长必读·三字经》，现代出版社 2011 年版。

何怀宏：《伦理学是什么》，北京大学出版社 2002 年版。

胡平生、陈美兰译注：《礼记·孝经》，中华书局 2007 年版。

胡奇光、方环海：《尔雅译注》，上海古籍出版社 2012 年版。

胡适：《中国哲学史大纲》，上海古籍出版社 1997 年版。

李珊：《移居与适应——我国老年人的异地养老问题》，知识产权出版社 2014 年版。

李岩：《中国古代尊老养老问题研究》，中国社会科学出版社 2016 年版。

梁方仲：《中国历代户口、田地、田赋统计》，上海人民出版社 1980 年版。

梁盼：《以孝侍亲——孝与古代养老》，中国国际广播出版社 2014 年版。

刘放桐等编著：《现代西方哲学》（修订本），人民出版社 1990 年版。

卢明霞：《养老视阈下中国孝德教育传统研究》，中国社会科学出版社 2016 年版。

骆承烈：《中国古代孝道资料选编》，山东大学出版社 2003 年版。

慕平译注：《尚书》，中华书局 2009 年版。

宁业高、宁业泉、宁业龙：《中国孝文化漫谈》，中央民族大学出版社 1995 年版。

秦谱德、谭克俭、王进龙、丁润萍：《应对人口老龄化战略研究》，社会科学文献出版社 2012 年版。

丘祥兴、王明旭：《医学伦理学》，人民卫生出版社 2003 年版。

唐世平：《制度变迁的广义理论》，沈文松译，北京大学出版社 2016 年版。

陶裕春：《失能老年人长期照护研究》，江西人民出版社 2013 年版。

万丽华、蓝旭译注：《孟子》，中华书局 2006 年版。

汪向东、姜奇平：《电子政务行政生态学》，清华大学出版社 2007 年版。

王海明：《伦理学方法》，商务印书馆 2003 年版。

王沪宁：《行政生态分析》，复旦大学出版社 1989 年版。

王诺、张占军：《机遇还是挑战：中国积极老龄化道路》，经济科学出版社 2014 年版。

王晓兴、李晓春：《宋明理学》，上海古籍出版社 1999 年版。

魏英敏：《孝与家庭伦理》，张岱年审定，大象出版社 1997 年版。

吴学昭：《吴宓与陈寅恪》（增补本），生活·读书·新知三联书店 2014 年版。

肖群忠：《孝与中国文化》，人民出版社 2001 年版。

谢宝耿：《中国孝道精华》，上海社会科学院出版社 2000 年版。

熊必俊：《老龄经济学》，中国社会出版社 2009 年版。

徐晓林、田穗生:《行政学原理》（第二版），华中科技大学出版社 2004 年版。

叶光辉、杨国枢:《中国人的孝道：心理学的分析》，重庆大学出版社 2009 年版。

俞可平:《治理与善治》，社会科学文献出版社 2000 年版。

张国刚:《中国家庭史》（第 1—5 卷），人民出版社 2013 版。

张燕婴译注:《论语》，中华书局 2006 年版。

张兆本:《新公共政策分析》，人民出版社 2006 年版。

朱岚:《中国传统孝道思想发展史》，国家行政学院出版社 2011 版。

朱七星、许能洙:《中国·朝鲜·日本传统哲学比较研究》，延边人民出版社 1995 年版。

金易:《人口老龄化背景下中国老年人力资源开发研究》，博士学位论文，吉林大学，2012 年。

谢建华:《中国老龄产业发展的理论与政策问题研究》，博士学位论文，中国社会科学院研究生院，2003 年。

张斌斌:《地方政府绩效管理的困境与突破研究——以行政生态理论为视角分析》，硕士学位论文，南京大学，2013 年。

师帅田:《孝道观念对成年子女支持父母的影响——基于 CGSS2006 数据的实证分析》，硕士学位论文，华中科技大学，2013 年。

白锐:《公共管理的生态分析》，《理论探讨》2005 年第 3 期。

蔡志栋:《孝道的现代命运及其转化——对中国现代思想史的简略考察》，《青海社会科学》2014 年第 3 期。

曹立前、高山秀:《中国传统文化中的孝与养老思想探究》，《山东师范大学学报》（人文社会科学版）2008 年第 5 期。

陈卫、黄小燕:《人口转变理论述评》，《中国人口科学》1999 年第 5 期。

党俊武:《关于我国应对人口老龄化理论基础的探讨》，《人口研究》2012 年第 3 期。

邓凌:《大学生孝道观的调查研究》，《青年研究》2004 年第 11 期。

狄金华、韦宏耀、钟涨宝:《农村子女的家庭禀赋与赡养行为研究——基于 CGSS2006 数据资料的分析》，《南京农业大学学报》（社会科学版）2014 年第 2 期。

范明生：《东西方思维模式初探》，《上海社会科学院学术季刊》1993
年第 2 期。

高连福：《关于主客二分模式的思考》，《哲学研究》2011 年第 5 期。

葛剑雄：《传统文化的现代转换——以孝道为例》，《河北广播电视大
学学报》2016 年第 1 期。

韩广忠、肖群忠：《韩国孝道推广运动及其立法实践述评》，《道德与
文明》2009 年第 3 期。

何平平：《经济增长、人口老龄化与医疗费用增长——中国数据的计
量分析》，《财经理论与实践》2006 年第 2 期。

胡鞍钢、刘生龙、马振国：《人口老龄化、人口增长与经济增长——
来自中国省际面板数据的实证证据》，《人口研究》2012 年第 3 期。

胡穗、梁庆：《中美两国地方政府治理的行政生态环境比较分析》，
《湖南商学院学报》2015 年第 2 期。

黄成礼：《人口老龄化对卫生费用增长的影响》，《中国人口科学》
2004 年第 4 期。

霍桂桓：《论文化定义过程的追求普遍性倾向及其问题》，《华中科技
大学学报》（社会科学版）2015 年第 4 期。

焦国成、赵艳霞：《“孝”的历史命运及其原始意蕴》，《齐鲁学刊》
2012 年第 1 期。

康颖蕾、陈嘉旭：《试论中国孝文化与养老保障制度》，《西北人口》
2007 年第 1 期。

李芳、李志宏：《人口老龄化对城乡统筹发展的影响与对策探析》，
《西北人口》2014 年第 2 期。

李锦全：《中国古代“孝”文化的两重性》，《孔子研究》2004
年第 4 期。

李军：《人口老龄化影响经济增长的作用机制分析》，《老龄科学研究》
2013 年第 1 期。

李齐云、崔德英：《老龄产业发展现状、问题与对策研究》，《山东经
济》2008 年第 1 期。

李翔海：《“孝”：中国人的安身立命之道》，《学术月刊》2010

年第 4 期。

栗洪武、陈磊：《中国古代学校教育传承与创新中华文化的历史规律》，《教育研究》2015 年第 10 期。

林宝：《人口老龄化对企业职工基本养老保险制度的影响》，《中国人口科学》2010 年第 1 期。

刘炳范：《论儒家"孝道"原则与现代"人人共享社会"》，《孔子研究》2003 年第 5 期。

刘超、郭永玉：《孝文化与中国人人格形成的深层机制》，《心理学探新》2009 年第 5 期。

刘进才：《试论行政环境与行政管理的关系》，《苏州大学学报》（哲学社会科学版）1989 年第 Z1 期。

刘汶蓉：《孝道衰落？成年子女支持父母的观念、行为及其影响因素》，《青年研究》2012 年第 2 期。

刘新玲：《对传统"孝道"的继承和超越——大学生"孝"观念调查》，《河北科技大学学报》（社会科学版）2005 年第 2 期。

陆杰华、王伟进、薛伟玲：《中国老龄产业发展的现状、前景与政策支持体系》，《城市观察》2013 年第 4 期。

罗淳：《人口转变进程中的人口老龄化——兼以中国为例》，《人口与经济》2002 年第 2 期。

孟宪实：《唐代退休官员享受什么待遇》，《人民论坛》2014 年第 33 期。

苗东升：《论系统思维（三）：整体思维与分析思维相结合》，《系统辩证学学报》2005 年第 1 期。

莫龙：《中国的人口老龄化经济压力及其调控》，《人口研究》2011 年第 6 期。

穆光宗：《成功老龄化：中国老龄治理的战略构想》，《国家行政学院学报》2015 年第 3 期。

穆光宗：《我国机构养老发展的困境与对策》，《华中师范大学学报》（人文社会科学版）2012 年第 2 期。

穆光宗、张团：《我国人口老龄化的发展趋势及其战略应对》，《华中师范大学学报》（人文社会科学版）2011 年第 5 期。

牛宝义:《整体思维与分析思维——谈中美两国人的思维模式差异》,《四川外语学院学报》1997 年第 2 期。

潘畅和:《论日本与韩国文化机制的不同特色》,《日本学刊》2006 年第 5 期。

彭希哲、郭德君:《孝伦理重构与老龄化的应对》,《国家行政学院学报》2016 年第 5 期。

彭希哲、胡湛:《公共政策视角下的中国人口老龄化》,《中国社会科学》2011 年第 3 期。

屈群苹、许佃兵:《论现代孝文化视域下机构养老的构建》,《南京社会科学》2016 年第 2 期。

孙蕾、常天骄、郭全毓:《中国人口老龄化空间分布特征及与经济发展的同步性研究》,《华东师范大学学报》(哲学社会科学版) 2014 年第 3 期。

唐兴霖:《里格斯的行政生态理论述评》,《上海行政学院学报》2000 年第 3 期。

王树新、杨彦:《老年人力资源开发的策略构想》,《人口研究》2005 年第 3 期。

王兴亚:《明代养济院研究》,《郑州大学学报》(哲学社会科学版) 1989 年第 3 期。

王勇、陈家刚:《大学生村官计划行政生态环境的问题与再造》,《广东行政学院学报》2009 年第 4 期。

王悦荣:《优化我国行政生态系统浅论》,《广东行政学院学报》2007 年第 1 期。

王跃生:《城乡养老中的家庭代际关系研究——以 2010 年七省区调查数据为基础》,《开放时代》2012 年第 2 期。

王跃生:《中国城乡家庭结构变动分析——基于 2010 年人口普查数据》,《中国社会科学》2013 年第 12 期。

王志刚、张汝飞、王君:《人口老龄化描述指标体系的构建》,《统计与决策》2015 年第 16 期。

韦宏耀、钟涨宝:《双元孝道、家庭价值观与子女赡养行为——基于中国综合社会调查数据的实证分析》,《南方人口》2015 年第 5 期。

魏英敏：《孝道的原本含义及现代价值》，《道德与文明》2009 年第 3 期。

魏英敏：《"孝"与家庭文明》，《北京大学学报》（哲学社会科学版）1993 年第 1 期。

温海明：《孔子"孝"非反思先行性之哲学分析》，《社会科学》2012 年第 7 期。

邬沧萍、谢楠：《关于中国人口老龄化的理论思考》，《北京社会科学》2011 年第 1 期。

伍晓明：《重读"孝悌为仁之本"》，《清华大学学报》（哲学社会科学版）2001 年第 5 期。

徐刚：《公共管理生态：困境与出路》，《未来与发展》2006 年第 5 期。

严荣：《公共政策创新与政策生态》，《上海行政学院学报》2005 年第 4 期。

杨菊华、李路路：《代际互动与家庭凝聚力——东亚国家和地区比较研究》，《社会学研究》2009 年第 3 期。

叶涛：《二十四孝初探》，《山东大学学报》（哲学社会科学版）1996 年第 1 期。

袁蓓、刘琪：《我国老龄化区域差异成因分析——来自 20 世纪 90 年代后期省际面板数据的经验研究》，《经济研究参考》2014 年第 70 期。

原新：《21 世纪我国老年人口规模与老年人力资源开发》，《南方人口》2000 年第 1 期。

原新、刘士杰：《1982—2007 年我国人口老龄化原因的人口学因素分解》，《学海》2009 年第 4 期。

曾毅：《中国人口老龄化的"二高三大"特征及对策探讨》，《人口与经济》2001 年第 5 期。

翟振武、李龙、陈佳鞠：《全面两孩政策对未来中国人口的影响》，《东岳论丛》2016 年第 2 期。

张昌彩：《人口老龄化：影响、特点与对策》，《开放导报》2008 年第 3 期。

张岱年：《中国哲学关于终极关怀的思考》，《社会科学战线》1993 年第 1 期。

张世英：《"天人合一"与"主客二分"的结合——论精神发展的阶段》，《学术月刊》1993 年第 4 期。

张文：《两宋机构养老制度述议》，《宋代文化研究》2003 年第 00 期。

张云英、黄金华、王禹：《论孝文化缺失对农村家庭养老的影响》，《安徽农业大学学报》（社会科学版）2010 年第 1 期。

赵文坦：《关于郭居敬"二十四孝"的几个问题》，《齐鲁文化研究》，2008 年第 00 期。

郑伟、林山君、陈凯：《中国人口老龄化的特征趋势及对经济增长的潜在影响》，《数量经济技术经济研究》2014 年第 8 期。

钟若愚：《人口老龄化影响产业结构调整的传导机制研究：综述及借鉴》，《中国人口科学》2005 年第 S1 期。

罗芸：《连续 5 年我市农民收入增幅快于城镇居民》，《重庆日报》2015 年 2 月 1 日第 1 版。

彭希哲：《我国人口红利的实现条件及路径选择》，《中国人口报》2005 年 3 月 14 日第 3 版。

叶紫：《养老机构床位达 669.8 万张》，《人民日报》（海外版）2016 年 2 月 25 日第 4 版。

孙东川、林福永：《谈谈系统的层次性与涌现性》，载 *Well – off Society Strategies and Systems Engineering—Proceedings of the 13th Annual Conference of System Engineering Society of China*，2004.

甘贝贝：《家庭发展报告显示家庭持续"迷你化"我国家庭平均每户 3.02 人》（http://www.jkb.com.cn/news/familyPlanning/2014/0515/341357.html）。

国家统计局：《中华人民共和国 2011 年国民经济和社会发展统计公报》（http：//www.stats.gov.cn/tjsj/tjgb/ndtjgb/qgndtjgb/201202/t20120222_30026.html）。

国家统计局：《中华人民共和国 2012 年国民经济和社会发展统计公报》（http：//www.stats.gov.cn/tjsj/tjgb/ndtjgb/qgndtjgb/201302/t20130221_30027.html）。

国家统计局：《中华人民共和国 2013 年国民经济和社会发展统计公报》

（http：//www. stats. gov. cn/tjsj/zxfb/201402/t20140224_ 514970. html）。

国家统计局：《中华人民共和国 2014 年国民经济和社会发展统计公报》（http：//www. stats. gov. cn/tjsj/zxfb/201502/t20150226_ 685799. html）。

国家统计局：《中华人民共和国 2015 年国民经济和社会发展统计公报》（http：//www. stats. gov. cn/tjsj/zxfb/201602/t20160229_ 1323991. html）。

国家统计局人口和就业统计司：《中国人口和就业统计年鉴 2015》，中国统计出版社 2015 年版。

黄小希：《目前我国养老机构床位数达 493. 7 万》（http：//news. xinhuanet. com/fortune/2014 – 07/21/c_ 1111725925. htm）。

《韩国拟定不孝子防止法：子女不孝父母可要回财产》（http：//www. cankaoxiaoxi. com/world/20150901/925587. shtml）。

《〈记住乡愁〉第一季 20150202 第三十三集大陈村——孝风永彰》（http：//news. cntv. cn/2015/02/02/VIDE1422882122915986. shtml）。

《〈记住乡愁〉为什么会选中宁夏中卫南长滩》（http：//news. xinhuanet. com/local/2016 – 01/25/c_ 128665494. htm）。

《新加坡式的以法治孝：法律与政策共促子女尽孝》（http：//gb. cri. cn/42071/2013/07/09/6651s4175680. htm）。

《中国家庭发展报告》（·http：//news. xinhuanet. com/video/sjxw/2015 – 05/18/c_ 127814513. htm）。

［奥］L. 贝塔兰菲：《一般系统论》，秋同、袁嘉新译，社会科学文献出版社 1987 年版。

［德］海德格尔：《存在与时间》，陈嘉映、王庆节合译，生活·读书·新知三联书店 1999 年版。

［德］胡塞尔：《笛卡尔式的沉思》，张廷国译，中国城市出版社 2002 年版。

［德］康德：《道德形而上学原理》，苗力田译，上海人民出版社 2002 年版。

［德］康德：《实践理性批判》，邓晓芒译，杨祖陶校，人民出版社 2003 年版。

［德］马克斯·韦伯：《经济与社会》（上卷），林荣远译，商务印书馆 1997 年版。

［古希腊］亚里士多德：《形而上学》，吴寿彭译，商务印书馆 1959年版。

［古希腊］亚里士多德：《政治学》，吴寿彭译，商务印书馆 1965年版。

［美］雷格斯：《行政生态学》，金耀基译，台湾商务印书馆股份有限公司 1982 年版。

［英］格里·斯托克：《作为理论的治理：五个论点》，华夏风译，《国际社会科学杂志》（中文版）1999 年第 1 期。

［英］培根：《培根论说文集》，水天同译，商务印书馆 1983 年版。

英文参考文献

Aisa R. and Pueyo F. , "Population Aging, Health Care, and Growth: A Comment on the Effects of Capital Accumulation", *Journal of Population Economics*, Vol. 26, No. 4, 2013.

Barro R. J. and Sala – i – Martin X. , *Economic Growth (Second Edition)*, Cambridge, MA: The MIT Press, 2003.

Blackburn K. and Cipriani G. P. , "A Model of Longevity, Fertility and Growth", *Journal of Economic Dynamics & Control*, Vol. 26, No. 2, 2002.

Blanchard O. , *Macroeconomics (Fourth Edition)*, 清华大学出版社 2009 年版。

Bloom D. E. , Canning D. and Fink G. , "Implications of Population Ageing for Economic Growth", *Oxford Review of Economic Policy*, Vol. 26, No. 4, 2010.

Bloom D. E. , Canning D. and Graham B. , "Longevity and Life – cycle Saving", *The Scandinavian Journal of Economics*, Vol. 105, No. 3, 2003.

Bloom D. E. , Canning D. and Sevilla J. , "The Demographic Divided: A New Perspective on the Economic Consequences of Population Change", Santa Monica, CA: RAND, 2003.

Bozeman B. , *Public Management: The State of the Art*, San Francisco: Jossey – Bass Publishers, 1993.

Bryman A. , *Social Research Methods (1st Edition)*, Oxford University

Press, 2001.

Chakraborty S. , "Endogenous Lifetime and Economic Growth", *Journal of Economic Theory*, Vol. 116, No. 1, 2004.

Cheng S and Chan A. C. M. , "Filial Piety and Psychological Well – Being in Well Older Chinese", *Journal of Gerontology: Psychological Sciences*, Vol. 61B, No. 5, 2006.

Dalton M. O. , Neill B. , Prskawetz A. , Jiang L. and Pitkin J. , "Population Aging and Future Carbon Emissions in the United States", *Energy Economics*, Vol. 30, No. 2, 2008.

de la Croix D. and Licandro O. , "Life Expectancy and Endogenous Growth", *Economics Letters*, Vol. 65, No. 2, 1999.

Dobbs R. , Manyika J. and Woetzel J. , *Global Growth: Can Productivity Save the Day in an Aging World?* McKinsey &Company, 2015.

Ehrlich I. and Yin Y. , "Equilibrium Health Spending and Population Aging in a Model of Endogenous Growth: Will the GDP Share of Health Spending Keep Rising?" *Journal of Human Capital*, Vol. 7, No. 4, 2013.

Ferlie E. , Lynn L. E. and Pollitt C. , *The Oxford Handbook of Public Management.* Oxford: Oxford University Press, 2007.

Fishman T. C. , *Shock of Gray: The Aging of the World's Population and How it Pits Young Against Old, Child Against Parent, Worker Against Boss, Company Against Rival, and Nation Against Nation*, Scribner, 2010.

Gaus J. M. , *Reflection on Public Administration*, University of Alabama press, 1947.

Gaus J. M. , White L. D. and Dimock M. E. , *The Frontiers of Public Administration*, University of Chicago Press, 1936.

Hashimoto K. and Tabata K. , "Health Infrastructure, Demographic Transition and Growth", *Review of Development Economics*, Vol. 9, No. 4, 2005.

Hughes O. E. , *Public Management and Administration: An Introduction (Third Edition)*, Palgrave Macmillan, 2003.

Jaimovich N. , Pruitt S. and Siu H. E. , "The Demand for Youth: Implications for the Hours Volatility Puzzle", *FRB International Finance Discussion Papers No. 964*, 2009.

Jaimovich N. and Siu H. E. , "The Young, the Old, and the Restless: Demographics and Business Cycle Volatility", *American Economic Review*, Vol. 99, No. 3, 2009.

Kalemli – Ozcan S. , "A Stochastic Model of Mortality, Fertility and Human Capital Investment", *Journal of Development Economics*, Vol. 70, No. 1, 2003.

Kalemli – Ozcan S. , Ryder H. E. and Weil D. N. , "Mortality Decline, Human Capital Investment, and Economic Growth", *Journal of Development Economics*, Vol. 62, No. 1, 2000.

Kant I. , *Critique of Pure Reason*, Translated and edited by Paul Guyer and Allen W. Wood, CambridgeUniversity Press, 1998.

Lee R. and Mason A. , "Fertility, Human Capital, and Economic Growth over the Demographic Transition", *European Journal of Population*, Vol. 26, No. 2, 2010.

Lee R. , Mason A. and Members of the NTA Network, "Is Low fertility Really a Problem? Population Aging, Dependency, and Consumption", *Science*, Vol. 346, No. 6206, 2014, pp. 229 – 234.

Lindh T. and Malmberg B. , "Age Structure Effects and Growth in the OECD, 1950 – 1990", *Journal of Population Economics*, Vol. 12, No. 3, 1999.

Lugauer S. , "Estimating the Effect of the Age Distribution on Cyclical Output Volatility Across the United States", *The Review of Economics and Statistics*, Vol. 94, No. 4, 2012.

Magnus G. , *The Age of Aging: How Demographics are Changing the Global Economy and Our World*, John Wiley & Sons, 2008.

Ng A. C. Y. , Phillips D. R. and Lee W. K. , "Persistence and Challenges to Filial Piety and Informal Support of Older Persons in a Modern Chinese Society: A Case Study in Tuen Mun, Hong Kong", *Journal of Aging Studies*, Vol. 16, No. 2, 2002.

Nigro F. A. and Nigro L. G. , *Modern Public Administration*, Harper & Row, 1989.

Nisbett R. E. and Masuda T. , "Culture and Point of View", *Proceedings of the National Academy of Sciences of the United States of America*, Vol. 100, No. 19, 2003.

Peng X. , "China's Demographic History and Future Challenges", *Science*, Vol. 333, No. 6042, 2011.

Prettner K. , "Population Aging and Endogenous Economic Growth", *Journal of Population Economics*, Vol. 26, No. 2, 2013.

Rosenau J. N. and Czempiel E. O. , *Governance without Government*: *Order and Change in World Politics*, Cambridge University Press, 1992.

Rubin H. J. and Rubin I. S. , *Qualitative Interviewing*: *The Art of Hearing Data* (*2nd Edition*), Sage Publications, Inc. , 2005.

Sauvy A. , *General Theory of Population*, Weidenfeld and Nicolson, 1969.

Sauvy A. , "Social and Economic Consequences of the Ageing of Western European Populations", *Population Studies*, Vol. 2, No. 1, 1948, pp. 115 – 124.

Sheshinski E. , "Note on Longevity and Aggregate Savings", *The Scandinavian Journal of Economics*, Vol. 108, No. 2, 2006.

Silverman D. , *Doing Qualitative Research* (*Fourth Edition*), Sage Publications Ltd. , 2005.

Sorell T. , *Scientism*: *Philosophy and the Infatuation with Science*, Routledge, 1991.

Sung K. T. , "Elder Respect Exploration of Ideals and Forms in East Asia", *Journal of Aging Studies*, Vol. 15, No. 1, 2001.

Thilly F. , *A History of Philosophy*, Henry Holt and Company, 1914.

UNDP China and IUES, CASS, *China National Human Development Report 2013*: *Sustainable and Liveable Cities*: *Toward Ecological Civilization*, China Publishing Group Corporation, China Translation & Publishing Corporation, 2013.

van Groezen B. , Meijdam L and Verbon H, "Serving the Old: Ageing and Economic Growth", *Oxford Economic Papers*, Vol. 57, No. 4, 2005.

World Bank, *Governance and Development*, World Bank Publications, 1992.

Zhan H. J. and Montgomery R. , "Gender and Elder Care in China: The Influence of Filial Piety and Structural Constraints", *Gender & Society*, Vol. 17, No. 2, 2003, pp. 209 – 229.

后　记

从文科楼823室放眼望去，对面复旦园美景尽收眼底，笔直的水杉丛中依稀矗立着一栋栋红楼，和大片绿色相互映衬，散发出一种宁静而悠远的气息。若在冬季，水杉叶尽落，又别有一番景致在其中，在所有落叶树中，水杉大概是最美的，挺拔的身躯仿佛象征着这个学府在百年沧桑中所秉承的独立而自由的精神。几乎是每天，在823室工作之余，偶尔回首，总能看到巍峨的光华楼上云卷云舒，气象万千，或雾霭沉沉，烟雨朦胧，不知不觉，在这里已近三年时间了。在这三年时间里，每天早晨从北区127号楼出发，依次经相辉堂、景莱堂、简公堂、相伯堂和奕柱堂，绿色草坪对面是美丽的子彬院，再穿过古朴的复旦老校门，经燕园，过邯郸路，越美研中心，直到文科楼823室，每天都在重复着这种单调而紧张的生活。

这种生活模式主要源自现实的压力，2014年考入复旦后才发现博士入学后所面临的巨大压力丝毫不逊于备考期间，都说许多事经历时是痛苦，回忆时则是幸福，即使现在回过头来看，攻读博士学位期间无比艰辛的过程还是叫人难以忘怀。但是，在这个过程中还是有许多重要的收获，尤其得到了导师彭希哲教授的悉心指导，这是在复旦最值得回忆的一件事。首先，彭老师带领我走入到一个新的领域——人口学。因为彭老师是知名的人口学家，因而在很多学术研讨中，主题都与人口学有关。在来复旦之前，我对人口学知之甚少，但在彭老师指导下，还是对人口学有了一些初步了解。在近一年时间里，我选了彭老师开设的《人口发展导论》与《人口资源与环境经济学专题》，接触到了人口学一些基础性理论和知识，托达罗模型、卡德维尔的代际财富流等理论都是第一次听说，但随着学习的深入，不仅觉得人口学比较有趣，而且在社会科学中也是为数不多的比较严谨的学科。非常遗憾，由于自己悟性不高，努力程度不够，在人口学方面，目前水平仍处于初级阶段。其次，在博士论文选题方面，彭老师结合我的实际，并与目前整个团队都在研究的国家自科基金重大项目"应对老龄社会的基础科学问题研究"进行了有机结合，确定了目前的选题。其间在基地 Seminar 几次报告以及平时多次交流中，彭老师都针对其中存在的问题进行了指导。我深知，彭老师对我寄予厚望，但因为水平有限，尽管经过了极大努力，拿出的仍然是这样令人汗颜的东西。最后，非常感谢彭老师对我生活上的关心，在近三年时间里，彭老师在文科楼 823室为我提供了一个座位，这使得我三年时间里有了归属感，而且几乎每天都能看到对门的彭老师，只要每天早晨听到走廊里响起的咳嗽声（这每每让我想起了白嘉轩威严的咳嗽声），就知道彭老师已经开车从浦东过来上班了。彭老师是一个精力异常充沛的人，每天日程都安排得满满的，但丝毫看不到倦怠的神情，这其实诠释出了一个基本的道理：任何成功的背后必须要有成倍的努力作支撑。在学习过程中，还要感谢王桂新、郭有德等老师给予的热情鼓励和指导！感谢朱勤、胡湛、沈可等老师平时的指导！感谢苏忠鑫老师在学术研究方面给我的良好建议及生活上的关心！感谢马里兰大学陈绯念教授在英文参考文献规范等方面所给予的指导！感谢学院 14 级博士生辅导员田丰老师以及学院廖永梅老师辛勤的工作！在此也非常感谢重庆医科大学领导和同事在我攻读博士学位期间所给予的理解、支持，没有他们的帮助，我很难在三年时间里全职在复旦攻读学位。

在复旦学习期间，由于长期在 823 博士后办公室，因而交往最多的是基地的博士后。感谢师门已出站的博士后乐昕对我经常性的鼓励和热情帮助！感谢地理学出身的牛雪峰在制作图表基本规范方面所给予的指导！感谢经济学出身的邵洲洲在 Stata 细节方面给予的指导！和哲学出身的王世进虽然见面不多，但每次见面都有许多共同的话题，相谈甚欢；和新来的博士后刘凌晨也是一见如故，一起度过的美好时光虽然短暂，但却值得回忆。同时我还非常珍惜与杨柳、秦炳涛及郑振华博士后在长期交往过程中所形成的非常友好的关系，也非常感谢他们对我生活上的帮助！在这里也遇见了我的陇东同乡和本科校友，华东理工大学的副教授牛星，这让我觉得世界真的很小。在近三年时间里，师门硕博士研究生有比较集中的学习研究场所——橡树湾，因而相互之间有较为密切的联系。在此期间，非常感谢宋靓珺、卢敏、张一舟、王伟、殷沈琴、龚遥等博士生；田烁、李赟、黄剑焜、周显伟、范林泉、陈显志、李唯霄、汤衡等硕士生的关心和帮助！另外，在这里还遇见甘肃籍的陈梦雪（父母也和我是本科校友！），她即将去澳大利亚国立大学攻读博士学位，真诚地祝福她！同时也非常感谢社会发展与公共政策学院2014级博士李家兴、霍利婷、程诗婷、李学会、谢士钰、李秀玫、赵迪、谢砲等同学的关心或帮助！谢砲同时是我的室友，是一个有着廓尔凯郭尔忧郁气质的人，很多时候也很偏执，但是，还是要真诚地感谢他给我推荐了谢宇的《回归分析》等定量分析的著作以及优先学习 Stata 的中肯建议。

在已到不惑之年的时段，对生命和人生有了更为深刻的体验，认识到即使是一个平凡的人，他来到这个世界上，必然要承担某种使命，也要对自己的命运负责，但更多时候体会到的则是竭尽全力以后的无奈。随着年龄变大，近些年我时常毫无征兆地想起已经逝去的爷爷、奶奶和中年因病去世的父亲，想到他们在世时我忙于求学，未能很好地照顾他们，对此非常愧疚，往昔和他们在一起的许多艰辛但又非常温馨的生活场景时常让我泪流满面，乃至情绪失控。我现在深切地体会到在和生命历程各种苦难博弈的过程中，没有亲人们的莫大支持根本是无法想象的，即使一些亲人不可避免地要离去，但他们所给予的难以形容的精神力量将永远存在。我的母亲是一个勤劳而又善良的家庭妇女，现已白发苍苍，在父亲生病的年月里，她承受了许多男人也望而生畏的巨大生活压力，让几个孩子都有所成就，而且家中几个老人在生命的最后岁月里都得到她的悉心照料，许多人都说我有一个伟大的母亲，我也是这么认为的。笔者还要感谢我的妻子和女儿（今年只有 6 岁）给予我的真切支持。对于女儿，我也非常愧疚，因为在很多时候我并没有尽到一个父亲的职责，她 3 岁开始我就一直在外求学，即使在假期，也在不分昼夜地撰写论文，有时她坐到我的腿上，用非常稚嫩的声音问我："爸爸，你写了多少字啊？"每当到这个时刻，在无比艰辛、枯燥的写作过程中，我忽然觉得我能找到之所以坚持下来的一些理由了。

本书在 2017 年 2 月已完成初稿，之后根据一些专家、学者的建议，将原来文献综述中与老龄化研究相关的内容融入到老龄化研究过程中的思维转向部分，从而进一步凸显出孝道与代际伦理研究文献综述的核心位置。在这个过程中还对书稿中的错别字等进行了修改，为了尽可能减少错误，除认真核对外，按照刘凌晨博士后的经验，笔者甚至将书稿通读了几遍，终于在 2017 年 6 月完成了本书内容。2018 年年初中国社会科学出版社通过了对本书的审核，笔者又根据该出版社的图书编辑体例规范对书稿内容进行了修改。之后，郝玉明编辑进一步对书稿内容中与该社出版要求不相符合的地方进行了修改，在此对郝玉明编辑认真细致的工作表示感谢！

　　由于公共管理、公共政策、哲学、伦理学、统计学等方面知识的欠缺，导致笔者未能对相关内容进行更为深入的研究。在撰写具体章节时，笔者尚对其中一些内容表示满意，但当所有内容都完成后，在 2017 年 2 月底的一个春寒料峭的早上，笔者第一次整体浏览书稿内容时依然觉得遗憾，不禁问自己：单就写作而言，就忙了近一年时间，怎么写出如此粗陋的书稿？不过，想想笔者所景仰的作家——路遥在以生命为代价的《平凡的世界》的写作过程中，亦认为其呕心沥血写出的书稿"也许是一堆废纸"，何况《传统孝道与代际伦理——老龄化进程中的审视》这本粗浅的小书？虽然如此，在写作过程中，笔者还是充分体验到写作的艰辛，有时为了确认一份文献都需要花费几天时间，遑论其他？就笔者个人而言，这确实是第一本专著，在写作过程中也积累了不少经验。但是，如前所述，受制于多种因素的影响，错误在所难免，希望读者批评指正。

2017 年 6 月记于复旦大学文科楼 823 室
2018 年 2 月重庆珠江华轩陋室又记